U0953169

中国轻工业“十四五”规划教材

高等职业教育食品检验检测技术专业教材

# 食品理化检测技术

## （第二版）

**主　编**

陈红霞　张　伟

中国轻工业出版社

**图书在版编目（CIP）数据**

食品理化检测技术 / 陈红霞，张伟主编. -- 2版. 北京：中国轻工业出版社，2025. 7. -- ISBN 978-7-5184-4675-9

I. TS207. 3

中国国家版本馆 CIP 数据核字第 20255NA111 号

责任编辑：刘逸飞　　责任终审：腾炎福
文字编辑：赵晓鑫　　责任校对：刘小透　晋　洁　　封面设计：锋尚设计
策划编辑：张　靓　　版式设计：砚祥志远　　责任监印：张京华

出版发行：中国轻工业出版社（北京鲁谷东街 5 号，邮编：100040）
印　　刷：三河市万龙印装有限公司
经　　销：各地新华书店
版　　次：2025 年 7 月第 2 版第 1 次印刷
开　　本：787×1092　1/16　印张：17
字　　数：418 千字
书　　号：ISBN 978-7-5184-4675-9　定价：46. 00 元
邮购电话：010-85119873
发行电话：010-85119832　　010-85119912
网　　址：http: //www. chlip. com. cn
Email:　club@ chlip. com. cn
版权所有　侵权必究
如发现图书残缺请与我社邮购联系调换
220088J2X201ZBW

## 本书编写人员


**主　　编**　陈红霞（济宁职业技术学院）

张　伟（济宁职业技术学院）

**副 主 编**　姜　曼（济宁职业技术学院）

任肖艳（潍坊职业学院）

冯　蕾（东营职业学院）

倪永付（济宁海关综合技术服务中心）

**参编人员**　张　蕾（济宁职业技术学院）

张冠卿（济宁华鑫经贸有限公司）

杨　枫（嘉祥县人民医院）

曹　程（山东嘉冠集团济宁嘉元检测技术有限公司）

董学卫（济宁职业技术学院）

张永翠（山东畜牧兽医职业学院）

王　晶（烟台职业学院）

王　勇（济宁海关综合技术服务中心）

唐晓璇（山东科技职业学院）

# 前 言 PREFACE

食品理化检测作为保障食品安全的一项基础性、关键性工作，是食品安全各环节监管的主要技术依据，是构建食品安全长效机制的重要方面。编写能体现出政治性、科学性和适应性的《食品理化检测技术》教材是编者的意图。

本教材以党的第二十次全国代表大会精神为指导，遵循《教育部办公厅关于印发〈“十四五”职业教育规划教材建设实施方案〉的通知》的精神，按照规划教材编写要求和原则，弥补第一版教材不足，在教材中融入课程思政内容；增加配套的数字化资源；引入近几年食品工业和科技领域发展成熟的新技术、新成果、新标准、新规范；引入“食品理化检测技术”课程改革的经验和成果，使教材以“项目引领、任务驱动”为突出特点，编排方式科学，具有可听、可视、可练、可互动的特性，配套资源丰富，呈现形式灵活，信息技术应用适宜，成为融媒体教材。

本教材入选中国轻工业“十四五”规划教材，主要体现了以下特色。

一、育厚德培栋梁，融进课程思政

坚持正确的政治方向和价值导向，把马克思主义的观点和方法贯穿教材的学习和实践中，将知识、能力和正确价值观的培养有机融合，并通过“素质目标”“任务导入”“任务拓展”“交流讨论”以及“要点提示”等进行思政教育。

二、教材内容精选，突出最新标准

遵循职业教育的教学规律和人才成长规律，依据最新国家标准和行业标准编写教材。在对食品行业生产岗位进行充分调研、分析典型工作任务的基础上，选择检测项目和任务纳入教材，反映主要岗位群及典型工作任务的职业能力要求。以真实生产项目、典型工作任务等为载体，把技术、工艺、规范和标准融入任务的具体实训中，通过实训实现知识目标、技能目标和素质目标。按照循序渐进的原则，内容依次设有食品理化检测基本程序的认知、食品物理性能指标的测定、食品中一般成分的测定、食品中食品添加剂的测定、食品中农药残留等有害物质的测定五个项目。检测对象涵盖了粮食、乳制品、肉制品、水产品、果蔬、酒与饮料、食品添加剂等食品工业重点行业的代表性产品，检测方法涵盖了目前理化检测岗位的常用方法。

全书致力于纵向与职业标准、岗位要求紧密对接，横向与食品检验工资格认证密切配合，为学生的考证和就业奠定坚实基础。

三、架构模式新颖，职教特色鲜明

打破传统的章节结构设置，有效避免理论与实践内容分开编写现象，把完成一个完整工作项目所需的理论知识和检测技能有机地结合起来，体现“工学结合”中“做中教，做中学”的要求，构建“项目任务”的教材结构模式，突出以“项目引领、任务驱动”的教学模式。全书以5个工作项目为引领，23个任务为驱动组合而成，每个任务中设有7个栏目，涵盖具体的实训操作和要完成的任务。引导学生围绕工作任务学习，在完成任务的过程中提高政治素养、掌握知识、技能和方法。充分体现高职教育理念和人才培养模式的改革。

四、栏目设置科学，功能承载面广

教材在每个任务中设有任务目标、任务导入、相关知识、任务实施、任务拓展、交流讨论、达标自测7个栏目。每个专栏承载了不同的功能。依据课程标准的要求确定具有“整体性、可操作性和适切性”的任务目标，分为“知识目标”“技能目标”和“素质目标”，避免学习盲目性，提高目标达成率。任务导入呈现工作情境，明确检测意义和责任。相关知识提供知识支撑。任务实施依据最新国家标准或行业标准指导学生进行基本技能、岗位技能和生产技能的训练，并设有“安全提醒”“要点提示”板块，强化标准化意识、安全意识。任务拓展完善认知结构，拓宽学生视野，加强了学生后续再学习和持续发展能力的训练。交流讨论培养探究精神，强化创新意识。达标自测培养学生劳动光荣的意识和体会获得成绩的幸福感。内容直通认证考核知识点，真正体现“技”和“能”的统一。

五、二维码呈现丰富的与教材配套数字化资源

利用课程改革《构建‘互联网+新型现代学徒制’课程体系》的教学成果，制作了与教材匹配的视频、微课、PPT课件等数字化资源，通过扫描每个任务中插入的二维码呈现出与各知识点、各操作配套的学习资源，供学生线上线下学习。数字化教学资源包含PPT课件、核心教学微课、技能操作视频和国家标准或行业标准。微课和操作视频都是在企业生产场地和检测中心录制的，再现了实际生产的场景和检测工作情境，实现“教学做”的一体。使职教特色更鲜明，表现形式更生动活泼。

六、教材内容与时俱进，体现了科学进步的现代性

引入了近几年食品工业和科技领域发展的新技术、新成果、新标准和新规范。

七、校企合作开发，多维智慧聚合

编写团队政治素质、专业技术和编写能力强，集国家高职示范院校专业带头人、教学名师、教学能手、骨干教师和食品企业检测一线专家、工匠联合编写“工学”教材，聚集了教学改革、课程建设、技术开发和实际操作经验的精华，同时也加强了教材的实用性。

本书实用性强，实训内容更切合企业用人需要，凸显了基本技能和岗位技能的训练，

可作为高职高专食品类专业的教材，亦可作为相关行业专业技术人员培训的参考书。

陈红霞完成本教材有关项目的调研。全书由陈红霞制定编写大纲、编写原则和计划，并完成统稿、总纂、修改与定稿工作。张伟统稿并完成了“任务四、五、六、十七、十八、十九、附录”的编写。参加本书编写的有：姜曼（任务一、二十、二十一、二十二、二十三），任肖艳（任务七、八、十一、十二、十三），冯蕾（任务十五），张蕾（任务十），董学卫（任务二），王晶（任务十六），曹程（任务九），张永翠（任务十四），唐晓璇（任务三）。国家标准、行业标准、职业标准由倪永付、王勇、张冠卿和曹程审核。新技术、新工艺、新成果、新规范由杨枫检索。数字化资源由张伟、姜曼、任肖艳和张蕾录制，倪永付、王勇提供设备、仪器和指导，张冠卿、杨枫和董学卫审核。

本书编写过程中的资料查阅和调研得到了众多食品企业和检测部门的专家和技术人员的支持，在此一并表示衷心的感谢！

由于编者水平所限，书中难免存有不妥之处，恳请专家、老师和广大读者给予批评指正。

编　者

# 目 录 CONTENTS

# 项目一

# 食品理化检测基本程序的认知

食品理化检测是运用物理、化学、生物化学等学科的理论、方法和技术，对食品生产加工的原料、半成品和成品的质量指标进行检验测定的过程。食品理化检测工作是保障食品安全的一项基础性、关键性工作，是食品“从农田到餐桌”的全过程质量安全控制工作中的重要一环。

食品种类繁多，成分复杂，来源不一，分析检测的目的、项目和要求也不尽相同，但各类食品的理化检测工作都有一个共同的程序，即样品的采集→制备和保存→样品的预处理→样品成分的检测→检测数据处理→检测报告的撰写。

## 任务一

## 检测样品的准备

### 任务目标

#### 知识目标

明确样品采集的原则和要求，知道样品的保存方法，明确样品预处理的目的和方法。

#### 技能目标

能根据样品的种类进行合理采样；会选择合适的方法进行样品预处理。

#### 素质目标

通过检测样品的准备及相关知识的学习，培养食品安全意识，树立诚实守信、客观公正、爱岗敬业的职业素养。

## 任务导入

2021 年 3 月，某地食品安全监督管理部门抽检通报两起不合格食品案件，涉及韭菜和绿豆芽中农药残留超过食品安全标准限量问题。其中，韭菜“腐霉利”项目超标，绿豆芽“4-氯苯氧乙酸钠（以 4-氯苯氧乙酸计）”项目超标。那么，对于食品中农药残留的检测，在检测之前需要做哪些准备工作呢？样品是如何采集的？应如何对样品进行预处理？

## 相关知识

### 一、样品准备工作的重要性

样品是检测工作的对象和载体，人、机、料、法、环等各项质量保障措施也都是基于样品得到良好控制的前提。样品的预处理是理化检测工作中非常复杂和劳动力密集的一个关键环节，对理化检测最终的结果起着至关重要的作用。只有样品的采集和预处理得到良好的控制，检测工作才会有实际的意义，检测结果才有可能真实可靠。

### 二、样品的采集、制备和保存

#### （一）样品的采集

样品的采集（简称采样）是指从大批待检样品中抽取一定量有代表性的样品，供分析检验用。采样是食品分析的首项工作，采样正确与否，是检验工作成败的关键。

**1. 采样的原则**

正确采样，应遵循两个原则：一是采集的样品要成分质地均匀、有代表性，能反映整体样品的组成、质量及卫生状况；二是采样中要保持样品原有理化指标，避免测定成分散逸或引入杂质。

样品采集（微课视频）

**2. 采样的方法**

样品的采集有随机抽样和代表性抽样两种方法。随机抽样即按照随机原则从大批物料中抽取部分样品。操作时应使所有物料的各个部分都有被抽到的机会。代表性抽样是用系统抽样的方法进行样品的采集，即已经了解到样品随空间（位置）和时间变化的规律，按此规律进行采样，以便采集到的样品能代表相应部分的组成和质量，如分层取样、随生产过程的各个环节采样、定期抽取货架上陈列不同时间的食品的采样等。

随机抽样可以避免人为的倾向性，但对于某些难以混合均匀的样品（如蔬菜、黏稠的液体等），仅用随机抽样法是不行的，必须结合代表性抽样。因此，采样通常采用随机抽样和代表性抽样相结合的方法。

关于样品采集方法及采样数量，如在国家标准中有明确规定，则应按规定的方法采样；若无具体规定的，可按照下面介绍的方法采样。

（1）均匀固体样品的采集

①完整包装样品（如袋装面粉、粮食等）：一般按 $\sqrt{总件数/2}$ 确定采样件数，然后从样品堆放的不同位置确定采样袋，再用双套回转取样器采样。将采样管插入包装中，回转

180°取出样品，每一包装须由上、中、下三层取出 3 份检样；把许多份检样综合在一起成为原始样品；用“四分法”将原始样品制成平均样品，即将原始样品充分混合均匀后堆积在清洁的玻璃板上，压平成厚度为 3cm 以下的图形，并划成“十”字形，将样品分成 4 份，取对角线的 2 份混合，如上操作，直至取得所需的数量为止，即平均样品。

②无包装的散堆样品：自每批样品的上、中、下三层中的不同部位用双套回转取样器各取少量样品混合后按照四分法进行处理，直至得到平均样品。

常用的采样工具见图 1-1。

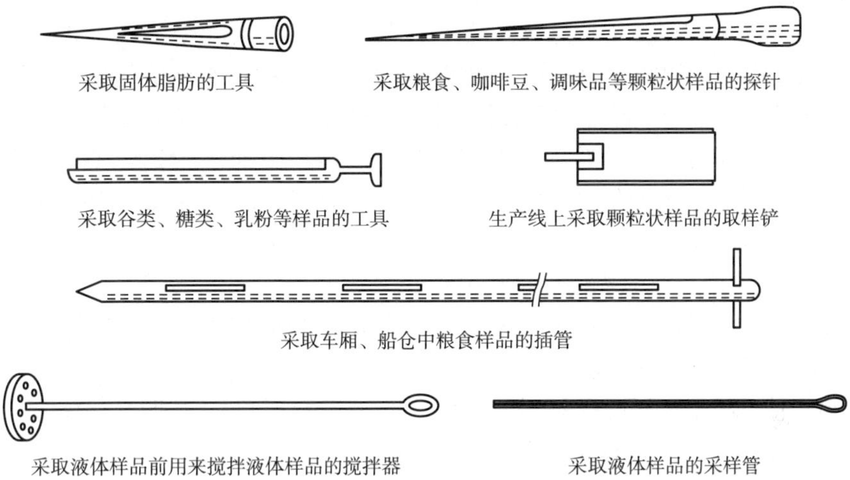


图 1-1　常用的采样工具

（2）不均匀的固体样品（如肉、鱼、水果、蔬菜）的采集

①肉类：根据检验目的和要求，从不同部位取样混合后代表整只动物，或者从很多只动物的同一部位取样后混合代表每一部位的情况。

②水产品：小鱼、小虾可随机取多个样品，切碎、混匀后分取缩减至所需数量；个体较大的可从若干个体上切割少量可食部分如上操作。

③果蔬：个体较小的（如葡萄），随机取若干个体后切碎混匀，缩减至所需数量；体积较大的（如西瓜、萝卜），按成熟度及个体大小的组成，选取若干个体，对每一个体按生长轴剖分为 4 份或 8 份，取对角 2 份切碎混匀，缩减至所需数量；体积蓬松的叶菜类（如小油菜、菠菜等），由多个包装（捆或筐）分别抽取一定数量后，混合、捣碎、混匀、分取，缩减至所需数量。

（3）较稠的半固体物料（如果酱、动物油脂、炼乳等）的采集　这类物料不易充分混匀，可先按$\sqrt{总件数/2}$确定采样件（桶、罐）数后，打开包装，用采样器从各桶（罐）的上、中、下三部分分别取出检样，然后混合分取缩减至所需数量的平均样品。

（4）液体样品的采集　对于贮存在大容器（如桶、缸、罐）中的液体物料，一般先按$\sqrt{总件数/2}$确定采样数后，用采样管在每一抽取包装的上、中、下三部分分别虹吸 100~200mL 样品，如果感官测定无特殊异常，将各包装抽取的样品充分混合后，分取缩减至所需数量，如果个别包装的样品感官测定异常，可单独留样。对于样品在一大池内，可用虹吸法分层后在池的四角及中心部分取样，每层500mL左右，充分混合后，分取缩减至所需数量。

（5）小包装食品的采集　对于外部包装是纸箱，内部包装是盒、袋、瓶等的样品（如袋装乳粉、瓶装饮料），如果没有规定检验批，一般先按$\sqrt{总件数/2}$确定采样数后，再按照随机取样的方法从样品堆放的不同位置抽取相应的包装，从每一包装中随机抽出1个小包装后，合并为原始样品。

### 3. 采样的要求

（1）采样一般分三步，依次是获得检样、原始样品和平均样品。由分析对象大批物料的各个部分采集的少量物料称为检样；许多检样综合在一起称为原始样品；原始样品经过技术处理，再抽取其中的一部分供分析检验用的样品称为平均样品。

（2）采样的数量应满足检验项目对试样量的需要，从而有效反映该批食品的卫生质量。样品应一式三份，分别供检验、复检、备查使用；每份样品数量不少于0.5kg，遇有掺伪物的样品，因其分析项目事先不明确，应适当增加取样量。

（3）采样工具应洁净，防止污染样品。

（4）保持样品在检测之前不污染、不发生变化。例如检测黄曲霉毒素$B_1$的样品，应避免阳光照射，以免黄曲霉毒素$B_1$分解。

（5）感官性质极不相同的样品不可混在一起，应另行包装，注明其性质。

（6）采集完样品后应立即进行分析，以免发生变化。

（7）盛装样品的器具上要贴上标签，注明样品名称、采样地点、日期、批号、方法、数量、分析项目、采样人。

## （二）样品的制备

### 1. 样品制备的目的

由于用一般方法取得的样品数量较多、颗粒过大、食品的各个部分的组成不均匀，为了确保分析结果的准确性，在样品检验之前，必须对样品进行粉碎、混匀、缩分，此工作即为样品的制备。制备的目的是要保证样品十分均匀，使分析时取任何部分都能代表备检样品的平均组成并满足分析对样品的要求。

样品制备
（微课视频）

### 2. 制备的方法

样品的制备方法依据法规要求和食品自身特性而异，有搅拌、切细、粉碎、研磨或捣碎等，所用的工具有电动搅拌器、粉碎机、组织捣碎机和研钵等。

（1）固体样品的制备　采用切细、磨碎、捣碎、研磨等方法将样品制成均匀待检样品。水分含量少、硬度大的固体样品（如粮食等）可用研钵或粉碎机磨碎，并混合均匀；水分含量高、质地较软的样品（如蔬菜、水果等）可用组织捣碎机捣匀制成匀浆；水分含量高、韧性强的样品（如肉类等），可放入绞肉机中搅碎。

（2）液体、浆体或悬浮样品的制备　一般将样品（如液体调味品、牛乳、果汁饮料等）用电动搅拌器充分搅拌均匀。

（3）罐头食品样品的制备　取其可食用部分，并取出调味品（如辣椒、香辛料等）

后用组织捣碎机制备均匀。

3. 注意事项

样品制备过程中，应防止成分的散逸，避免样品组成和理化性质的变化。

### （三）样品的保存

样品采集后应于当天分析，以防止其中水分或挥发性物质的散失以及待测组分含量的变化。如不能马上分析则应妥善保存，不能使样品出现受潮、挥发、风干、变质等现象，以保证测定结果的准确性。

样品保存
（微课视频）

制备好的平均样品应装在洁净、密封的容器内（最好用玻璃瓶，切忌使用带橡皮垫的容器），必要时贮存于避光处。易腐败变质的样品应保存在0~5℃的冰箱中；易失水的样品应先测定水分。一般样品在检验结束后应保留一个月以备需要时复查。

此外样品保存的环境要清洁干燥，存放的样品要按日期、批号、编号摆放，以便查找。

## 三、样品的预处理

样品的预处理是食品理化检测中的一项重要工作，其目的是去除干扰组分，将含量低、形态各异的待测组分处理到适合于检测的含量及形态，从而提高方法的选择性和灵敏度。样品预处理的常用方法是有机物破坏法、溶剂提取法、蒸馏法、化学分离法、浓缩法和色谱分离法。

### （一）有机物破坏法

有机物破坏法主要用于食品中无机元素的测定。食品中的无机元素常与一些有机物质（如蛋白质、糖、脂肪、维生素等）在一起，从而失去其原来的特性。要测定这些无机成分，需要在测定前破坏其有机结合体，使被测组分释放出来，以便分析测定。通常采用高温或高温加强氧化剂等方法，使结合体中的有机物质发生分解，呈气态逸散，而被测组分则残留下来供测定。常用的有机物破坏法有湿法消化和微波消解。

1. 湿法消化

湿法消化通过加强氧化剂加热的方式将有机物破坏，即向样品中加入浓硝酸、浓硫酸、高氯酸、高锰酸钾、过氧化氢等强氧化剂，在酸性溶液中加热消煮，使有机物完全分解、氧化，呈气态逸出，待测成分转化成无机状态存在于消化液中供测定用。

湿法消化优点是分解速度快，所需时间短，容器的吸留少，某些挥发元素的挥发散逸少（因其加热温度相对较低）；缺点是需有人随时看管（因为消化初期产生大量的泡沫，容易出现外溢，需随时调整消化温度），空白值偏高（需加入较大量试剂）。在消化过程中常产生大量的二氧化硫、二氧化碳等气体，其中二氧化硫为有害气体，因此操作须在通风橱内进行。

2. 微波消解

微波消解是以微波为能量，利用微波加热封闭容器中的消解液（各种酸、部分碱液以及盐类）和试样，从而在高温增压条件下使各种样品快速溶解。该法适于处理大批量样品及萃取极性与热不稳定的化合物。

微波消解仪
（实操视频）

与传统的传导加热方式（如电热板加热，加热方式是从热源“由外到内”间接加热分解样品）相反，微波消解是对试剂（包括吸附微波的试样）直接进行由微波能到热能的转换加热。将样品与酸加入微波消解罐中，装入微波消解仪后设置微波消解升温程序，开始消解样品。微波消解优点是快速、省时、效率高，缺点是微波消解仪价格昂贵。

### （二）溶剂提取法

同一溶剂中，不同的物质有不同的溶解度。利用样品中各组分在特定溶剂中溶解度的差异，将其各组分完全或部分分离的方法即为溶剂提取法。常用的无机溶剂有水、稀酸、稀碱；有机溶剂有乙醇、乙醚、氯仿、丙酮、正己烷、石油醚等。此法常用于维生素、农药及黄曲霉毒素的测定。溶剂提取法很多，常用的方法是浸提法和溶剂萃取法。

#### 1. 浸提法

用适当的溶剂将固体样品中的某一待测成分浸取出来的方法称为浸提法，又称为液-固萃取法，如用水浸提固体食品中的糖分，用石油醚浸提肉制品中的油脂等。

（1）提取剂的选择　一般来说，提取效果符合相似相溶的原则，故应根据被提取物的极性强弱选择提取剂。对极性较弱的成分（如有机氯农药等）可用极性小的溶剂（如正己烷、石油醚等）提取；对极性强的成分（如黄曲霉毒素 $B_1$ 等）可用极性大的溶剂（如甲醇与水的混合溶液等）提取。提取剂的沸点宜在 45~80℃，沸点太低易挥发，沸点太高则不易浓缩，且对热稳定性差的被提取成分也不利。此外，要求所用提取剂既能大量溶解被提取的物质，又不破坏被提取物的性质。提取剂应无毒或毒性小。

溶剂提取法之振荡浸提法（实操视频）

（2）提取方法

①振荡浸渍法：将样品切碎，置于合适的溶剂系统中，浸渍、振荡一定时间，即可从样品中提取出被测成分。此法简便易行，但回收率较低。

②捣碎法：将切碎的样品放入捣碎机中，加提取剂捣碎一定时间，使被测成分被提取出来。此法回收率较高，但干扰杂质溶出较多。

③索氏抽提法：将一定量的样品放入索氏抽提器中，加入溶剂加热回流一定时间，被测组分被溶剂提取，如食品中脂肪的提取。该法溶剂用量少，提取完全，回收率高，但操作烦琐，需用专用的索氏抽提器。索氏抽提装置示意图如图 1-2 所示。

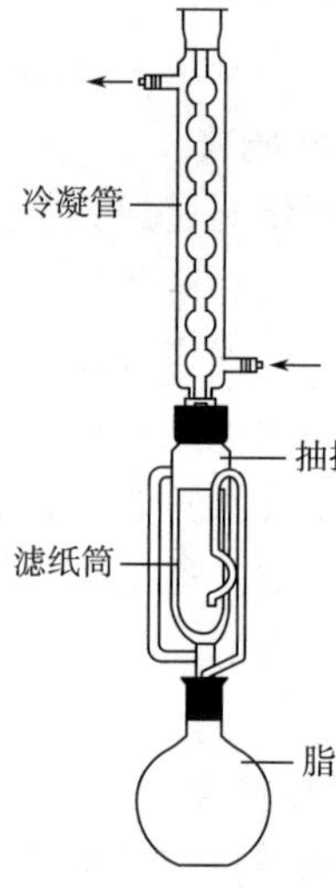

图 1-2　索氏抽提装置示意图

#### 2. 溶剂萃取法

溶剂萃取法又称溶剂分层法，是利用某组分在两种互不相溶的溶剂中分配系数的不同，使其从一种溶剂转移到另一种溶剂中，从而与其他组分分离的方法。如测定饮料中糖精钠或苯甲酸的含量时，先用乙醚（酸性条件下）萃取糖精钠或苯甲酸，再挥发除去溶剂乙醚，最后用层析法或比色法进行测定。溶剂萃取法操作简单、快速、分离效果好，应用广泛，但萃取溶剂通常易挥发、易燃且有毒性。

①萃取剂的选择：首先是萃取溶剂应与原溶剂互不相溶，对被测组分有最大溶解度，而对杂质有最小的溶解度。经萃取后，被测组分进入萃取溶剂中，与留在原溶剂中的杂质分离开。其次应考虑两种溶剂分层的难易以及是否会产生泡沫、乳化等问题。

②萃取方法：萃取通常在分液漏斗中进行，一般需经过 4~5 次萃取，才能达到完全分离的目的，操作如图 1-3 所示。

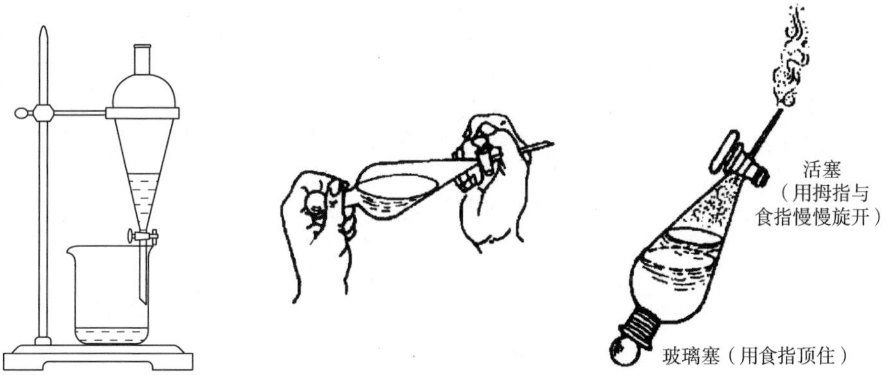


图 1-3　萃取的操作示意图

当用密度小于水的溶剂从水溶液中提取分配系数小或振荡后易乳化的物质时，采用连续液体萃取器比分液漏斗效果较好。

### （三）蒸馏法

蒸馏法是利用液体混合物中各组分挥发度的不同来进行分离的方法。可用于去除干扰组分，也可用于将待测组分蒸馏逸出，收集馏出液进行分析，具有分离和净化的双重效果。

根据食品被测组分的性质不同，可采用常压蒸馏、减压蒸馏和水蒸气蒸馏等蒸馏方式。

#### 1. 常压蒸馏

对于被蒸馏物质受热后不发生分解或者沸点不太高的样品，可用常压蒸馏。加热方式根据被蒸馏物质的沸点和特性选择水浴、油浴或直接加热，如图 1-4 所示。

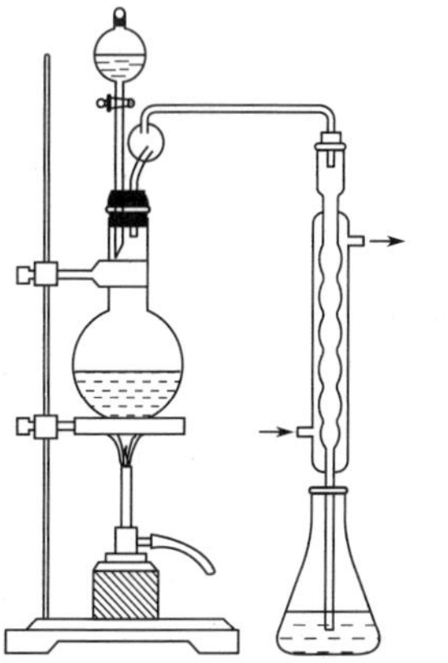

图 1-4　常压蒸馏装置示意图

#### 2. 减压蒸馏

对于待蒸馏物质易分解或者沸点太高的样品，可用减压蒸馏。减压蒸馏装置如图 1-5 所示。

#### 3. 水蒸气蒸馏

对于被蒸馏物质沸点较高，直接加热蒸馏时，因受热不均匀易引起局部炭化，或者加热到沸点时有可能分解的样品，可用水蒸气蒸馏。如测定食品中挥发性酸含量时，用水蒸气蒸馏样品，测定馏出液中酸的含量即为样品中挥发性酸含量。水蒸气蒸馏装置如图 1-6 所示。

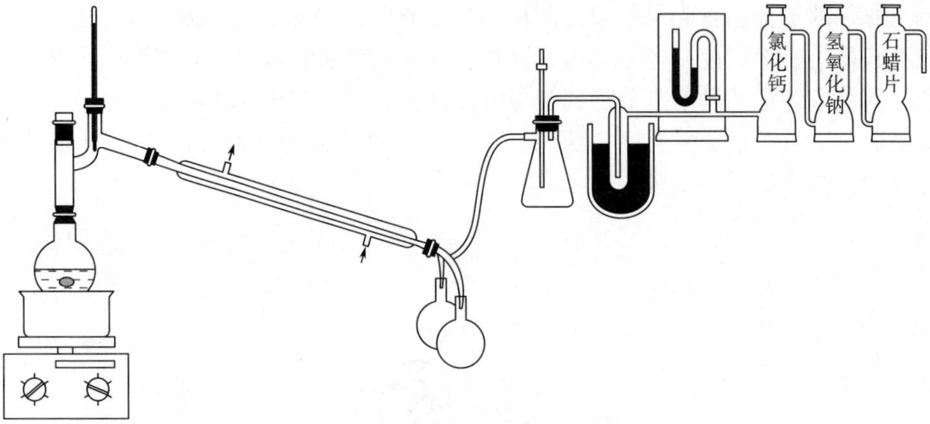


图 1-5 减压蒸馏装置示意图

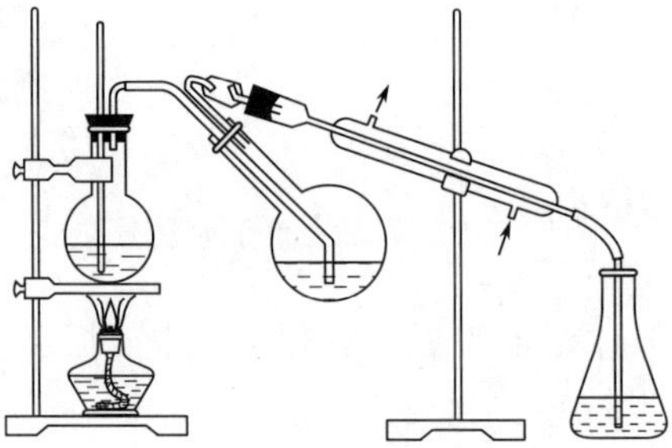

图 1-6 水蒸气蒸馏装置示意图

### （四）化学分离法

#### 1. 磺化法和皂化法

磺化法和皂化法是去除油脂的常用方法，可用于食品中农药残留的分析。磺化法是以硫酸处理样品提取液，硫酸使其中的脂肪磺化，磺化后的脂肪可溶于水，从有机溶剂中分离出来，而对酸稳定的农药仍留在有机溶剂层，这样可达到净化的目的。使用该法进行农药分析时只适用于在强酸介质中稳定的农药，如有机氯农药中的六六六、DDT 回收率在 80%以上。皂化法是以热碱 KOH-乙醇溶液与脂肪等杂质发生皂化反应，而将其去除的方法，适用于对碱稳定的农药提取液的净化。

智能一体化蒸馏仪（实操视频）

#### 2. 沉淀分离法

沉淀分离法是向样液中加入沉淀剂，利用沉淀反应使被测组分或干扰组分沉淀下来，再经过离心或过滤与母液分离。该法是常用的样品净化方法，如用直接滴定法测定乳粉中还原糖的含量，可加乙酸锌和亚铁氰化钾将蛋白质等杂质沉淀下来，再行过滤去除。

#### 3. 掩蔽法

向样品溶液中加入掩蔽剂，使干扰组分改变其存在状态，以消除其对被测组分的干扰。掩蔽法最大的优点就是可以免去分离操作，使分析步骤大大简化，因此在食品分析中广泛用于样品的净化，特别是测定食品中的金属元素时，常加入络合剂消除共存的干扰离子的影响。如 EDTA 滴定法测定钙含量时，在测定条件下，可用柠檬酸钠掩蔽，以消除它们的干扰。

### （五）浓缩法

样品经过提取、净化后，通常样液体积较大，因此在测定前需要进行浓缩，以提高被测组分的浓度，常用的有常压浓缩法和减压浓缩法。

#### 1. 常压浓缩法

常压浓缩法主要用于被测组分为非挥发性的样品溶液的浓缩，通常采用蒸发皿直接挥发。如果要回收溶剂可采用普通蒸馏装置或者旋转蒸发仪（图1-7）等。该法简便、快速，是常用的方法。

旋转蒸发仪
（实操视频）

#### 2. 减压浓缩法

减压浓缩法主要用于被测组分为对热不稳定或易挥发的样品的浓缩，通常采用K-D浓缩器（图1-8）。样品浓缩时，水浴加热并抽气减压。该法浓缩温度低、速度快、被测组分损失少，特别适用于农药残留量分析中样品净化液的浓缩。

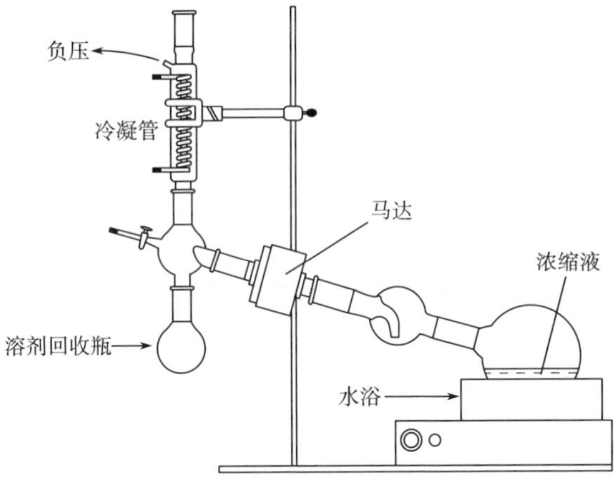


图1-7　旋转蒸发仪装置示意图

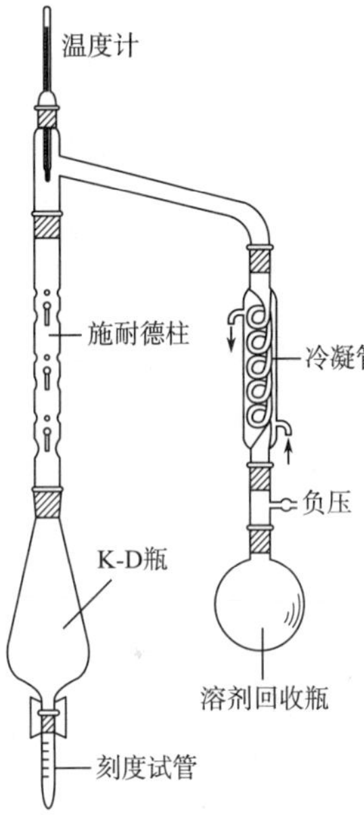


图1-8　K-D浓缩器装置示意图

### （六）色谱分离法

色谱分离法是将样品中待测组分在载体上进行分离的一系列方法，根据其分离原理不同分为吸附色谱分离、分配色谱分离和离子交换色谱分离。该法分离效果好，在食品分析中应用广泛。

#### 1. 吸附色谱分离

吸附色谱分离是利用聚酰胺、硅胶、硅藻土、氧化铝等吸附剂，经过活化处理后，可对被测组分或者干扰组分进行选择性吸附，从而达到分离的目的。例如，聚酰胺对色素有强大的吸附力，而其他组分难以被吸附，在测定食品中色素时，常用聚酰胺吸附色素，经过滤洗涤，再用适当的溶剂解吸，可得到较纯净的色素溶液，供测试使用。

### 2. 分配色谱分离

分配色谱是利用物质在两相间的分配系数不同而达到分离的方法。通常两相中一相是流动的，称为流动相；另一相是固定的，称为固定相。各组分随着流动相的流动，根据各自的分配比，在两相中不断分配而向前移动，最后达到分离的目的，如纸色谱和薄层色谱。分配色谱层析分离装置如图 1-9 所示。

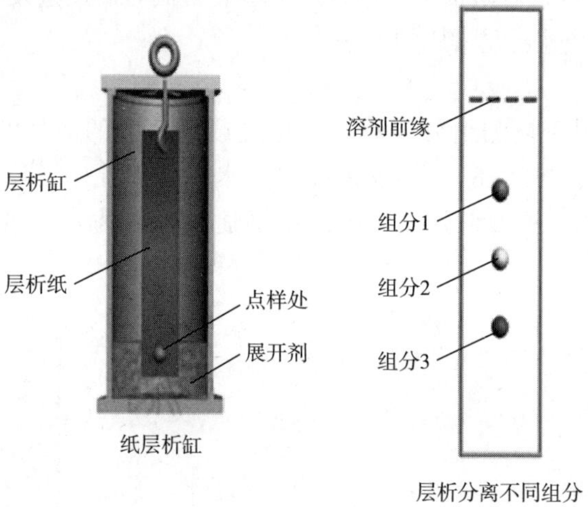


图 1-9 分配色谱层析分离装置示意图

### 3. 离子交换色谱分离

离子交换色谱是利用离子交换剂与溶液中的阴阳离子发生交换反应来进行分离的方法，分为阳离子交换和阴离子交换两种。离子交换作用可用下列方程式表示：

阳离子交换：$R-H+M^+X^-=\!=\!=RM+HX$

阴离子交换：$R-OH+M^+X^-=\!=\!=R-X+MOH$

式中 R——离子交换剂的母体；

$M^+X^-$——溶液中被交换的物质。

当被测离子溶液与离子交换剂一起混合振荡，或将样液缓缓通过用离子交换剂制成的离子交换柱时，被测离子或干扰离子即与离子交换剂上的 $H^+$或 $OH^-$发生交换，被测离子或干扰离子留在离子交换剂上，被交换出 $H^+$或 $OH^-$以及不发生交换反应的其他物质留在溶液内，从而达到分离的目的。在食品分析中，可应用离子交换分离法制备无氨水、无铅水。离子交换分离法还常用于分离较为复杂的样品。

## 任务实施

## 黄瓜中有机磷农药测定的样品制备

### 1. 目的要求

（1）知道如何根据样品的种类、被测组分的理化性质及所选用的分析方法对待检样品进行预处理。

（2）熟练制样、样品提取净化的操作。

2. 操作原理

食品中农药残留物含量很低，若不进行分离浓缩，难以正常测定。试样中有机磷类农药经乙腈提取、过滤，将滤液置于氮吹仪中，利用氮气的快速流动打破液体上层的气液平衡，使液体挥发速度加快，并通过干式加热方式升高温度，从而达到浓缩目的。浓缩液用丙酮定容。

3. 用品准备

（1）试剂：乙腈、丙酮、氯化钠、一级水。

（2）材料：黄瓜等。

（3）仪器：分析天平、搅拌机、涡旋振荡器、氮吹仪等。

4. 安全提醒

乙腈、丙酮易挥发，具有一定毒性，使用时应采取适当的防护措施。

5. 操作步骤

（1）制样　黄瓜两根去皮，切小块，放入搅拌机中，打浆。

（2）样品提取　准确称取（10.00±0.1）g 黄瓜匀浆于 50mL 离心管中，准确移入 20.0mL 乙腈，于涡旋振荡器上混匀 2min 后用滤纸过滤，滤液收集到装有 2~3g 氯化钠的 50mL 具塞量筒中，收集滤液 20mL 左右，盖上塞子，剧烈振荡 1min，在室温下静置 30min，使乙腈相和水相完全分层。

（3）净化　用移液管从具塞量筒中移取 4.0mL 乙腈相溶液于 10mL 刻度试管中，将其置于氮吹仪中，温度设为 45℃，缓缓通入氮气，蒸发近干，用移液管移入 2.0mL 丙酮，在涡旋振荡器上混匀，用 0.2μm 滤膜过滤后，分别移入至自动进样器进样瓶中，做好标记，供色谱测定。

氮吹仪（实操视频）

蔬菜中有机磷农药的检测—制样（实操视频）

蔬菜中有机磷农药的检测—样品提取（实操视频）

蔬菜中有机磷农药的检测—净化（实操视频）

6. 注意事项

（1）黄瓜去皮时应佩戴手套，防止污染。

（2）氮吹时应时刻观察样品浓缩程度，防止样品完全蒸干。

## 任务拓展

### 样品前处理技术

**1. 超临界流体萃取（Supercritical Fluid Extraction，简称 SFE）技术**

超临界流体萃取是 20 世纪 70 年代末发展起来的用超临界流体进行分离提取的一种较

为理想的技术。超临界流体（Supercritical Fluid，简称 SF）是指处于超临界温度（$t_c$）和超临界压力（$P_c$）下的流体，其兼具气体、液体的双重特性，既有很好的溶解能力，又具优良的传质性能。超临界流体萃取技术就是利用超临界流体的这种特殊性质，将被萃取组分充分溶解、分散在超临界流体中，然后借助减压、升温的方法使超临界流体变成普通气体，使被萃取物质释放出来，从而实现被萃取组分的分离和提纯。

可作为超临界流体的物质有很多，如二氧化碳、甲醇、乙醇、氨等，其中二氧化碳具有来源广泛、化学性质惰性、无毒、不易燃、价廉、临界条件温和（$t_c$ = 31.3℃，$P_c$ = 7.48×10$^6$Pa）、操作安全等优点，因而超临界二氧化碳萃取成为应用最为广泛的绿色萃取技术。如在食品工业中用超临界二氧化碳从葵花籽、花生、小麦胚芽、棕榈中提取油脂，从咖啡豆中萃取咖啡因，从啤酒花中提取天然香精香料、色素等。在食品的农药残留分析检测中，应用超临界流体萃取，具有样品前处理简单、萃取时间短、提取效率高、提取结果准确度高、重现性好等优点。近年来新研发的技术将 SFE 技术和分析仪器 GC、MS 等联用，对动物组织中的有机磷、氨基甲酸酯类等农药进行分析，也得到了很好的结果。

**2. 固相微萃取（Solid Phase Microextraction，简称 SPME）技术**

固相微萃取技术是 20 世纪 90 年代兴起的一项新兴的样品前处理与富集技术，它最先由加拿大 Waterloo 大学的 Pawliszyn 教授的研究小组于 1989 年首次进行开发研究，属于非溶剂型选择性萃取法。美国的 Supelco 公司在 1993 年实现商品化，其装置类似于一支气相色谱的微量进样器，萃取头是在一根石英纤维上涂上固相微萃取涂层，外套细不锈钢管以保护石英纤维不被折断，纤维头可在钢管内伸缩。将纤维头浸入样品溶液中或顶空气体中一段时间，同时搅拌溶液以加速两相间达到平衡的速度，待平衡后将纤维头取出插入气相色谱汽化室，热解吸涂层上吸附的物质，被萃取物在汽化室内解吸后，靠流动相将其导入色谱柱，完成提取、分离、浓缩的全过程。

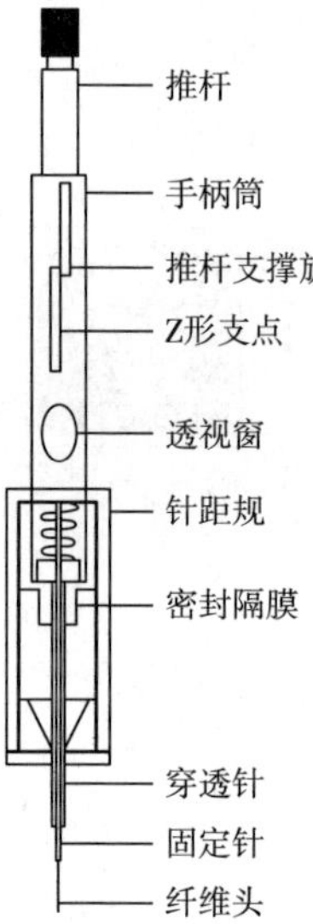

图 1-10　固相微萃取装置示意图

SPME 对有机物的萃取符合"相似相溶"原则。非极性涂层（如聚二甲基硅氧烷）对非极性物质（如烃类）效果良好，极性涂层（如聚丙烯酸酯）对极性物质（如苯酚、羧酸类）的吸附非常有效。但在直接 SPME 中，极性涂层如要从水中萃取极性化合物，它对待测物的亲和力必须大于水对待测物的亲和力，否则效果很差。

SPME 装置略似进样器，典型的 SPME 装置见图 1-10。特制不锈钢穿透针为中空结构，纤维固定针和萃取纤维能在其中移动，熔融石英纤维上面涂布用于萃取的固定相，柱塞控制固定针的移动使纤维伸出或退回穿透针中。当纤维暴露在样品中时，涂层可从液态-气态基质中吸附萃取待测物。吸附完毕后，萃取纤维退回到穿透针中被保护起来，已富集了待测物的纤维可直接转移到仪器（气相色谱仪、液相色谱仪等）进样口，通过仪器进样口的能量解吸附，然后进行分离分析。

**3. 加速溶剂萃取（Accelerated Solvent Extraction，简称 ASE）技术**

加速溶剂萃取技术是 20 世纪 90 年代发展起来的提取固体物质中有机化合物的方法。

该法因具有溶剂用量少（10g 样品仅需 15mL 溶剂）、提取时间短（一般为 15min）、样品提取自动化等优点，已被美国环境保护署（U. S. Environmental Protection Agency，简称 EPA）收录为处理固体样品的标准方法之一，广泛用于食品、药物、环境检测中复杂样品的前处理，特别是食品中的农药残留分析。

加速溶剂萃取的原理是依据“相似相溶”的原则选择合适的有机溶剂，通过增加温度（50~200℃）和压力（10. 3~20. 6MPa）来提高萃取过程的效率。

加速溶剂萃取仪由溶剂瓶、泵、气路、加热炉、萃取池和收集瓶等构成，见图 1-11。其工作程序如下。第一步是手工将样品装入萃取池，放到圆盘式传送装置上，以下步骤将按先后完全自动进行：圆盘传送装置将萃取池送入加热炉腔并与对应编号的收集瓶连接，泵将溶剂输送到萃取池（20~60s），萃取池在加热炉被加温和加压（5~8min），在设定的温度和压力下静态萃取 5min，多步少量向萃取池加入清洗溶剂（20~60s），萃取液自动经过滤膜股进入收集瓶，用 $N_2$ 吹洗萃取池和管道（60~100s），萃取液全部进入收集瓶待分析。全过程仅需 13~17min。

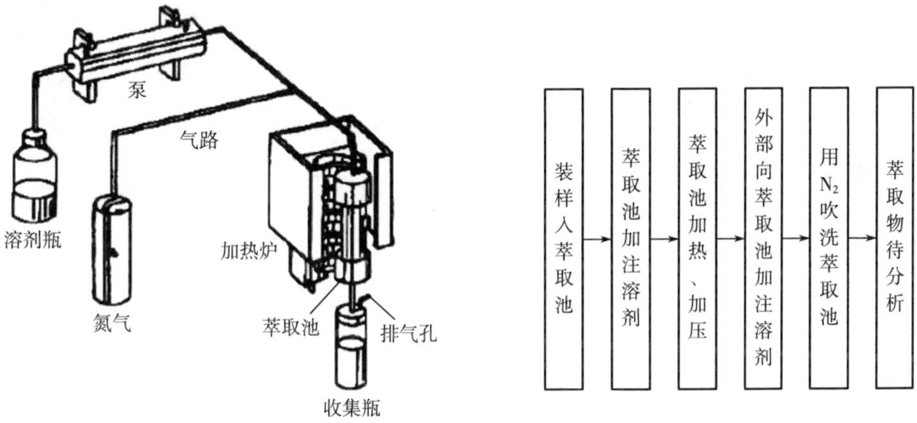


（1）萃取装置　　（2）萃取工作流程

图 1-11　加速溶剂萃取装置与工作流程图

**4. 高压密封罐消化法**

高压密封罐消化法是一种新型样品消化技术，在聚四氟乙烯容器中加入适量的样品和氧化剂，置于密封罐内并于 120~150℃烘箱中保温数小时，取出后自然冷却至室温，便可取此溶液直接测定。此法克服了常压湿法消化时，酸用量大、空白值高、污染严重、操作费时费力、待测元素易损失等缺点，但要求密封程度高，高压密封罐的使用寿命有限。

**5. 微波萃取（Microwave Aided Extraction，简称 MAE）技术**

微波萃取技术始于匈牙利学者 Ganzlerk。他在 1986 年报道了应用微波可以加速提取食品中的某些有机成分，为有机分析特别是环境有机分析试样预处理开辟了一条新途径。不久，Ganzlerk 又将微波萃取技术应用于提取植物细胞中的天然产物。Pare 将此技术细化，完善并申请了专利。

微波萃取的基本原理是微波直接与被分离物作用，微波的激活作用导致样品基体内不同成分的反应差异使被萃取物与基体快速分离，并达到较高产率。溶剂的极性对萃取效率有很大的影响。不同的基体，所使用的溶剂也完全不同。从植物物料中萃取精油或其他有用物质，一般选用非极性溶剂，这是因为非极性溶剂介电常数小，对微波透明或部分透明，这样微波射线自由透过对微波透明的溶剂，到达植物物料的内部维管束和腺细胞内，细胞内温度突然升高，而且物料内的水分大部分是在维管束和腺细胞内，因此细胞内温度升高更快，而溶剂对微波是透明（或半透明）的，受微波的影响小，温度较低，连续的高温使其内部压力超过细胞壁膨胀的能力，从而导致细胞破裂，细胞内的物质自由流出，传递转移至溶剂周围被溶解。而对于其他的固体或半固体试样，一般选用极性溶剂，这主要是因为极性溶剂能更好地吸收微波能，从而提高溶剂的活性，有利于使固体或半固体试样中的某些有机物成分或有机污染物与基体物质有效地分离。

与传统的索氏抽提、超声萃取相比，微波萃取的主要特点是：快速、节能、重现性好、节省试剂、污染小；微波加热具有选择性，可实行多份试样同时处理；热效率高，升温快速均匀，有利于萃取对热不稳定的物质，可以避免长时间高温引起样品的分解，有助于被萃取物质从样品基体上解吸，特别适合于处理大量样品。索氏抽提法处理试样一般要耗时几小时甚至数十小时，而微波萃取法仅需十几分钟或几十分钟即可，且所耗有机溶剂不到前者的50%。与超临界流体萃取（SFE）相比，微波萃取仪器设备比较简单、廉价，而且应用范围广，较少受被萃取物极性的限制。

强化守法意识
筑牢检测防线
（思政微课）

### 交流讨论

1. 有机物破坏法是否只适用于食品中无机元素的测定？测定食品中的卤素以及氮元素时一般采取哪些措施使其变成离子状态残留下来以供测定？
2. 对于牛乳、粮食选择哪种采样方法？
3. 试进行不同萃取方法的比较。
4. 请提出你在样品制备实训中遇到的问题。

任务一　达标自测

## 任务二

## 食品样品的检测

### 任务目标

#### 知识目标

理解检测方法、仪器、化学试剂等选择原则；明确玻璃量器校准的意义和原理；了解误差的来源，知道消除或减少误差的措施和方法。

#### 技能目标

学会玻璃量器的校准方法；熟练滴定管、容量瓶、移液管的使用方法和分析天平的称量操作；能正确选择检测方法、仪器、化学试剂等。

## 素质目标

通过食品理化检测方法、仪器、试剂的选择等知识学习，养成遵守国家法律、法规和企业的各项规章制度的习惯；树立正确的职业道德品质，诚实守信、实事求是；培养良好的团队合作精神。

## 任务导入

据报道，近年来我国出口的鱼、虾、禽肉、兔肉均被检测出含有硝基呋喃代谢物，硝基呋喃代谢物具有较强的毒副作用，在食品中残留会严重威胁人类身体健康。因此，加强食品质量安全检测具有十分重要的现实意义。那么，应该如何选择食品理化检测的方法、仪器、化学试剂呢？

## 相关知识

### 一、食品理化检测方法的选择

食品理化检测的任务之一是提供准确、可靠的检测数据，而选择合适的检测方法是获得正确检测结果的前提和基础。如何在众多的标准方法中作出正确选择是检测工作的关键环节。

#### （一）在不同的标准中作出选择

##### 1. 根据标准的适用范围进行选择

例如 GB 5009.22—2016《食品安全国家标准　食品中黄曲霉毒素 B 族和 G 族的测定》和 SN/T 3263—2012《出口食品中黄曲霉毒素残留量的测定》两项标准都能用于黄曲霉毒素 $B_1$ 的检测，但前者适用于谷物及其制品、豆类及其制品、坚果及籽类、油脂及其制品、调味品、婴幼儿配方食品和婴幼儿辅助食品中黄曲霉毒素 $B_1$ 的测定，后者则适用于玉米、茶叶、花生果、花生米和苦杏仁中黄曲霉毒素 $B_1$ 的测定。选择标准检测方法时，要明确不同标准的适用范围，避免张冠李戴而导致检测结果失准。

##### 2. 按“针对性”优于“普适性”的原则进行选择

GB/T 5009.1 ~ GB/T 5009.36 中的每个标准都是基础项目的检测，涵盖很多产品，即具有普适性，而 GB/T 5009.37 ~ GB/T 5009.57 中的每个标准都是对着某类产品的检测，即具有针对性。例如 GB 5009.2—2024《食品安全国家标准　食品相对密度的测定》中“第一法　密度瓶法”“第二法　天平法”“第三法　比重计法”，都适用于液体试样的相对密度的测定，属较多产品可以使用的方法。而 GB 5009.225—2023《食品安全国家标准　酒和食用酒精中乙醇浓度的测定》，适用于酒精、蒸馏酒、发酵酒和配制酒中酒精度的测定。若要测定白酒的乙醇浓度，则应按 GB 5009.225—2023 中规定的方法来进行检测。

#### （二）在同一标准的两类不同检验方法中作出选择

GB/T 5009.1—2003《食品卫生检验方法　理化部分　总则》在“检验方法的选择”中给出了两类不同检验方法的选择原则，即“标准方法如有两个以上检验方法时，可根据检测机构所具备的条件进行选择，以第一法为仲裁方法”；“标准方法中设几个并列方法时，要依据适用范围进行选择”，选择检测方法时按照此原则进行即可，分述如下。

**1. 根据“所具备的条件”，对“以第一法为仲裁方法”的几个标准检测方法进行选择**

“以第一法为仲裁方法”的几个标准检测方法的检测结果一般来说是基本一致的，只是每种方法对仪器设备的要求不同。检测机构要根据自身所具备的条件选择使用其中任何一种方法（不一定要选择第一法）。例如，GB 5009. 12—2023《食品安全国家标准　食品中铅的测定》有石墨炉原子吸收光谱法（第一法）、电感耦合等离子体质谱法（第二法）、火焰原子吸收光谱法（第三法）。要注意，不可用第二法、第三法的检测结果去否定第一法的检测结果（除非有充足的证据证明第一法检测结果是错的），因为第一法是仲裁方法。

**2. 依据方法的适用范围，对标准中几个并列方法进行选择**

标准中几个并列方法的检测结果有可能不同，所以不能随意选择，要依据产品自身的特点选择适用的检测方法。如 GB 5009. 3—2016《食品安全国家标准　食品中水分的测定》有 4 个并列方法，即直接干燥法、减压干燥法、蒸馏法、卡尔-费休法。标准中对各种方法的适用范围，写得很清楚，如直接干燥法适用于不含或含其他挥发性物质甚微的食品；减压干燥法适用于糖、味精等易分解的食品；蒸馏法适用于含较多挥发性物质的食品如油脂、香辛料等水分的测定等。据此，如要测定香料的水分，就应选择蒸馏法。若选用直接干燥法或减压干燥法，就会产生较大的测定误差，甚至导致检测结果无效。

需要提醒的是两类检测方法不能混淆，即不要将并列方法中的第一法错当作仲裁方法，也不要将含有第一法（仲裁方法）的几种方法错当作并列方法。为此，GB/T 5009. 1—2003《食品卫生检验方法　理化部分　总则》中给出相关说明：“在 GB/T 5009. 3、GB/T 5009. 6、GB/T 5009. 20、GB/T 5009. 26 中，由于方法的适用范围不同，第一法与其他方法属并列方法（不是仲裁方法）。此外，未指明第一法的标准方法，与其他方法也属并列方法”。因此，作为一名质检人员，一定要仔细研读标准的条文，把握含义，这是保证正确选择方法的前提。

### （三）综合考虑检测目的、检测成本等因素后做出选择

要根据检测目的、要求取得检测结果的时间、检测成本等来选择适当的检测方法。如企业生产线上需要及时得到检测结果而不需要很高的精确度时，则可选择在线检测等简单、快速的检测方法。不同检测方法需要的人力、物力和时间成本均有不同，应按最优化原则选择尽量节约成本的检测方法。

## 二、仪器、试剂和实验用水的选择

### （一）仪器的选择

仪器的性能和测量灵敏度都可直接影响检测结果的质量。所以，要选择技术性能良好、灵敏度满足检测标准、规范要求的仪器设备。如方法对取样要求准确称取或准确量取时，应按取样量所需保留小数点的位数选择天平或量器的等级，既保证测定精度，也

考虑经济性。如准确称取 0.3525g 样品，就需用分辨值为 0.1mg 的分析天平；若称量 2.8g 样品，则选用架盘天平即可。同样，当要求吸取 10.00mL 溶液时，应采用移液管和刻度吸量管等，而不能用量筒、量杯量取；选择滴定管时，要根据滴定时标准溶液的用量选用不同的型号。若标液用量不超过 25mL，则不应选用 50mL 滴定管；标液用量超过 25mL，则应选用 50mL 滴定管，而不能采用 25mL 滴定管。要避免量具过多的误差代入测量结果中。

### （二）化学试剂的选择

试剂质量的优劣直接影响检测工作质量，如在做食品中的铅、镉、砷等项目的测定时，样品前处理要用硫酸、硝酸等对食品进行消解，这时所用的酸就不能含有铅、镉、砷离子。否则，随着样品消解用酸量的增加，消化浓缩后，酸中的这些离子会带入消解的样品液中，给检测带来误差。

理化检测常用的化学试剂有一般试剂、基准试剂、高纯试剂和专用试剂等。

在我国国家标准中，将一般试剂划分为 3 个等级，见表 1-1。一级试剂用于精密的分析工作，主要用于配制标准溶液；二级试剂常用于配制定量分析中的普通试液；三级试剂适用于工厂、学校的一般分析工作。

**表 1-1　化学试剂的规格及标志**

| 级别 | 一级试剂 | 二级试剂 | 三级试剂 |
|---|---|---|---|
| 名称 | 优级纯 | 分析纯 | 化学纯 |
| 代号 | G. R. | A. R. | C. P. |
| 瓶签颜色 | 绿色 | 红色 | 蓝色 |

基准试剂纯度相当于或高于优级纯，能用于直接配制或标定标准溶液。

高纯试剂是纯度远高于优级纯的试剂。对高纯试剂的等级，目前国际上尚无统一的表达方式。常以几个“9”表示，如 99.99%、99.999%，“9”的数目越多表示纯度越高。高纯试剂特别适用于优级纯试剂达不到精密分析要求的一些痕量分析。

专用试剂是指具有专门用途的试剂，如色谱分析标准试剂、薄层分析试剂等。

不同级别或类别的试剂，其价格相差很大，选用时应注意节约，既要防止超级使用造成浪费，也不能随意降低试剂级别而影响分析结果。

### （三）实验用水的选择

水是最常用的溶剂，不同的检测项目需要不同质量的水。根据有关国家标准规定，一般食品检验用水为“蒸馏水或相应纯度的去离子水”，某些超纯分析及痕量分析需用纯度更高的水。GB/T 6682—2008《国家实验室用水规格和试验方法》中规定了分析试验室用水的级别和规格，如表 1-2 所示。

一级水用于有严格要求的微量和超微量分析试验，如高效液相色谱分析用水。一级水可用二级水经过石英设备蒸馏或交换混床处理后，再经 0.2μm 微孔滤膜过滤来制取。二级水用于无机痕量分析等试验，如原子吸收光谱分析用水。二级水可用多次蒸馏或离子交换等方法制取。三级水用于一般化学分析试验。三级水可用蒸馏或离子交换等方法制取。

表 1-2 分析实验室用水规格（GB/T 6682—2008）

| 指标名称 | 一级水 | 二级水 | 三级水 |
|---|---|---|---|
| pH 范围（25℃） | — | — | 5.0~7.5 |
| 电导率（25℃）/（mS/m） | ≤0.01 | ≤0.10 | ≤0.50 |
| 可氧化物（以 O 计）含量/（mg/L） | — | ≤0.08 | ≤0.40 |
| 吸光度（254nm，1cm 光程） | ≤0.001 | ≤0.01 | — |
| 可溶性硅（以 $SiO_2$ 计）含量/（mg/L） | ≤0.01 | ≤0.02 | — |
| 蒸发残渣（105±2）℃含量/（mg/L） | — | ≤1.0 | ≤2.0 |

## 三、检测过程中误差源的控制

食品理化检测结果不可能绝对准确，即使用最好的测量仪器、最好的方法，由分析水平很高的工作人员细心进行操作，测量值与客观存在的真实数值一般仍会存在或大或小的差别。这就是说测试过程中，误差总是客观存在的。作为理化检测工作者，需要了解测试过程中的误差来源，并采取相应措施消除或减少误差，从而提高检测结果的准确程度。

### （一）误差的来源

#### 1. 系统误差的来源

系统误差也称可测误差，它是由于检验过程中某些确定的、经常的原因所造成的。它对检验结果的影响比较固定，在重复测量中可以重复地体现却不易被发现，这种潜伏性使得系统误差具有更大的危险性。检测结果是否正确，往往就在于系统误差是否被发现并尽可能消除。系统误差主要来源有以下四种：一是方法误差，选择的方法不够完善，如重量分析中沉淀不完全、滴定分析中指示剂选择不当、滴定终点与等当点不一致、测量所依据的理论公式本身的近似性等引起的误差。二是仪器误差，如刻度不准、天平两臂不等，砝码未校正。例如：标称值为 100g 的砝码，经检定实际值为 99.997g，即误差为+0.003g。用此砝码去称量其他物体的质量，按标称值使用，则始终把被测量称大，产生+0.003g 的恒定系统误差。三是试剂误差，试剂不纯、蒸馏水质量不佳等所引起的误差。四是人员误差，是指检测者个人的固有习惯引起的误差，如滴定管、量筒读数时总是仰视或俯视，判断滴定终点颜色时总是偏深或偏浅等。

这类误差往往因人而异，因而可以采取让不同人员进行分析，以平均值报告分析结果的方法予以限制。

#### 2. 随机误差的来源

随机误差是试验条件和环境因素无规则的起伏变化或分析人员的操作不一致等多种随机因素而造成的测量值围绕真值发生涨落的变化，如坩埚或砝码上吸附微量的水分，随时间而变化；砝码在天平盘上位置的变动等。

#### 3. 过失误差的来源

过失误差是检测人员粗心大意而造成的差错，故也称粗差，如看错砝码、读错数据、操作失误等。这种误差，只要分析工作者在分析测试过程中认真、细心，严格遵守操作规程是可以避免的。

## （二）消除或减少误差的方法措施

### 1. 正确选择检测方法

本内容已在前面的“食品理化检测方法的选择”中作了介绍，在此不赘述。

### 2. 正确的选取样品量

取样量直接关系到测量结果的准确性。取样量的多少应根据试样的种类和性状、待测成分的含量高低、称量误差等因素而定。如分析天平的一次称量引入±0.0001g 的绝对误差，一份样品需称量两次，若要求称量时相对误差小于 0.1%，则：

试样最低称样量＝绝对误差/相对误差＝2×0.0001/0.1%＝0.2（g）

在滴定分析中，滴定管的一次读数引入±0.01mL 的绝对误差，一次滴定中需要读数两次。为使滴定时相对误差小于 0.1%，则：

标液的最少消耗体积＝绝对误差/相对误差＝2×0.01/0.1%＝20（mL）

再如在比色分析中，含量与吸光度之间往往只在一定范围内呈线性关系。分光光度计读数时也只有在一定的吸光度范围内才准确。这就要求测定时确保读数在此范围内，以提高准确度。因此要通过增减取样量或改变稀释倍数达到目的。

### 3. 仪器设备要校准并按规程正确使用

GB/T 5009.1—2003《食品卫生检验方法　理化部分　总则》中规定，检验方法中所使用的玻璃量器（滴定管、移液管、容量瓶、刻度吸管、比色管等）、控温设备（马弗炉、恒温干燥箱、恒温水浴锅等）、测量仪器（天平、酸度计、温度计、分光光度计、色谱仪等）均应按国家有关规定及规程进行测试和检定校正。在检测中要按操作规程正确使用仪器。

### 4. 增加平行测定的次数

增加平行测定的次数，能减少随机误差，使平均值更接近真值。在一般分析工作中，要求平行测定 2~4 次。如需更精确地测定，应合理增加平行测定次数，避免浪费。

### 5. 进行空白实验和对照试验

空白实验即不加样品，采用完全相同的分析步骤、试剂和用量（滴定法中标准滴定液的用量除外），进行平行操作，所得的结果为空白值，从试样的测量值中扣除空白值就可以抵消由试剂、蒸馏水、器皿和环境带入的杂质所造成的误差，得到比较准确的分析结果。

对照试验是检查系统误差的有效方法。在进行对照试验时，常常用已知结果的试样与被测试样一起按完全相同的步骤操作，或由不同单位、不同人员进行测定，最后将结果进行比较。这样可以抵消许多不明因素引起的误差。对照试验最简单有效的方法是用加标回收率的方法检验，即样品与加标样同时按同一操作方法和步骤进行平行测试。根据检测得到的加标量与实际加标量计算回收率，并对样品测得值进行补偿。回收试验也是检验分析方法可靠性的重要措施。

### 6. 规范操作

例如滴定分析中的称量，前后应使用同一台天平和同一盒砝码中尽可能相同的砝码；不能用 2g、2g、1g 三只砝码去代替 5g 的砝码等。

## 任务实施

### 玻璃量器的校正

1. 目的要求

（1）了解容量器皿校正的意义。

（2）学会滴定管、移液管、容量瓶等玻璃量器的校正方法。

（3）熟练滴定管、容量瓶、移液管的使用方法和分析天平的称量操作。

2. 操作原理

滴定管、移液管、容量瓶等是理化检测中的常用量器，这些量器都具有刻度和标称容量，此标称容量是20℃（国际标准和我国标准规定的标准温度）时以水体积来标定的实际容积。由于温度变化、长期使用时的试剂腐蚀或不合格量器的流入市场等原因，量器的实际容积与其标称容积往往不完全相符。如滴定管内径不均匀、刻度不均匀等，造成同一根滴定管在不同量程范围内，标称体积与实际容积不一致。因此，在准确性要求较高的分析工作中，必须对量器进行校正。常用的校正方法有相对校正法和绝对校正法。

（1）相对校正法　根据两种容量仪器平行使用时其容积有一定的比例关系来进行校正。如25mL的移液管的容积是250mL容量瓶的容积的1/10。一般是选择外校合格的量器为参照，对其他量器进行校正。此法简单易行，应用较多，但必须在这两件仪器配套使用时才有意义。

（2）绝对校正法（称量法）　称量玻璃量器量入或量出的纯水质量（$m$），然后根据该温度时水的校正密度（$\rho_{校正}$），计算出量器在20℃时的实际容积：

$$V_{20} = \frac{m}{\rho_{校正}}$$

水的校正密度$\rho_{校正}$是既考虑了温度变化时水密度的增减和玻璃器皿的胀缩，也考虑了在空气中称量时空气浮力的影响，经综合校正后得到的数据见表1-3。

表1-3　不同温度下经综合校正后的水的密度值

| $t$/℃ | $\rho_{校正}$/（g/mL） | $t$/℃ | $\rho_{校正}$/（g/mL） | $t$/℃ | $\rho_{校正}$/（g/mL） |
|---|---|---|---|---|---|
| 10 | 0.9984 | 17 | 0.9976 | 24 | 0.9964 |
| 11 | 0.9983 | 18 | 0.9975 | 25 | 0.9961 |
| 12 | 0.9982 | 19 | 0.9973 | 26 | 0.9959 |
| 13 | 0.9981 | 20 | 0.9972 | 27 | 0.9956 |
| 14 | 0.9980 | 21 | 0.9970 | 28 | 0.9954 |
| 15 | 0.9979 | 22 | 0.9968 | 29 | 0.9951 |
| 16 | 0.9978 | 23 | 0.9966 | 30 | 0.9948 |

例如：25℃时由滴定管放出10.10mL水，其质量为10.08g，则这一段滴定管在20℃时的实际容积为：

$$V_{20}=\frac{10.08}{0.9961}=10.12\ (\text{mL})$$

本段滴定管容积的校正值 $\Delta V=V_{20}-V_T=10.12-10.10=+0.02$（mL）。在实际滴定时，标液用量的标示容积为10mL左右时，实际用量都要加上0.02mL。以此类推。

（3）溶液体积对温度的校准　玻璃量器校正后的容积应在标准温度（20 °C）时使用才是正确的，但实际使用时不一定是在20 °C，因此，在准确性要求较高的分析工作中，必须进行体积校正。不同温度下1L稀溶液（或水）换算为20℃时的体积校正值列于表1-4。据此可将量器在实验温度下量取的体积 $V_T$ 换算成20℃时的体积 $V_{20}$。

$$V_{20}=V_T\left(1+\frac{\Delta V}{1000}\right)$$

**表1-4　不同温度下1L稀溶液（或水）换算为20℃时的体积校正值**

| 温度 $t$/℃ | 体积校正值 $\Delta V$/（mL/L） | |
|---|---|---|
| | 纯水或0.01mol/L溶液 | 0.1000mol/L溶液 |
| 5 | +1.5 | +1.7 |
| 10 | +1.3 | +1.45 |
| 15 | +0.8 | +0.9 |
| 20 | 0 | 0 |
| 25 | -1.0 | -1.1 |
| 30 | -2.3 | -2.5 |

例如，若在10℃进行滴定操作，用了0.1mol/L标准溶液25.00mL，换算为20℃时，其体积应为：

$$V_{20}=V_T\left(1+\frac{\Delta V}{1000}\right)=25.00\times\left(1+\frac{\Delta V}{1000}\right)=25.04\ (\text{mL})$$

### 3. 用品准备

（1）分析天平。

（2）酸（碱）式滴定管：50mL。

（3）容量瓶：250mL。

（4）移液管：25mL。

（5）具塞锥形瓶：50mL。

（6）温度计：最小分度值0.1℃。

### 4. 安全提醒

当必须用铬酸洗液清洗量器时，要注意铬酸洗液具有强腐蚀性，会灼伤皮肤、损坏衣物，配制和使用时应戴防护用具。如不慎溅到身上，要立即用水冲洗。铬（Ⅵ）有毒，清洗残留在器皿上的洗液时，洗涤水不要倒入下水道，应做回收处理。

### 5. 操作步骤（称量法）

（1）滴定管的校正　将蒸馏水装入已清洗好的滴定管中，液面调至零刻度或稍低于零刻度处，读数、记录并记录水的温度。按滴定速度放出30mL水于已称重的具塞锥形瓶中，盖好瓶塞，用同一台分析天平再称重、记录。两次重量之差即放出水的净重。根据实验温度下水的密度，计算出该段滴定管的实际容积。

再加蒸馏水调液面至零刻度或稍低于零刻度处，读数记录。用同样的方法测定出滴定管在0.00~40.00，0.00~50.00刻度间水的质量，分段校正滴定管。

注意：在放水时将滴定管的尖端和锥形瓶壁接触，防止水珠飞溅。

（2）移液管的校准　取洁净的待校准移液管，吸取水至刻度，记录水的温度。然后将水放入预先已称重的具塞锥形瓶中，盖好瓶塞，用同一台分析天平再称重、记录。两次重量之差即为移液管容纳的水重。根据实验温度下水的密度，计算出移液管的实际容积。

（3）容量瓶的校准　将洗净的容量瓶晾干后准确称量，然后注入蒸馏水至刻度处（瓶颈内壁标线以上不能挂有水珠，否则会影响校正结果），记录水的温度。塞好瓶塞，再精密称重。两次重量之差即为容量瓶容纳的水重。查出该温度时水的密度，即可计算出容量瓶的实际容积。

### 6. 结果计算

（1）数据记录　参见表1-5、表1-6和表1-7。

**表1-5　滴定管校准记录表**

水的温度=　℃，　　密度=　g/mL，　　大气压力=　Pa

| 测量区间 | 滴定管读数 | | 放出水的体积/mL | 空瓶质量/g | （瓶+水）质量/g | 放出水的质量/g | 实际容积/mL | 校正值/mL |
|---|---|---|---|---|---|---|---|---|
| | 始读 | 终读 | | | | | | |
| 0~30 | | | | | | | | |
| 0~40 | | | | | | | | |
| 0~50 | | | | | | | | |

**表1-6　移液管校准记录表**

| 移液管标示体积/mL | 空锥形瓶质量/g | （瓶+水）质量/g | 水的质量/g | 移液管实际容积/mL | 校正值/mL |
|---|---|---|---|---|---|
| | | | | | |

**表1-7　容量瓶校准记录表**

| 容量瓶标示体积/mL | 空容量瓶质量/g | （容量瓶+水）质量/g | 水的质量/g | 容量瓶实际容积/mL | 校正值/mL |
|---|---|---|---|---|---|
| | | | | | |

（2）计算公式

$$V_{20} = \frac{m}{\rho_{校正}}$$

$$\Delta V = V_{20} - V_T$$

式中　$m$——质量，g；

$\rho_{校正}$——校正密度；

$\Delta V$——校正值，mL；

$V_T$——放出水的体积，mL；

$V_{20}$——实际容积，mL。

7. 要点提示

（1）校准容量仪器时，必须严格遵守它们的使用规则。如正确地吸、排液；量器注水时应防止产生气泡；正确地调定液面与读数等。

（2）称量法校准量器时，应至少提前4h将被检量器、校正用水放入工作室，以保证室温、水温和量器温度三者基本一致，以免造成较大的测量误差。

（3）在玻璃量器的校准中，量器内壁的清洁度非常重要。量器内壁不清洁会产生畸形弯液面，还可能造成弯液面形状的不稳定，直接影响液面的正确观察与调定。对于滴定管和移液管，不洁的内壁还会导致“挂水”现象，也会造成测量误差。

（4）电子天平可称至0.0001g，但校准时，锥形瓶和水的质量只需记录至毫克位。

（5）在不同的教科书和标准中，滴定管分段校正的操作步骤有所差异。

（6）实际工作中，每个点应平行校正两次，然后求平均值。

## 任务拓展

### 食品检测技术标准相关简介

**1. 我国食品标准体系的建设**

我国的食品标准体系自20世纪60年代始建，20世纪80年代以前，中国食品安全标准的数量非常少。改革开放以来，特别是加入WTO后，我国食品安全体系的建设呈现突飞猛进的趋势。《中国标准化发展年度报告（2023年）》显示，截至2023年年底，我国已完善44499项国家标准、80828项行业标准、69709项地方标准和3165625项企业标准，为保障食品安全奠定了良好基础。

在整个食品标准体系中，食品检测技术标准是十分重要的一环，它是衡量食品质量安全的准绳和量尺，是监管食品安全的重要技术依托，是保障食品质量安全的客观依据和手段。为了加快食品检测技术标准体系建设步伐，国家标准委在2007年批准成立了食品通用检测技术标准化分委员会，加紧整理、规范和完善我国的食品检测标准体系，重点研究制定食品中添加剂、农药残留、污染物等含量的检测方法和标准。近年来，各类标准的制修订力度不断加大，多个食品检测技术标准系列已经形成，如GB/T 5009系列、乳品检验GB/T 5413系列、微生物检验GB/T 4789系列等。我国标准与国际标准一致性水平也大幅提升。高效液相色谱法为GB 5009.24—2016《食品安全国家标准　食品中黄曲霉毒素M族的测定》第二法，该法乳与乳制品检测部分对应于ISO 14501：2007 Milk and milk powder determination of aflatoxin $M_1$ content-clean-up by immunoaffinity chromatography and determination by high-performance liquid chromatography。GB 5009.22—2016《食品安全国家标准　食品中黄曲霉毒素B族和G族的测定》高效液相色谱-柱前衍生法谷物与坚果检测部分，对应于AOAC Official Method 994.08：Aflatoxins in Corn，Almonds，Brazil Nuts，Peanuts and Pistachio Nuts。

尽管我国的食品标准体系建设取得了较大进展，但与发达国家相比仍有一定的差距，标准体系尚不完善，不同行业间制定的标准在技术内容上存在交叉矛盾，有待进一步整合。正因如此，食品工业发展规划最新规划中把“完善食品标准体系”作为“强化食品质量安全”的五个着力点之一，明确要求“加快制（修）订食品安全标准和相关标准”“完善食品安全标准、基础通用标准、重点产品标准和检测方法标准”，一个更加完善、更为完整的食品标准体系正逐渐形成。

**2. 食品检测技术标准的分类**

食品检测技术标准按其使用的范围或审批权限可以分为：国际标准、国家标准、行业标准、地方标准、团体标准和企业标准。

（1）国际标准　国际标准是在国际间通用的标准，由国际标准化组织（International Organization for Standardization，简称ISO）制定。该组织成立于1947年2月23日，是世界上最大的非政府性标准化专门机构，下设27个国际组织，其中与食品有相关的有：联合国粮农组织（FAO）、世界卫生组织（WHO）、国际食品法典委员会（CAC）、国际食品法典农药残留委员会（CCPR）、美国官方分析化学师协会（AOAC）等。ISO总部设在瑞士日内瓦，目前已有90多个成员方，我国于1978年恢复加入该组织。每年10月14日为世界标准日。

国际食品法典委员会（Codex Alimentarius Commission，简称CAC）是由联合国粮农组织和世界卫生组织共同建立，以保障消费者的健康和确保食品贸易公平为宗旨的一个制定国际食品标准的政府间组织。该组织的任务是制定国际食品安全标准以及食品优良制造规范（GMP）并向世界各国推荐；协调各国食品安全标准立法并指导各国食品安全体系的建立。目前，国际食品法典委员会作为全球唯一协调政府间食品安全标准化工作的国际组织，已拥有180多个成员国和1个成员国组织（欧盟），覆盖全球99%的人口，制定的标准被世界各国采用，内容涉及农药和兽药残留量标准、添加剂标准、各种污染物限量和辐射污染标准、感官和品质检验标准、检验检测方法标准、检验数据的处理准则、安全卫生管理指南等诸多方面。

美国官方分析化学师协会（Association of Analytical Communities，简称AOAC）始创于1884年，是世界上最早的农产品、食品行业性国际标准化组织，是国际认可的“金标准”的颁布者和验证者。它的主要职责之一是组织实施分析方法的有效性评价。该组织建立了一套完整、系统、严密的分析方法效率评价程序。100多年来，批准了2700多个分析方法，作为国际AOAC标准方法被世界各国广泛采用，这是AOAC对国际标准化建设的最大贡献，也是它100多年誉满全球的基础。

（2）国家标准　国家标准是全国范围内共同遵守的统一标准，由国务院标准化行政主管部门制定。按标准约束力不同，国家标准又分为强制性标准（代号为GB）和推荐性标准（代号为GB/T）。强制性国标是强制执行的国家标准，推荐性国标是自愿采用的国家标准。但推荐性国标一经接受并采用，或各方商定同意纳入经济合同中，就成为各方必须共同遵守的技术依据，具有法律上的约束性。

《中华人民共和国食品安全法》（简称《食品安全法》）实施后，食品安全国家标准改由国务院卫生行政部门负责制定、公布，国务院标准化行政部门提供国家标准编号。国家标准的编号由国家标准代号、国家标准发布的顺序号和国家标准发布的年代号构成，如

GB 5009.12—2023、GB/T 5009.1—2003。

（3）行业标准　行业标准是针对没有国家标准而又需要在全国某个食品行业范围内统一的技术要求而制定的。行业标准由国务院有关行政主管部门制定，并报国务院标准化行政主管部门备案。在公布国家标准之后，该项行业标准即行废止。行业标准也分为强制性标准和推荐性标准。

行业标准的编号由行业标准代号、标准顺序号和标准发布年号构成，示例见表1-8。

**表1-8　行业标准举例**

| 部分行业标准 | 行业标准编号 | 行业标准名称 |
|---|---|---|
| 卫生行业标准 | WS/T 652—2019 | 食物血糖生成指数测定方法 |
| 农业行业标准 | NY/T 393—2020 | 绿色食品农药使用准则 |
| 商业行业标准（国内贸易行业） | SB/T 11227—2021 | 电子商务企业诚信档案评价规范 |
| 商品检验行业标准（出入境检验检疫行业） | SN/T 2233—2020 | 出口植物源性食品中甲氰菊酯残留量的测定 |
| 轻工业行业标准 | QB/T 5505—2020 | 肉类罐头中牛、羊、猪、鸡、鸭源性成分检测方法 PCR 法 |
| 水产行业标准 | SC/T 3053—2019 | 水产品及其制品中虾青素含量的测定　高效液相色谱法 |

（4）地方标准　地方标准是指对没有国家标准和行业标准而又需要在省、自治区、直辖市范围内统一的工业产品的安全、卫生要求而制定的。地方标准由省、自治区、直辖市标准化行政主管部门制定，并报国务院标准化行政主管部门和国务院有关行政主管部门备案，在公布国家标准或者行业标准之后，该项地方标准即行废止。《食品安全法》实施后，食品安全地方标准改由省、自治区、直辖市人民政府卫生行政部门组织制定，并报国务院卫生行政部门备案。地方标准的编号由地方标准的代号 DB、行政区划的数字代码之前两位数字、标准顺序号、标准发布年号组成，如 DBS42/004—2014《食品安全地方标准　动物性食品中六溴环十二烷和四溴双酚 A 的测定》、DBS22/013—2013《食品安全地方标准　植物源性食品中 $\alpha$-玉米赤霉烯醇和赤霉烯酮的测定　液相色谱-质谱/质谱法》等。

（5）团体标准　团体标准是依法成立的社会团体为满足市场和创新需要，按照团体确立的标准制定程序，自主制定发布，并由社会自愿采用的标准。团体标准由国务院标准化行政主管部门统一管理。在标准制定主体上，鼓励具备相应能力的学会、协会、商会、联合会等社会组织和产业技术联盟协调相关市场主体共同制定满足市场和创新需要的标准，供市场自愿选用，增加标准的有效供给。在标准管理上，对团体标准不设行政许可，由社会组织和产业技术联盟自主制定发布，通过市场竞争优胜劣汰。同时明确了团体标准的合法地位，建立基本信息公开制度。国务院标准化行政主管部门组织建立全国团体标准信息平台，加强信息公开和社会监督。各省级标准化行政主管部门可根据自身需要组织建立团体标准信息平台，并与全国团体标准信息平台相衔接。社会团体可在平台上公开本团体基本信息及标准制定程序等文件，接受社会公众提出的意见和评议。团体标准的编号由团体标准代号、社会团体代号、团体标准顺序号和年代号组成。如中国分析测试协会发布的团体标准 T/CAIA SH018—2022《植物油 苯并（a）芘测定 超临界流体色谱在线净化-反相高效液相色谱法》。

（6）企业标准 企业可以根据需要自行制定企业标准，或者与其他企业联合制定企业标准。企业生产产品和提供服务没有相关标准的，应当制定企业标准。国家实行企业标准自我声明公开和监督制度。企业应当公开其执行的企业标准的编号和名称；企业执行自行制定的企业标准的，还应当公开产品、服务的功能指标和产品的性能指标。国家鼓励企业标准通过标准信息公共服务平台向社会公开。企业应当按照标准组织生产经营活动，其生产的产品、提供的服务应当符合企业公开标准的技术要求。

企业提供产品或者服务所执行的企业标准应当按照统一的规则进行编号。企业标准的编号依次由企业标准代号、企业代号、顺序号、年份号组成。企业标准代号为“Q”，企业代号可以用汉语拼音字母或者阿拉伯数字或者两者兼用组成。

任何一个标准都不是一成不变的，要随着检测技术的进步、检测方法的成熟、检测需求的扩大以及食品安全出现的新情况和新问题等而进行不断地调整和完善。如 GB/T 5009 系列的 2016 版中，GB 5009. 3—2016《食品安全国家标准 食品中水分的测定》等 7 个标准，不仅弥补了 2010 版的一些缺陷、名称中增加了“食品安全国家标准”，更是由推荐性标准变成了强制性标准。另如 2017 年 10 月 6 日起实施的 GB 5009. 12—2017《食品安全国家标准 食品中铅的测定》，目前已变更为 GB 5009. 12—2023《食品安全国家标准 食品中铅的测定》。由此可见，标准是一种与时俱进的动态信息，作为一名食品理化检测工作者，必须做到对新标准的快速响应。

### 交流讨论

1. 为什么要进行容器器皿的校准？

2. 称量纯水所用的具塞锥形瓶，为什么要避免将磨口部分和瓶塞沾湿？

3. 利用称量法进行容量器皿校准时，为何要求水温和室温一致？若两者有稍微差异时，以哪一温度为准？

任务二 达标自测

# 任务三

## 检测结果的数据处理与报告

### 任务目标

#### 知识目标

明确选取检测方法应考虑的因素，熟悉有效数字运算规则和数值修约规则，掌握可疑值取舍的统计检验步骤，知道原始记录与检测报告的内容及填写要求，了解如何评价测定结果和如何得出检测结论。

## 技能目标

能熟练进行数值修约和有效数字运算，能对直接测量值和计算结果合理取位，会选择检测的方法、仪器和试剂，能用 $Q$ 检验法、格鲁布斯（Grubbs）检验法判断可疑值的取舍。

## 素质目标

通过检测结果数据处理及检验报告规范填写的学习，养成一丝不苟、实事求是、客观公正等良好的职业素养。

## 任务导入

《中华人民共和国食品安全法》明确规定："检验人应当依照有关法律、法规的规定，并依照食品安全标准和检验规范对食品进行检验，尊重科学，恪守职业道德，保证出具的检验数据和结论客观、公正，不得出具虚假的检验报告"。食品检验人员应该怎样出具公正的检测报告呢？

## 相关知识

### 一、检测数据的处理

在食品理化检测中，经常要对某些物质含量进行测定，并对测得的数据进行计算。对直接测量值（测定读数值）应取几位数字？对间接测量值（直接测量值经函数关系计算得到的结果）要保留几位数字？这都是数据处理中面临的首要问题。

#### （一）直接测量值有效数字位数的确定

有效数字即实际能测得的数字，其一般只保留一位可疑数字（介于仪器两个最小分度之间的数值，为估计读数），其余数字都是准确的。例如：滴定分析中某次滴定管的读数为 20.85mL，其中"20.8"是根据滴定管刻度示值准确读取的，末位"5"为估计读数；实际体积可能是 20.84mL，也可能是 20.86mL。

有效数字位数不能超过其测量仪器的精密度。如当用 25mL 滴定管测定溶液体积时，当 10mL<测量体积<25mL 时，应记录为 4 位有效数字，如 24.22；当测定体积<10mL，应记录 3 位有效数字，如 8.12mL。若记成 8.120 就错了。

注意：

（1）有效数字的位数不仅代表数值的大小，还反映了测量的相对误差。例如：使用滴定管移取 25mL 液体，记为 25.00mL，4 位有效数字，其相对误差为：

$$(\pm0.01/25.00)\times100\%=\pm0.04\%$$

如果使用量筒量取 25mL 液体，则记为 25.0mL，3 位有效数字，其相对误差为：

$$(\pm0.1/25.0)\times100\%=\pm0.4\%$$

尽管在数学上 25.00=25.0，但对测量值来说，25.00≠25.0，因其反映的测量准确度相差 10 倍。

（2）有效数字的位数与十进位制单位的变换无关，与小数点的位置无关。例如，用天平称量一物质的质量 0.2050g，4 位有效数字。当取质量的单位为 mg 时，记作 20.50mg，依然是 4 位有效数字。小数点的位置只与所用质量单位有关，与称量精度无关。

（3）数据中非零数字之间或之后的“0”均属于有效数字，其他的“0”作为数字定值。以分析天平称量结果为例，如表 1-9 所示。

表 1-9 分析天平称量结果示例

| 称量物 | 质量/g | 有效数字位数 |
|---|---|---|
| 称量瓶 | 10.1430 | 6 位 |
| $Na_2CO_3$ | 2.1045 | 5 位 |
| $H_2C_2O_4 \cdot 2H_2O$ | 0.2104 | 4 位 |
| 称量纸 | 0.0120 | 3 位 |

（4）pH、lg$K$ 等对数值，有效数字为小数部分，如 pH=4.34，有 2 位有效数字。

## （二）计算结果有效数字位数的确定和数值修约

食品理化检测结果一般是一组原始数据的运算结果，而诸多原始数据的有效数字位数往往不一致，因此在运算时需要按照一定的规则确定计算结果的有效数字位数，并据此进行相关的数值修约，以确保检测结果数据的准确性。

### 1. 数值修约

数值修约遵守 GB/T 8170—2008《数值修约规则与极限数值的表示和判定》，常被习惯称之为“四舍六进五凑偶”规则。为便于操作，可按如下口诀简明记忆，即“四舍六进，五看前后；五后非零则进一，五后皆零凑偶尾；五前奇数五进一，五前偶数五舍去；需舍数字若干位，必须一次修约成”，示例见表 1-10。

表 1-10 数值修约示例

| 修约口诀 | 举例（修约到一位小数） | | | |
|---|---|---|---|---|
| 四舍六进 | 15.34→15.3 | 6.23→6.2 | 15.26→15.3 | 7.28→7.3 |
| 五后非零则进一 | 1.2501→1.3 | | | |
| 五前奇数五进一 | 1.2500→1.2 | | | |
| 五前偶数五舍去（0 视为偶数） | 6.2500→6.2 | 6.0500→6.0 | | |
| 需舍数字若干位，必须一次修约成 | 5.34546→5.3（正确） | 5.3456→5.346→5.35→5.4（错误） | | |

### 2. 计算结果有效数字的合理取位

计算结果的精度取决于测量精度最差的那个原始数据的精度，故计算结果有效数字的位数取决于参与运算之各量的有效数字位数及运算方式。GB/T 5009.1—2003《食品卫生检验方法　理化部分　总则》中规定如下。

加减法计算的结果，其小数点以后保留的位数，应与参加运算各数中小数位数最少

（即绝对误差最大）的那个数相同。如：

$$0.0121+25.64+.05782=?$$

计算器算得值为26.70992，小数位数最少的数是25.64，故结果应保留2位小数，即修约值为26.71。

乘除法计算的结果，其有效数字保留的位数，应与参加运算各数中有效数字位数最少（即相对误差最大）的那个数相同。如：

$$0.0121\times25.64\times1.05782=?$$

计算器算得值为0.328182308，有效数字位数最少的数是0.0121，故结果应保留3位有效数字，即修约值为0.328。

需注意以下5点。

（1）测定读数值按其仪器准确度确定了有效数字位数后，先进行运算，运算后的数值再修约。

（2）复杂运算时，其中间过程多保留一位有效数字，最后结果再取应有的位数。

（3）被运算数据的第一位数字等于或大于8时，其有效数字应多算一位。例如9.28mL，表面上是3位有效数字，计算中可作4位有效数字看待。

（4）结果计算中出现的非测量所得的自然数或常数，可看成具有无限多位数。如水的相对分子质量为：

$$2\times1.008+16.00=18.02$$

其中“2”可视为具有无限多位数。

（5）一般来说，对于高组分含量（>10%）的测定，要求分析结果有4位有效数字；对于中组分含量（1%~10%），要求有3位有效数字；对于低组分含量（<1%），要求有2位有效数字。若国家标准有明确要求时，则按照标准执行。如GB 5009.13—2017《食品安全国家标准　食品中铜的测定》中规定，石墨炉原子吸收光谱法测定食品中的铜时，“当铜的含量≥1.00mg/kg（或mg/L）时，计算结果保留3位有效数字；当铜的含量<1.00mg/kg（或mg/L）时，计算结果保留2位有效数字”。

### （三）测定数据中可疑值的取舍

在对同一样品的平行测定中，会遇到个别测定值比其他测定值明显偏大或偏小的情况。对这样的测定值（称其为可疑值），在不明引起偏离的原因时，不能随意地舍去或保留，应对其进行统计检验，再决定取舍。常用的方法有$Q$检验法、格鲁布斯（Grubbs）检验法等。

#### 1. $Q$检验法（Dixon检验法）（只讨论测定次数<8的情况）

具体检验步骤如下。

（1）测定值由小到大排列：$x_1$，$x_2$，$x_3$，…，$x_n$（可疑值必为端值）。

（2）计算统计量$Q_{计}$：

$$Q_{计}=\frac{|x_{疑}-x_{邻}|}{(x_n-x_1)}$$

式中　$|x_{疑}-x_{邻}|$——邻差（可疑值与其相邻数据之差的绝对值）；

$(x_n-x_1)$——极差（最大与最小数据之差）。

测定次数$n>7$时，统计量$Q_{计}$的结果计算与上有所不同，计算方法可查有关书籍或手册。

（3）查 $Q$ 值表（表 1-11）：根据测定次数和要求的置信度，查得临界值 $Q_{表}$。

**表 1-11　不同置信度下的 $Q$ 值表**

| 测定次数 $n$ | $Q_{0.90}$ | $Q_{0.95}$ | $Q_{0.99}$ |
|---|---|---|---|
| 3 | 0.94 | 0.98 | 0.99 |
| 4 | 0.76 | 0.85 | 0.93 |
| 5 | 0.64 | 0.73 | 0.82 |
| 6 | 0.56 | 0.64 | 0.74 |
| 7 | 0.51 | 0.59 | 0.68 |
| 8 | 0.47 | 0.54 | 0.63 |

注：更多的临界 $Q$ 值可查有关书籍或手册。

（4）判定：

$Q_{计} \geqslant Q_{表}$，可疑值应舍去；

$Q_{计} < Q_{表}$，可疑值应保留。

**【例 1-1】** 测定馒头的水分含量，平行做了 4 次，数据分别为 64.53，64.45，64.78，55.31。试用 $Q$ 检验法判断数据 55.31 的取舍（ $\alpha$ =0.05）。

**解**：将测定值由小到大排列：55.31，64.45，64.53，64.78。

计算统计量 $Q_{计}$：

$$Q_{计} = \frac{|x_{疑} - x_{邻}|}{x_n - x_1} = \frac{|55.31 - 64.45|}{64.78 - 55.31} = 0.97$$

查 $Q$ 值表：当 $n$ =5，$\alpha$ 为 0.05 时，$Q_{表}$=0.85。

判断可疑值取舍：

由于 0.97>0.85，即 $Q_{计} > Q_{表}$，故可疑值 55.31 应舍去。

测定次数 $n$ >7 时，计算统计量 $Q_{计}$的所用公式与上有所不同，可查有关书籍或手册。

2. 格鲁布斯（Grubbs）检验法

（1）测定值由小到大排列：$x_1$，$x_2$，$x_3$，…，$x_n$。

（2）计算平均值 $\bar{x}$ 和标准偏差 $s$（包括可疑值在内）：

$$\bar{x} = \frac{\sum_{i=1}^{n} x_i}{n}$$

$$s = \sqrt{\frac{\sum_{i=1}^{n}(x_i - \bar{x})^2}{n - 1}}$$

（3）计算统计量 $G_{计}$：

$$G_{计} = \frac{|x_{疑} - \bar{x}|}{s}$$

（4）查表 1-12：据测量次数 $n$，显著性水平 $\alpha$，查得临界值 $G_{表}$。

表 1-12 临界 $G$ 值

| 测定次数 $n$ | $\alpha=0.05$ | $\alpha=0.01$ |
|---|---|---|
| 3 | 1.15 | 1.16 |
| 4 | 1.46 | 1.49 |
| 5 | 1.67 | 1.75 |
| 6 | 1.82 | 1.91 |
| 7 | 1.94 | 2.10 |
| 8 | 2.03 | 2.22 |
| 9 | 2.11 | 2.32 |
| 10 | 2.18 | 2.41 |

注：更多的临界 $G$ 值可查有关书籍或手册。

（5）判断可疑值取舍：

$G_{计} \geq G_{表}$，可疑值应舍去；

$G_{计} < G_{表}$，可疑值应保留。

注意：如果有两个可疑值，则无论它们在 $n$ 个数据排序中的同一侧还是两侧，都要先找出偏差大的可疑值，暂时舍去。利用余下的（$n-1$）个数据，计算出平均值 $\bar{x}$ 和标准偏差 $s$，检验偏差小的可疑值。方法同上。

若该偏差小的可疑值判为异常值，则先前舍去的偏差大的可疑值更是异常值。若该偏差小的可疑值判为正常值，则重新利用 $n$ 个数据，计算其平均值 $\bar{x}$ 和标准偏差 $s$，对偏差大的可疑值进行检验。方法同上。

**【例 1-2】** 某实验室对同一试样进行 10 次测定的结果为 73.5，69.5，69.0，69.5，67.0，67.0，63.5，69.5，70.0，70.5。试用格鲁布斯检验法判断可疑值 63.5 和 73.5 是否为异常值（$\alpha=0.05$）。

**解：** 首先找出偏差大的可疑值，暂时舍去，对偏差小的可疑值进行检验。

计算 10 次测定结果的平均值为 68.9，63.5 的偏差为-5.4，73.5 的偏差为+4.6，因此暂时舍去偏差大的 63.5。

利用余下的 9 个测定值去计算平均值 $\bar{x}$ 和标准偏差 $s$，检验可疑值 73.5。

测定值由小到大排列：67.0，67.0，69.0，69.5，69.5，69.5，70.0，70.5，73.5。

计算平均值 $\bar{x}$ 和标准偏差 $s$（包括可疑值在内）：

$$\bar{x}=69.5,\ s=1.9$$

计算统计量 $G_{计}$：

$$G_{计}=\frac{|x_{疑}-\bar{x}|}{s}=\frac{|73.5-69.5|}{1.9}=2.10$$

查表 1-12：$n=9$，$\alpha=0.05$ 时，$G_{表}=2.11$。

判断可疑值取舍：

$2.10<2.11$，即 $G_{计}<G_{表}$，可疑值 73.5 不是异常值，应保留。

注意：若 73.5 为异常值，则先前舍去的 63.5 更是异常值。

用 10 个测定值计算平均值 $\bar{x}$ 和标准偏差 $s$，如上同样操作，检验可疑值 63.5。

$$\bar{x}=68.9,\ s=2.6$$

$$G_{计}=\frac{|x_{疑}-\bar{x}|}{s}=\frac{|63.5-68.9|}{2.6}=2.08$$

查表 1-12：$n=10$，$\alpha=0.05$ 时，$G_{表}=2.18$。

2.08<2.18，即 $G_{计}<G_{表}$，可疑值 63.5 也不是异常值，应保留。

注意：多组分析数据中，个别组测定值的平均值与其他组测定值的平均值相差较大时也可用格鲁布斯（Grubbs）检验法决定取舍。

$Q$ 检验法具有直观性和计算简便的优点，是比较常用的方法，但准确性较差。格鲁布斯（Grubbs）检验法由于引入了平均值和标准偏差，故准确性比 $Q$ 检验法高，缺点是标准偏差的笔算十分烦琐。不过随着计算器统计运算功能的具备，格鲁布斯法的使用就不会感到困难了。

### （四）检测结果是否符合标准要求的判定

#### 1. 极限数值的表示

极限数值是指标准（或技术规范）中规定考核的以数量形式给出且符合该标准（或技术规范）要求的指标数值范围的界限值。其表达方式是给出最小极限值和（或）最大极限值，或给出基本数值与极限偏差等。如 GB 19301—2010《食品安全国家标准　生乳》中规定："蛋白质含量≥2.8g/100g"。

极限数值的表达方式如表 1-13 所示（依据 GB/T 8170—2008《数值修约规则与极限数值的表示和判定》）。

**表 1-13　　极限数值的表达方式**

| 基本用语 | 符号 | 特定情形下的基本用语 | | | 备注 |
|---|---|---|---|---|---|
| 大于 $A$ | $>A$ | | 多于 $A$ | 高于 $A$ | |
| 小于 $A$ | $<A$ | | 少于 $A$ | 低于 $A$ | |
| 大于或等于 $A$ | $\geqslant A$ | 不小于 $A$ | 不少于 $A$ | 不低于 $A$ | 测定值或计算值恰好为 $A$ 时不符合要求 |
| 小于或等于 $A$ | $\leqslant A$ | 不大于 $A$ | 不多于 $A$ | 不高于 $A$ | |

基本用语组合使用，可表示极限数值范围，如 $A\leqslant x\leqslant B$，表示大于或等于 $A$ 小于或等于 $B$。

#### 2. 检测结果是否符合标准要求的判定

将检测结果与标准规定的极限数值作比较，GB/T 8170—2008 中规定采用全数值比较法和修约值比较法。前者是将检测结果不经修约处理而用该数值与标准规定的极限数值进行比较，只要超出极限数值规定的范围（不论超出程度大小），都判定为不符合要求。后者是将检测结果进行修约，修约数位与标准规定的极限数值数位一致。将修约值与规定的极限数值进行比较，只要超出极限数值规定的范围（不论超出程度大小），都判定为不符合要求。两种比较法示例见表 1-14。

表 1-14　全数值比较法和修约值比较法示例

| 项目 | 极限数值 | 全数值比较法 | | 修约值比较法 | |
|---|---|---|---|---|---|
| | | 测定值或其计算值 | 判定是否符合要求 | 修约值 | 判定是否符合要求 |
| 生鲜乳中蛋白质含量/(g/100g) | ≥2.8 | 2.88 | 符合 | 2.9 | 符合 |
| | | 2.82 | 符合 | 2.8 | 符合 |
| | | 2.75 | 不符合 | 2.8 | 符合 |
| | | 2.74 | 不符合 | 2.7 | 不符合 |

## 二、原始记录与检测报告的填写

### 1. 原始记录的填写

原始记录是整个检测过程和检测结果信息的真实记载，是编制检测报告的原始凭证和重要依据。一般来说，检测机构都有通用的有固定抬头的空白原始记录，可用于不同的检测（表 1-15）。

原始记录的内容一般包含产品名称、规格型号、受检/委托单位、检验类别、样品等级和数量、检测项目、检测依据、仪器型/编号及重要参数、实际操作参数（取样量、测定温度和时间等）、环境条件（温度、湿度等）、测量读数、计量单位、结果计算、测量过程中其他一些必要的描述、签署等。

原始记录的填写要求主要有以下几个方面。

（1）内容真实，填写及时　原始记录要保持其原始性，是一种写真写实，应严肃认真，及时如实记录。严禁事后补记或重新抄写，严禁伪造和编造数据。

（2）信息齐备　原始记录要包含让未参加检测的人员从记录上查到编制检测报告所需的全部信息及在尽可能接近原条件情况下能复原此检测的足够信息。

（3）文字表达规范　如样品处理记录为“101～105℃”是不确切的，应记录实际达到的控制温度，而不是标准要求的温度范围。涉及名称时应写全称等。

（4）书写清晰规范　要用钢笔或碳素笔填写。无内容可填的栏目不能留空白，应在适当位置画一横线。当记录出错时，不能擦抹涂改，只准扛改，即在错误字符上画横线（保持原来的字迹可辨）以示清除，然后将正确的写其上行间或下行间并由改动人签名。

（5）重视签署　原始记录的所有签署要求全名、清晰易辨且由本人完成。

表 1-15　滴定分析用标准溶液标定记录（供参考）

编号________

| | | |
|---|---|---|
| 拟标溶液浓度：<br>$c$（　　）=　　mol/L | 标定方法依据： | 标定日期：<br>温度：　湿度： |
| 配制日期<br>或原标定日期： | 原标定结果：<br>$c$（　　）=　　mol/L | 原标定记录编号： |

续表

| 基准物 | 名称或分子式 | 含量 $w$/% | 批号 | 干燥条件 | |
|---|---|---|---|---|---|
| 天平编号及分度值 | | 滴定管编号及规格 | | | |
| 平行测定编号 | | 1 | 2 | 3 | 4 |
| 基准物恒量及称重 | 恒重/g | | | | |
| | 第一次称重 | | | | |
| | 第二次称重 | | | | |
| | 称取量/g | | | | |
| 滴定消耗溶液体积 | 滴定管初读数/mL | | | | |
| | 滴定管末读数/mL | | | | |
| | 温度校正值/mL | | | | |
| | 20℃溶液体积/mL | | | | |
| 空白值/mL（均值） | | | | | |
| 结果计算 | | | | | |
| 计算结果 $c_i$/（mol/L） | | | | | |
| 数据的取舍（舍去划“—”） | | | | | |
| 计算结果平均值 $c$/（mol/L） | | | | | |
| 标定者 | | 复标者 | | 校核者 | |
| | | | | | |

## 2. 检测报告的填写

食品检测报告是实验室检测工作的最终产品，是向有关部门报告检测结果的公开技术文件，是所检产品的质量状况的客观证据。2015 年 10 月 1 日颁布实施的《中华人民共和国食品安全法》明确规定：“检验人应当依照有关法律、法规的规定，并依照食品安全标准和检验规范对食品进行检验，尊重科学，恪守职业道德，保证出具的检验数据和结论客观、公正，不得出具虚假的检验报告”。

检测报告的内容要根据出具报告的性质不同而有所不同（表 1-16）。一般包括产品名称、生产日期及批号、受（送）检单位和生产单位的名称及地址、取样日期、检验类别、任务来源、检验项目、检测依据、检测结果（填写检验项目的单项检测结果）、判定依据及检测结论等。

检测报告填写要求：一是要编写规范，内容完整，填写清晰，结论明确。二是反映的信息和数据必须客观公正，准确可靠。三是不得涂改，不可出现空白项（无内容填写的栏目应划斜线占空）。四是要使用法定计量单位。此外要重视以下几点。

（1）检测报告中检测结论用语要规范，不能只写“合格”或“不合格”。应表述为“依据××标准，所检项目合格”或“××项目不符合××标准，所检项目不合格”等。

（2）分析结果在方法的检测限以下时，可以用“未检出”表述，但应注明检出限数值。例如：肉制品中亚硝酸盐含量的最低检出限为 1.0mg/kg，实际检出值为 0.6mg/kg，则应填报<1.0mg/kg，不能填 0.6mg/kg。

**表 1-16　×××有限公司检测报告（供参考）**

编号：　　　　　　　　　　　　　　　　共 1 页　第 1 页

| | | | |
|---|---|---|---|
| 产品名称 | 纯奶 | 型号规格 | 243mL |
| | | 商　　标 | — |
| 送检单位 | ×××有限公司 | 检验类别 | 委托检测 |
| 生产单位 | ×××有限公司 | 样品性状及包装 | 液体　袋装 |
| 生产日期（批号） | 年　月　日 | 抽样日期 | 年　月　日 |
| 抽样数量 | 6 瓶 | 抽样基数 | 9970 瓶 |
| 抽样者 | ××× | 检测日期 | 年　月　日 |
| 检测项目 | 蛋白质 | 检测依据 | GB 25190—2010《食品安全国家标准　灭菌乳》 |
| 所用主要仪器 | 定氮蒸馏装置，…… | 实验环境条件 | 温度 20℃，…… |
| 标准规定 | ≥2.8（g/100g） | 检测结果 | 2.9（g/100g） |
| 检测结论 | 该产品本次检验，按 GB 25190—2010《食品安全国家标准　灭菌乳》判定：所检项目合格。<br>（检验报告专用章）<br>签发日期　　年　月　日 | | |
| 备注 | | | |

批准：　　　　　审核：　　　　　主检：

## 任务实施

# 红酒中汞含量检测报告的出具

### 1. 目的要求

（1）收集企业实验室中的检测报告样本。

（2）掌握检测报告的填写要求。

### 2. 操作步骤

以“红酒中汞含量的检测报告”为例，学习检测报告的出具（表 1-17）。

表 1-17　红酒中汞含量的检测报告

| 样品名称 | 红酒 | | 检验类别 | 委托检测 |
|---|---|---|---|---|
| 送检单位 | ×××× | | 规格型号 | 750mL/瓶 |
| 生产单位 | ×××× | | 样品等级 | — |
| 送检单位地址 | ×××× | | 商标 | — |
| 抽样地点 | — | | 送样人员 | ××× |
| 抽样基数 | — | | 送样日期 | 2022-06-14 |
| 样品数量 | 750mL/瓶 * 4 瓶 | | 生产日期 | 2021-03-08 |
| 样品特性和状态 | 正常 | | 样品编号 | ×××××× |
| 检验环境 | 室温：15~25℃ | | 验讫日期 | 2022-07-29 |
| 判定依据 | GB 2762—2022《食品安全国家标准　食品中污染物限量》 | | | |
| 检测项目名称 | 检测结果 | 结果单位 | 限量 | 是否合格 |
| 汞 | 未检出 | mg/kg | 0.01 | 合格 |
| 检验结论 | 该样品本次检验，按 GB 2762—2022《食品安全国家标准　食品中污染物限量》判定：所检项目合格。<br>（检验报告专用章）<br>签发日期：　年　月　日 | | | |
| 备注 | | | | |

批准：　　　　审核：　　　　主检：

## 任务拓展

### 一、测定结果的统计检验（显著性检验）

分析检测工作中常遇到两种情况：样品测定平均值和样品标准值不一致；两组测定数据的平均值不一致。因此需要判断这种不一致是否存在显著性差异，如通过比较试验考察对同一食品应用直接干燥法和卡尔-费休法测定水分含量，两种方法有无显著性差异。解决这类问题常采用的统计检验法有 $t$ 检验法和 $F$ 检验法。

**1. 检验测定均值与标准值有无显著性差异——$t$ 检验法**

（1）由测定值计算统计量 $t_{计}$：

$$t_{计} = \frac{|\bar{x} - \mu| \sqrt{n}}{s}$$

式中　$\mu$——标样的标准值；

$\bar{x}$——试样测定的均值；

$s$——标样测定的标准偏差；

$n$——标样的测定次数。

（2）根据要求的置信度和自由度（$f = n - 1$），查表 1-18 得 $t$ 的临界值 $t_{表}$。

（3）判断：

$t_{计} \leqslant t_{表}$，表示 $\bar{x}$ 与 $\mu$ 无显著性差异；

$t_{计}>t_{表}$，表示 $\bar{x}$ 与 $\mu$ 有显著性差异。

**表 1-18　临界 $t$ 值表（双尾）**

| $f$ | $\alpha$ | | | | | | |
|---|---|---|---|---|---|---|---|
| | 0.5 | 0.2 | 0.1 | 0.05 | 0.02 | 0.01 | 0.005 |
| 1 | 1.000 | 3.078 | 6.314 | 12.706 | 31.821 | 63.657 | 127.321 |
| 2 | 0.816 | 1.886 | 2.920 | 4.303 | 6.965 | 9.925 | 14.089 |
| 3 | 0.765 | 1.638 | 2.353 | 3.182 | 4.541 | 5.841 | 7.453 |
| 4 | 0.741 | 1.533 | 2.132 | 2.776 | 3.747 | 4.604 | 5.598 |
| 5 | 0.727 | 1.476 | 2.015 | 2.571 | 3.365 | 4.032 | 4.773 |
| 6 | 0.718 | 1.440 | 1.943 | 2.447 | 3.143 | 3.707 | 4.317 |
| 7 | 0.711 | 1.415 | 1.895 | 2.365 | 2.998 | 3.499 | 4.029 |
| 8 | 0.706 | 1.397 | 1.860 | 2.306 | 2.896 | 3.355 | 3.833 |
| 9 | 0.703 | 1.383 | 1.833 | 2.262 | 2.821 | 3.250 | 3.690 |
| 10 | 0.700 | 1.372 | 1.812 | 2.228 | 2.764 | 3.169 | 3.581 |
| 11 | 0.697 | 1.363 | 1.796 | 2.201 | 2.718 | 3.106 | 3.497 |
| 12 | 0.695 | 1.356 | 1.782 | 2.179 | 2.681 | 3.055 | 3.428 |
| 13 | 0.694 | 1.350 | 1.771 | 2.160 | 2.650 | 3.012 | 3.372 |
| 14 | 0.692 | 1.345 | 1.761 | 2.145 | 2.624 | 2.977 | 3.328 |
| 15 | 0.691 | 1.341 | 1.753 | 2.131 | 2.602 | 2.947 | 3.286 |

注：更多的临界 $t$ 值可查有关书籍或手册。

**【例 1-3】** 为了鉴定一个分析方法的准确度，取 100mg 的基准物进行 10 次测定。所得数据为 100.3，99.2，99.4，100.0，99.7，99.9，99.4，100.1，99.4，99.6。试对这组数据进行评价。

**解：** 计算得平均值和标准偏差：$\bar{x}=99.7$，$s=0.38$

$$t_{计}=\frac{|\bar{x}-\mu|\sqrt{n}}{s}=\frac{|99.7-100|\sqrt{10}}{0.38}=2.50$$

查表 1-18：$f=n-1=9$，显著性水平 $\alpha=0.05$ 时，$t_{表}=2.262$。

判断：2.50>2.262，即 $t_{计}>t_{表}$，表示 $\bar{x}$ 与 $\mu$ 有显著性差异，可认为该方法存在系统误差。

**【例 1-4】** 用标准值为 1.060mol/L 的标准溶液校准仪器，10 次测定均值为 1.054mol/L，标准偏差为 0.009，试以 95%置信度判断此仪器是否正常。

**解：** 由题意知 $\bar{x}_1=1.054$，$s=0.009$，$\mu=1.060$

$$t_{计}=\frac{|\bar{x}-\mu|\sqrt{n}}{s}=\frac{|1.054-1.060|\sqrt{10}}{0.009}=2.11$$

查表 1-18：$n=10$，$f=n-1=9$，置信度为 95%即显著性水平 $\alpha=0.05$ 时，$t_{表}=2.262$。

判断：$t_{计}=2.11<t_{表}=2.262$，则测定值 1.054mol/L 与标准值 1.060mol/L 无显著性差异，说明仪器正常。

**2. 检验两个测定均值（同一试样，无标准值）有无显著性差异——*t* 检验法**

用于两种方法（新方法和标准方法）测定的两组数据之间、两位分析人员或两个实验室测定的两组数据之间的比较。

（1）根据两组数据的均值 $\bar{x}_1$、$\bar{x}_2$ 及标准差 $s_1$、$s_2$，求合并标准差 $s_{合}$：

$$s_{合} = \sqrt{\frac{(n_1 - 1)s_1^2 + (n_2 - 1)s_2^2}{n_1 + n_2 - 2}}$$

（2）计算统计量 $t_{计}$：

$$t_{计} = \frac{|\bar{x}_1 - \bar{x}_2|}{\bar{s}}\sqrt{\frac{n_1 n_2}{n_1 + n_2}}$$

（3）查临界值：给定的 $\alpha$ 值，自由度 $f=n_1+n_2-2$，查表 1-18 得 $t_{表}$。

（4）判断：

$t_{计} \leqslant t_{表}$，两均值无显著性差异；

$t_{计} > t_{表}$，两均值有显著性差异。

【**例 1-5**】采用两种不同方法测定乳粉中脂肪含量（%），测定数据见下表：

| | | | | | | |
|---|---|---|---|---|---|---|
| 方法 1 | 2.01 | 2.10 | 1.86 | 1.92 | 1.94 | 1.99 |
| 方法 2 | 1.88 | 1.92 | 1.90 | 1.97 | 1.94 | |

试比较两种方法的检测结果有无显著性差异。

**解**：根据两组数据，分别计算两种方法的平均值和标准差，得：

$$\bar{x}_1 = 1.97,\ s_1 = 0.083$$

$$\bar{x}_2 = 1.92,\ s_2 = 0.035$$

计算合并标准差 $s_{合}$：

$$s_{合} = \sqrt{\frac{(n_1 - 1)s_1^2 + (n_2 - 1)s_2^2}{n_1 + n_2 - 2}} = \sqrt{\frac{(6 - 1)0.083^2 + (5 - 1)0.035^2}{6 + 5 - 2}} = 0.066$$

计算统计量 $t_{计}$：

$$t_{计} = \frac{|\bar{x}_1 - \bar{x}_2|}{\bar{s}}\sqrt{\frac{n_1 n_2}{n_1 + n_2}} = \frac{|1.97 - 1.92|}{0.066}\sqrt{\frac{6 \times 5}{6 + 5}} = 1.383$$

查表 1-18，自由度 $f=n_1+n_2-2$，显著性水平 $\alpha = 0.05$ 时，$t_{表} = 2.262$。

判断：$t_{计} = 1.383 < t_{表} = 2.262$，无显著性差异，说明两种测定结果是一致的。

上述两个测定均值的显著性检验，要以两组数据的方差无显著性差异为首要条件，因此需先用 *F* 检验法判断。

**3. 检验两组数据的方差有无显著性差异——*F* 检验法**

不同分析人员、不同实验室或用不同分析方法对同一试样进行测定得到的标准差不同。用 *F* 检验法通过比较两组数据方差的一致性来检验两组数据的精密度是否存在显著性差异。

（1）计算统计量方差比 $F_{计}$：

$$F_{计} = \frac{s_{大}^2}{s_{小}^2}$$

（2）按照置信度和自由度 $f_{大}$、$f_{小}$ 查 *F* 分布表（表 1-19），得到临界值 $F_{表}$。

(3) 判断：

$F_{计} \leqslant F_{表}$，两组数据的方差无显著性差异；

$F_{计} > F_{表}$，两组数据的方差有显著性差异。

说明两组数据精密度有显著性差异。反之无显著性差异。

**表 1-19　　临界 F 值表（置信度 95%）**

| $f_{小}$ | $f_{大}$ | | | | | | | | | |
|---|---|---|---|---|---|---|---|---|---|---|
| | 2 | 3 | 4 | 5 | 6 | 7 | 8 | 9 | 10 | ∞ |
| 2 | 19 | 19.16 | 19.25 | 19.3 | 19.33 | 19.36 | 19.37 | 19.38 | 19.39 | 19.5 |
| 3 | 9.55 | 9.28 | 9.12 | 9.01 | 8.94 | 8.88 | 8.84 | 8.81 | 8.78 | 8.53 |
| 4 | 6.94 | 6.59 | 6.39 | 6.26 | 6.16 | 6.09 | 6.04 | 6 | 5.96 | 5.63 |
| 5 | 5.79 | 5.41 | 5.19 | 5.05 | 4.95 | 4.88 | 4.82 | 4.78 | 4.74 | 4.36 |
| 6 | 5.14 | 4.76 | 4.53 | 4.39 | 4.28 | 4.21 | 4.51 | 4.1 | 4.06 | 3.67 |
| 7 | 4.74 | 4.35 | 4.12 | 3.97 | 3.87 | 3.79 | 3.73 | 3.68 | 3.63 | 3.23 |
| 8 | 4.46 | 4.07 | 3.84 | 3.69 | 3.58 | 3.5 | 3.44 | 3.39 | 3.34 | 2.93 |
| 9 | 4.26 | 3.86 | 3.63 | 3.48 | 3.37 | 3.29 | 3.23 | 3.18 | 3.13 | 2.71 |
| 10 | 4.1 | 3.71 | 3.48 | 3.33 | 3.22 | 3.14 | 3.07 | 3.02 | 2.97 | 2.54 |
| ∞ | 3 | 3.6 | 2.37 | 3.21 | 2.1 | 2.01 | 1.94 | 1.88 | 1.83 | 1 |

**【例 1-6】** 仍以例 1-5 中实验数据为例，通过 F 检验法比较两种方法的精密度有无显著差异。

**解**：分别计算两种方法的方差：

$$s_{大}^2 = 0.083^2 = 0.0069$$

$$s_{小}^2 = 0.035^2 = 0.0012$$

求 $F_{计}$：

$$F_{计} = \frac{s_{大}^2}{s_{小}^2} = \frac{0.0069}{0.0012} = 5.75$$

查 F 分布表（表 1-19）：$\alpha = 0.05, f_{大} = 6-1 = 5, f_{小} = 5-1 = 4$，$F_{表} = 6.26$。

判断：5.75<6.26，即 $F_{计} < F_{表}$，说明两种方法的方差无显著性差异，即两种测定方法精密度是一致的。选用两种方法都是可以的。

## 二、置信度与置信区间

任何样品只能测有限次而得到样本的测定均值 $\bar{x}$ 和标准偏差 $s$，而我们想知道的是样品的真值即总体均值 $\mu$，只有当测定次数 $n$ 趋于无穷大时 $\bar{x}$ 才趋于 $\mu$，而实际测定次数 $n$ 不可能趋于无穷大。因此 $\bar{x}$ 只能是 $\mu$ 的估计值。根据统计学的推导，总体均值 $\mu$ 与样本均值 $\bar{x}$ 的关系为：

$$\mu = \bar{x} \pm t\frac{s}{\sqrt{n}}$$

$\mu = \bar{x} \pm t\frac{s}{\sqrt{n}}$ 称为均值的置信区间。$t\frac{s}{\sqrt{n}}$ 为误差限，也称估计精度，其数值越小，测定精

度越高。$t$ 为在一定置信度（测定值在一定范围内出现的概率，如95%或90%）与自由度 $f$（$f=n-1$）下的置信系数，可查表1-18得到。

上式具有明确的概率意义，它表明真值 $\mu$ 落在置信区间：

$$\mu=\bar{x}-t\frac{s}{\sqrt{n}}\sim\mu=\bar{x}+t\frac{s}{\sqrt{n}}$$

其置信概率为 $p$（$p=1-\alpha$，$\alpha$ 为置信水平）。例如：经4次测定，得到某样品中铁的质量分数的置信区间为0.1915±0.0009（置信度为95%），即说明：这4次测定平均值为0.1915，有95%的把握认为铁的质量分数的真值落在0.1906~0.1924。

**【例1-7】** 分析蛋糕中淀粉的含量得到如下数据（%）：37.45，37.20，37.50，37.30，37.25。求置信度为90%时的置信区间。

**解：**

$$\bar{x}=\frac{37.45+37.20+37.50+37.30+37.25}{5}=37.34$$

$$s=\sqrt{\frac{(0.11)^2+(0.14)^2+(0.04)^2+(0.16)^2+(0.09)^2}{5-1}}=0.13$$

查表1-18得，$f=n-1=5-1=4$，置信度为90%时，$t=2.132$，则

$$\mu=37.34\pm\frac{2.132\times0.13}{\sqrt{5}}=37.34\pm0.12$$。

## 交流讨论

1. 撰写食品企业理化检测实验室的走访报告并进行交流。
2. 你认为作为食品检测岗位的员工应具备哪些知识、素质和能力？
3. 如何理解“产品质量是生产出来的，不是检验出来的”这句话？

任务三　达标自测

# 项目二

# 食品物理性能指标的测定

通过测定食品的相对密度、折射率、旋光度等物理常数，间接确定食品的组分含量，或测定食品的某些物理量，直接表明该食品的质量（如冰淇淋的膨胀率、啤酒的色度和浊度、罐头食品的真空度等本身就是国标对某些食品质量要求的指标），是食品分析及食品工业生产中常用的物理检测法。物理检测法相比于化学检测法的优点在于样品前处理方法简单，试验操作容易，仪器价格低廉且维护费用较低。目前广泛用于酿酒、乳制品、肉制品等食品企业的加工过程中。本项目重点介绍密度法、旋光法和折射仪法。

## 任务四

## 食品密度和相对密度的测定

### 任务目标

#### 知识目标

掌握密度和相对密度的概念，了解密度计的类型、原理与结构。

#### 技能目标

掌握常用密度计、密度仪的使用技能，掌握常用密度计的温度校正方法。

#### 素质目标

通过食品的密度和相对密度的测定学习，熟知相关专业理论和实验室安全知识，规范操作技能，提高实验数据准确度，助力食品监督管理，助力食品安全。培养履职尽责，求实求真，爱岗敬业精神。

**任务导入**

中国质量新闻网报道，内蒙古自治区市场监督管理局网站发布关于885批次食品抽检情况的通告。通告称，该局抽检21大类食品885批次样品，19批次样品不合格。其中包括多款酒产品。在质量指标与标签标示值不符方面，兴安盟乌兰浩特市某葡萄酒有限公司生产的某干红（9%vol）（生产日期2019/10/9，规格型号：750mL/瓶），酒精度与产品标签标示值不符。检验结果：5.3%vol，标准值：（9±1.0）%vol。检验机构为内蒙古自治区产品质量检验研究院。请查阅GB 5009.225—2023《食品安全国家标准　酒和食用酒精中乙醇浓度的测定》，试回答葡萄酒乙醇浓度测定的意义和方法是什么。

**相关知识**

## 一、密度和相对密度的概念

食品的密度
和相对密度的测定
（部分相关标准）

密度是指物质在一定温度下每单位体积的质量，以符号 $\rho_t$ 表示（右下标表示测定时的温度，20℃时可用 $\rho$ 表示，省略 $t$）。密度单位为 $g/cm^3$，其数值随温度的改变而改变。

相对密度是指物质在 $t_1$ 温度的质量与同体积的纯水在 $t_2$ 温度的质量之比，以符号 $d_{t_2}^{t_1}$ 表示，量纲为一。

用密度计或密度瓶测定溶液的相对密度时，待测溶液和纯水的温度都定为20℃时可以简化试验步骤，这时相对密度用 $d_{20}^{20}$ 表示。因为4℃时水的密度最大，所以，对同一液体来说，$d_{20}^{20} > d_4^{20}$，换算关系式为：

$$d_4^{20} = d_{20}^{20} \times \rho_{20}$$

式中　$\rho_{20}$——20℃纯水的密度0.99823，$g/cm^3$。

## 二、密度测定的意义

液态食品的纯度和浓度与其相对密度相关，通过相对密度的检测可以评价食品的品质。例如，牛乳的相对密度与其脂肪含量、总乳固体含量有关，检测牛乳的相对密度值可以辨别牛乳的脱脂程度或是否掺水。从蔗糖溶液的相对密度可以直接读出蔗糖的质量分数，从酒精溶液的相对密度可以直接读出乙醇的体积分数。

液态食品中的水分被完全蒸发干燥至恒重时得到的剩余物质，称为固形物（干物质），包括盐类、有机酸、蛋白质等。液态食品固形物含量与其相对密度成正比关系，所以测定液态食品的相对密度可以确定其固形物含量。

## 三、密度测定的方法和密度计简介

GB 5009.2—2024《食品安全国家标准　食品相对密度的测定》中规定了三种测定方法，即密度瓶法、韦氏天平法和密度计法，其中密度计法较为常用。

食品工业中常用的密度计按其标度方法的不同，可分为普通密度计、波美计、糖锤度计、乳稠计、酒精计等，部分如图2-1所示。所有密度计都是根据阿基米德原理制成的，其基本结构都相同，都是由玻璃外壳制成，头部呈球形或圆锥形，里面灌有铅珠、汞及其他重金属，使其能立于液体中。中部是胖肚空腔，内有空气故能在液体中浮起，尾部细长，内附有刻度标记，称为计杆，其刻度是利用不同相对密度的液体进行标定而制成的。

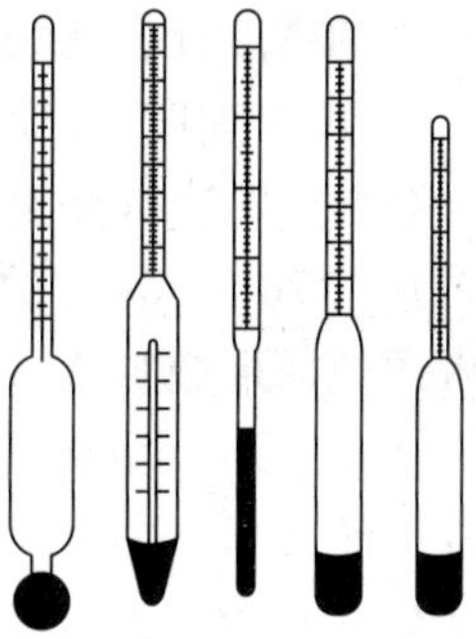


图 2-1 部分密度计示意图

1，2—糖锤度计 3，4—波美计 5—酒精计

### 1. 普通密度计

普通密度计是直接以 20℃时的密度值为刻度的（物质在 20℃时的密度值与 $d_4^{20}$ 在数值上相等，所以可以说是以 $d_4^{20}$ 为刻度的）。密度计是成套的，每套有若干支，每只密度计只能测定一定范围的密度。使用时要根据待测溶液的密度选用不同量程的密度计。刻度值小于 1 的（0. 700～1. 000）称为轻表，用于测量比水轻的液体，刻度值大于 1 的（1. 000～2. 000）称为重表，用来测量比水重的液体。

### 2. 波美计

波美计是以波美度（°Bé）为单位来测量溶液浓度的大小。其刻度方法是以 20℃为标准，在蒸馏水中为 0°Bé；在 15%氯化钠溶液中 15°Bé；在浓硫酸（质量百分比浓度是 98%，相对密度为 1. 8427）中为 66°Bé，其余刻度等分。当测得波美度后，从相应化学手册的对照表中可以方便地查出溶液的质量分数。波美计有轻表、重表两种，轻表用于测定相对密度小于 1 的溶液，重表用于测定相对密度大于 1 的溶液。

### 3. 糖锤度计

糖锤度计又称勃力克斯计（Brixscale，简写为°Bx），是专用于测定糖液浓度的密度计。它是以蔗糖溶液质量分数为刻度的，以符号°Bx 表示。其刻度方法是以 20℃为标准温度，在蒸馏水中为 0°Bx，在 1%蔗糖溶液中为 1°Bx（即 100g 蔗糖溶液中含 1g 蔗糖），以此类推。锤度计的刻度范围有多种，常用的有：0～6°Bx，5～11°Bx，10～16°Bx，15～21°Bx 等。

若测定温度不在标准温度 20℃，应据观测锤度温度校正表（附录一）进行温度校正。当测定温度高于 20℃时，因糖液体积膨胀导致相对密度减小，即锤度降低，故应加上相应的温度校正值，反之，则应减去相应的温度校正值。

**【例 2-1】** 在 17℃时的观测锤度为 22. 00°Bx，查附表得校正值为 0. 18°Bx，

则标准温度 20℃时的糖锤度为 22. 00-0. 18＝21. 82（°Bx）。

**【例 2-2】** 在 24℃时观测锤度为 16.00°Bx，查附表得校正值为 0.24°Bx，则标准温度 20℃时的糖锤度为 16.00+0.24=16.24（°Bx）。

糖锤度计的读数是溶液中（固形物）质量分数的近似值。

### 4. 乳稠计

乳稠计是专用于测定牛乳相对密度的密度计，测量相对密度的范围 1.015~1.045。它是将相对密度减去 1.000 后再乘以 1000 作为刻度，以度（符号：数字右上角标“°”）表示，其刻度范围为 15°~45°。使用时把测得的读数按上述关系可换算为相对密度值。乳稠计按其标度方法不同分为两种：一种是按 20°/4°标定的，另一种是按 15°/15°标定的。

两者的关系是：后者读数是前者读数的尾数加 2，即：

$$d_{15}^{15} = d_{4}^{20} + 0.002$$

正常牛乳的相对密度 $d_{4}^{20}=1.030$，而 $d_{15}^{15}=1.032$。

牛乳的相对密度随温度变化而变化，在 10~25℃范围内，温度每变化 1℃，相对密度相差 0.0002，即相当于乳稠计读数的 0.2 度。

对于 20°/4°乳稠计，当乳温高于标准温度 20℃时，每高 1℃应在得出的乳稠计读数上加 0.2°，乳温低于 20℃时，每低 1℃应减去 0.2°。

**【例 2-3】** 16℃时 20°/4°乳稠计读数为 31°，换算为 20℃应为：

$$31°-(20°-16°)\times 0.2=31°-0.8°=30.2°$$

即 $d_{4}^{20}=1.0302$，而 $d_{15}^{15}=1.0302+0.002=1.0322$。

**【例 2-4】** 25℃时 20°/4°乳稠计读数为 29.8°，换算为 20℃应为：

$$29.8°+(25°-20°)\times 0.2=29.8°+1.0°=30.8°$$

即 $d_{4}^{20}=1.0308$，而 $d_{15}^{15}=1.0308+0.002=1.0328$。

用 20°/4°乳稠计和 15°/15°乳稠计时，其温度校正分别查附录二和附录三。

### 5. 酒精计

酒精计是专门用于测量白酒或者酒精溶液里面酒精含量的密度计，是用已知乙醇浓度的酒精溶液来标定的，以 20℃时在蒸馏水中为 0 度，在 1%的酒精溶液中为 1 度，即 100mL 酒精溶液中含乙醇 1mL，所以，可以从酒精计上直接读取酒精溶液的体积分数。

红酒中乙醇浓度的测定（实操视频）

当测定温度不在 20℃时，需根据酒精计温度浓度换算表（附录四），换算成 20℃酒精的实际浓度。如 25.5℃直接读数为 96.5%，查换算表知 20℃时实际含量为 95.35%。

## 任务实施

### 数字密度计法测定红酒中的乙醇浓度

#### 1. 目的要求

（1）掌握数字密度计的使用方法和技巧。

（2）学会依据仪器测定的密度，求得样品在 20℃时的酒精度。

### 2. 操作原理

将试样注入U形管，通过在20℃时与两个标准的振动频率比较而求得其密度，计算出样品在20℃时乙醇含量的体积分数，即酒精度。

### 3. 用品准备

（1）数字密度计。

（2）恒温水浴：控温精度±0.02℃。

（3）注射器：10mL。

### 4. 安全提醒

规范操作蒸馏瓶、冷凝管等玻璃制品（易碎品）。

### 5. 操作步骤

（1）试样制备　蒸馏酒、发酵酒和配制酒样品制备（不包括啤酒和起泡葡萄酒）。用一洁净、干燥的100mL容量瓶，准确量取样品（液温20℃）100mL于500mL蒸馏瓶中，用50mL水分三次冲洗容量瓶，洗液并入500mL蒸馏瓶中，加几颗沸石（或玻璃珠）。连接蛇形冷凝管，以取样用的原容量瓶作接收器（外加冰浴），开启冷却水（冷却水温度宜低于15℃），缓慢加热蒸馏，收集馏出液。当接近刻度时，取下容量瓶，盖塞，于20℃水浴中保温30min，再补加水至刻度，混匀，备用。

（2）仪器的校正（可根据各仪器说明书进行校正）　在（20.00±0.02）℃下观察和记录U形管（洁净、干燥）中空气的“$T$”值。将注射器与U形管上端出口处的塑料管连上，把U形管下方入口处的塑料管浸入新煮沸、冷却、膜过滤后的重蒸水中，将U形管中注满水（要求无气泡），当水温达到恒定温度（20.00±0.02）℃时，显示“$T$”值在2~3min内不变化时，读数、记录。

酒精度数字密度仪（实操视频）

装置的$\alpha$和$\beta$常数按下式计算：

$$\alpha = T_{水}^2 - T_{空气}^2$$

$$\beta = T_{空气}^2$$

式中　$\alpha$——仪器校正过程的常数；

$T$——振荡周期；

$\beta$——仪器校正过程的常数。

将常数$\alpha$和$\beta$输入仪器的记忆单元，重新将开关置于$\rho$密度档，检查水的密度读数。倒出U形管中的水，干燥后，检查空气密度。其值应分别为1.0000（水的密度）和0.0000（空气的密度）。若显示的数值在小数点后第5位差值大于1，则需要重新检查恒温水浴的温度和水、空气的“$T$”值。

（3）试样溶液的测定　将试样蒸馏液注满U形管（要求无气泡），直到试样液温度与水浴温度达到平衡（2~3min）时，记录试样的密度。

### 6. 结果计算

根据仪器测定的密度，查GB 5009.225—2023《食品安全国家标准　酒和食用酒精中乙醇浓度的测定》附录，求得样品在20℃时酒精度，以体积分数（%vol）表示。

以重复性条件下获得的两次独立测定结果的算术平均值表示，结果保留至小数点后一位。

（1）数据记录

理化检测原始记录

| | | | |
|---|---|---|---|
| 报检号 | | 品名 | |
| 样品数量 | | 验迄日期 | |
| 检验项目 | | 检验依据 | |
| 主要仪器 | | 试验环境 | ℃　　%RH |
| 标准品名称、编号及有效期 | | | |

检测：　　　　　　　　　　　　　复核：

（2）计算公式　使用适当的注射器或进样装置将试样溶液注入仪器的 U 形管测量池，当数字密度计的温度平衡稳定在（20±0.02）℃时，直接读取仪器 20℃的酒精度；对于非自动计算型密度计，读取试样溶液在（20±0.02）℃的振荡周期 $T$，并计算出该试样的密度值。

$$\rho = 998.20 + 1000 \times K \times (T_s^2 - T_{水}^2)$$

式中　$\rho$——样品的密度，g/L；

998.20——0℃时蒸馏水的密度，g/L；

$K$——仪器常数，即 GB 5009.225—2023 附录 C 中式（C.2）的仪器常数 $K$ 值；

$T_s$——U 形振荡管充满样品时的振动周期，s；

$T_{水}$——U 形振荡管充满水时的振动周期，s。

7. 要点提示

啤酒样品在重复性条件下获得的两次独立测定结果的绝对差值不得超过 0.1%vol；其他样品在重复性条件下获得的两次独立测定结果的绝对差值不得超过 0.5%vol。

## 任务拓展

### 食品密度和相对密度的其他测定方法

**1. 密度瓶法测定食品的相对密度**

（1）原理　在一定温度下，用同一密度瓶分别称取等体积的样品溶液与蒸馏水，从两者的质量比可以求出该试样溶液的相对密度。

(2) 仪器

①分析天平。

②恒温水浴。

③密度瓶：密度瓶如图 2-2 所示。

(3) 操作步骤

①测定密度瓶的质量：将密度瓶用自来水、蒸馏水、乙醇、乙醚依次洗涤，如有必要可先用洗液洗涤，烘干并冷却后，精密称重，记作 $m_0$。

②测定 20℃ 蒸馏水的质量：将密度瓶洗净干燥冷却，将蒸馏水煮沸 0.5h 并冷却后装满密度瓶，瓶中不得有气泡。插上磨口温度计，置于 20℃ 水浴中至温度计达 20℃ 并维持 10min 不变，用滤纸条吸去溢出侧管的液体，盖上侧管罩，取出密度瓶，用滤纸拭干瓶壁外的水后准确称量，记作 $m_1$。

③测定 20℃ 样液的质量：用样液代替上步操作中的蒸馏水，其余相同，数据记作 $m_2$。

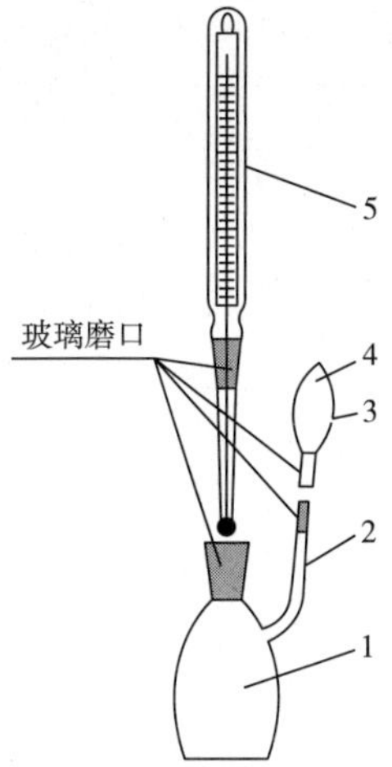


图 2-2 密度瓶示意图

1—密度瓶主体 2—测管 3—测孔 4—罩 5—温度计

(4) 结果计算

$$d_{20}^{20} = \frac{m_2 - m_0}{m_1 - m_0}$$

$$d_4^{20} = d_{20}^{20} \times 0.99823$$

式中 $m_0$——空密度瓶质量，g；

$m_1$——空密度瓶与蒸馏水质量，g；

$m_2$——空密度瓶与试样溶液的质量，g；

0.99823——20℃时水的相对密度。

计算结果表示到天平精度的有效数字。

在重复条件下获得的两次独立测定结果的绝对差值不超过算术平均值的 5%。

(5) 要点提示

①本法适用于测定各种液体食品的相对密度，特别适合于试样量较少时。对挥发性试样也适用，结果准确，但操作过程较烦琐。

②当测定黏稠液体时，宜用具有毛细管的密度瓶。

③密度瓶使用前应恒重，应检查瓶盖与瓶是否配套；密度瓶装满液体时不能留有气泡；要小心从水浴中取出，不能用手握瓶体，以免人体温度使液体膨胀溢出；应戴隔热手套或用工具夹取；擦干时小心拭干，不能用力擦，以免摩擦生热使温度上升。

④水由于密度瓶反复使用后易损坏和结垢，因此，在每一次使用时都要通过外观观察是否破损（特别是侧管和瓶口部位），内外壁是否干净、干燥（特别是侧管帽内部）。另外，密度瓶使用一段时间后要用酸性洗液浸泡清洗，并定期标定（一般连续使用两个月左右）。

⑤水浴中的水必须清洁无油污，防止瓶外壁被污染。

⑥天平室温度不得高于 20℃，以免液体膨胀流出。

**2. 韦氏天平法测定食品的密度**

韦氏天平法是 GB 5009.2—2024《食品安全国家标准　食品相对密度的测定》规定的第二法，测定手续简单快速，其读数精度能达到小数后第四位，适用于测定易挥发液体食品的密度。

（1）原理　韦氏天平法测定密度的基本依据是阿基米德定律，即当物体完全浸入液体时，它所受到浮力或所减轻的质量，等于其排开的液体的质量。因此，在一定温度下（20℃），分别测定同一物体（玻璃浮锤）在水及试样中的浮力，由于浮锤排开水和试样的体积相同，而浮锤排开水的体积为：

$$V = \frac{m_B}{\rho_B}$$

根据公式计算试样的密度：

$$\rho = \frac{m_Y \times \rho_B}{m_B}$$

式中　$\rho$——试样在 20℃ 时的密度，g/cm$^3$；

$m_Y$——浮锤浸于试样中时的浮力（骑码读数），g；

$m_B$——浮锤浸于水中时的浮力（骑码读数），g；

$\rho_B$——水在 20℃ 时的密度，g/cm$^3$。

（2）仪器　韦氏天平，构造见图 2-3。

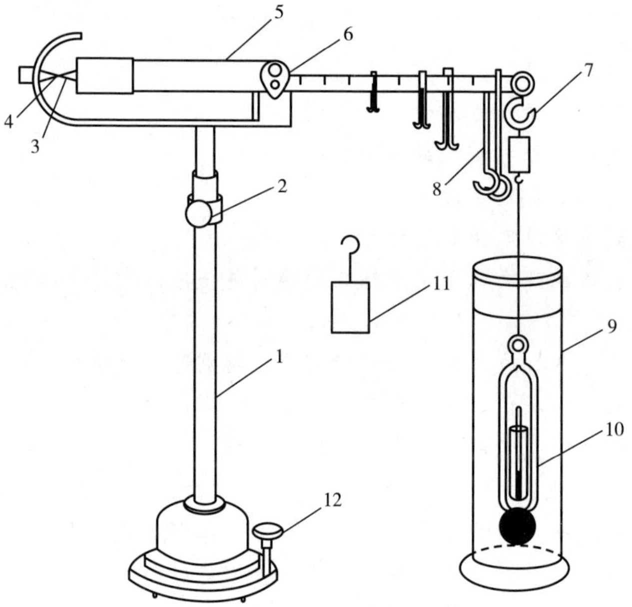


图 2-3　韦氏天平的构造示意图

1—支架　2—升降调节旋钮　3，4—指针　5—横梁　6—刀口　7—挂钩　8—游码　9—玻璃筒　10—玻璃浮锤　11—砝码　12—调零旋钮

（3）操作步骤

①韦氏天平的安装。

a. 韦氏天平应安装在温度正常的室内（约 20℃），不能在一个方向受热或受冷，同时免受气流、震动、强磁源的影响，并安装在牢固工作台上。

b. 用干净的绒布条擦净韦氏天平的各个部件（玻璃浮锤、弯头温度计、玻璃筒要用酒精拭净），旋松支柱紧定螺钉，托架升至适当高度后旋紧螺钉。将天平横梁置于玛瑙刀座上，钩环置于天平横梁右端刀口上，用等重砝码挂于钩环上，旋动水平调整脚，使横梁指针间与托架指针尖成水平线，以示平衡。若无法调节平衡时，则用螺丝刀将平衡调节器的定位小螺钉松开，微微转动平衡调节器，直至平衡，旋紧螺钉，严防松动。

c. 取下等重砝码，换上玻璃浮锤，此时天平仍应保持平衡，但允许有±0.0005 的误差存在，如果天平灵敏度高，则将重心陀旋低，反之旋高。浮锤挂在小钩上，如果两个指针没有相互对准，则旋转调整螺丝，使两个指针对准为止。

d. 天平安装后，应检查各部件位置是否正确，待横梁正常摆动后方可认为安装完毕。

②熟悉韦氏天平的读数方法：天平梁的长臂分成 10 等份，并用数字（1~10）依次表示。横梁上与这些分度对应处都做成细切口，用来放置骑码，一组骑码共 4 个，每台天平有两组骑码。最大骑码的质量等于玻璃浮锤在 20℃水中所排开水的质量（约 5g）。其他骑码各为最大骑码的 1/10，1/100，1/1000。四个骑码在各个位置的读数如表 2-1 所示。

**表 2-1　四个骑码在各个位置的读数**

| 骑码的位置 | 1 号 | 2 号 | 3 号 | 4 号 |
|---|---|---|---|---|
| 放在第十位 | 1 | 0.1 | 0.01 | 0.001 |
| 放在第九位 | 0.9 | 0.09 | 0.009 | 0.0009 |
| 放在第八位 | 0.8 | 0.08 | 0.008 | 0.0008 |
| …… | | | | |
| 放在第一位 | 0.1 | 0.01 | 0.001 | 0.0001 |

③测定：向玻璃筒中注入煮沸 30min 并冷却至 20℃的水，将浮锤浸入水中，玻璃筒置于 20℃的恒温水浴中，将单位游码挂在小钩上，此时天平应保持平衡。

将玻璃筒中水倾出，玻璃筒及浮锤先用乙醇，再用乙醚洗涤数次，吹干。注入预先调整至 20℃的样品，同样置于 20℃的恒温水浴中。调节游码都放在刻度上，如果在同一刻度上，需要放两个游码，则将小的游码挂在大游码的脚钩上。如果样品的相对密度大于 1，则单位游码挂在小钩上，待天平保持平衡，记录读数。

（4）要点提示

①天平应调整平衡后方可使用。

②测定完毕，应将横梁 V 形槽和小钩上的骑码全部取下，不可留置在横梁 V 形槽和小钩上。

③天平移动位置时，应把易于分离的零、部件及横梁等拆卸分离，以免损坏刀口。

④根据使用的频繁程度，要定期进行清洁工作和计量性能检定。当发现天平失真或有疑问时，在未清除障碍前，应停止使用，待修理检定合格后方可使用。

### 交流讨论

1. 判断牛乳是否掺水的方法有哪些？

2. 用乳稠计检测牛乳的相对密度正常，是否肯定牛乳没有掺水？为什么？

3. 糖溶液含糖量的检测方法都有哪些？

4. 请探讨用普通密度法测定酱油密度的原理、操作步骤、有关计算及注意问题。

任务四 达标自测

# 任务五

## 食品旋光度的测定

### 任务目标

#### 知识目标

掌握物质的旋光性、比旋光度的定义；了解旋光仪的原理与结构。

#### 技能目标

掌握旋光仪的使用技能和测定方法。

#### 素质目标

通过食品旋光度测定的学习，规范操作技能，提高实验数据准确度，科学求真，精益求精。助力食品监督管理，助力食品安全。

### 任务导入

果葡糖浆的成分因分析结构有不对称的碳原子而具有旋光性，可用旋光度、比旋光度表示，通过旋光仪测定具体数据，进而分析果糖的含量。什么是旋光性、旋光度、比旋光度？常用的测定旋光度的仪器是什么？如何正确测定旋光度？

### 相关知识

## 一、基本概念

### 1. 偏振光

普通光波是一种在各个方向上振动的射线，其振动方向在与光的传播方向垂直的无限多个平面上。图 2-4 所示为一束面向我们眼睛射来的光线，图中箭头表示光的振动平面。当这种普通光波射向一个尼克尔棱镜（详见“任务拓展”），只有在与棱镜的轴平行的平面内振动的光能

食品旋光度的测定（部分相关标准）

够透过，所以，通过尼克尔棱镜的光，其光波振动平面只有一个，即与棱镜镜轴平行的平面。像这种只在某一平面上振动的光，称为偏振光。其振动平面称为偏振面，如图 2-5 所示。

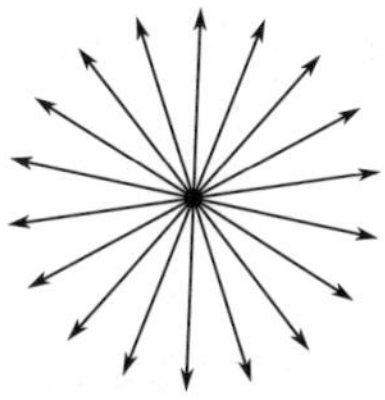

图 2-4 自然光示意图

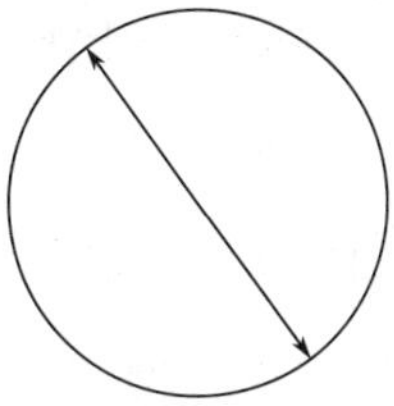

图 2-5 偏振光示意图

### 2. 旋光性和旋光度

物质使偏振光振动方向发生旋转的性质称为物质的旋光性。

某些有机物质（如蔗糖、葡萄糖、氨基酸等含有手性异构的化合物）能够将偏振光旋转一定角度，这种使偏振光振动方向发生旋转的性质称为旋光性，具有这种性质的物质称为旋光活性物质。旋光性物质使偏振光的振动方向旋转的角度称为旋光度，用 $\alpha$ 表示。从面对光线入射方向观察，能把偏振光的振动平面向右（顺时针）旋转的，称为右旋，用（+）表示；反之，称为左旋，用（-）表示。如蔗糖、葡萄糖具有右旋性，果糖具有左旋性。

### 3. 比旋光度

旋光度的大小主要取决于旋光活性物质的分子结构，也与光源的波长（$\lambda$）、温度（$t$）、溶液的浓度（$c$）、液层的厚度（$d$）及溶剂的种类有关。将旋光性物质的浓度为 100g/mL、液层厚度为 1dm 时所测得的旋光度称为比旋光度，用符号 $[\alpha]_{\lambda}^{t}$ 表示。

为了便于比较不同物质的旋光度，通常规定用钠光 D 线（波长 589.3nm）在 20℃时测定，在此条件下，比旋光度用符号 $[\alpha]_{D}^{20}$ 表示。

纯液体的比旋光度：

$$[\alpha]_{D}^{20}=\frac{\alpha}{d\times\rho}$$

溶液的比旋光度：

$$[\alpha]_{D}^{20}\ (s)\ =\frac{\alpha}{d\times c}$$

式中 $\alpha$——测得的旋光度,°；

$\rho$——液体在 20℃时的密度，g/mL；

$c$——每毫升溶液含旋光活性物质的质量，g/mL；

$d$——旋光管的长度（液层厚度），dm；

20——测定的温度,℃；

s——所用的溶剂（如溶液的比旋光度无标注，即表明溶剂为水）。

因在一定条件下比旋光度 $[\alpha]_{\lambda}^{t}$ 是已知的，$d$（液层厚度或旋光管的长度）为一定，故测得了旋光度就可计算出旋光质溶液中的浓度 $c$。

4. 变旋光作用

具有光学活性的还原糖类（如葡萄糖、果糖、乳糖等）溶解后，其旋光度起初迅速变化，然后渐渐变得较缓慢，最后达到恒定值，这种现象称为变旋光作用。这是由于这些还原糖类存在两种异构体，即 $\alpha$ 型和 $\beta$ 型，它们的比旋光度不同。这两种环型结构及中间的开链结构在构成一个平衡体系过程中，即显示出变旋光作用。因此，在用旋光法测定含有还原糖的样品时，样品配成溶液后，宜放置过夜再测定。

## 二、旋光度测定的意义和方法

旋光度和比旋光度是旋光性物质在一定条件下的特征物理常数，通过测定旋光度，计算比旋光度，可以定性地检验化合物。

在食品分析中，通过旋光计法测得试样的旋光度，定量计算试样溶液的浓度 $c$，从而评价食品的相关品质。

## 任务实施

### 味精中谷氨酸钠的测定

味精是人们日常生活的重要调味品，其主要成分为谷氨酸的钠盐。谷氨酸钠的含量是衡量味精质量的主要指标。本实训采用旋光法（依据 GB 5009. 43—2023《食品安全国家标准　味精中谷氨酸钠的测定》）。

1. 目的要求

（1）掌握旋光仪的使用方法和技巧。

（2）学会计算味精中谷氨酸钠的含量。

2. 操作原理

谷酸氨钠分子结构中含有一个不对称碳原子，具有光学活性，能使偏振光面旋转一定角度，用旋转仪测定旋光度，根据旋光度换算谷氨酸钠的含量。

旋光仪的使用（实操视频）

3. 用品准备

（1）圆盘旋光计。

（2）恒温水。

（3）容量瓶：100mL。

（4）烧杯：250mL。

（5）盐酸。

（6）市售味精。

（7）旋光仪：精度±0. 010°，备有钠光灯（钠光谱 D 线 589. 3nm）。

（8）分析天平：感量 0. 1mg。

（9）粉碎机。

4. 安全提醒

勿近距离直视钠光灯源；盐酸溶液浓度较高，勿倾洒，以免腐蚀仪器，灼伤衣物、皮肤。

5. 操作步骤

（1）取 100g 的味精样品用粉碎机磨碎均匀。

（2）称取试样 10g（精确至 0.0001g），加少量水溶解并转移至 100mL 容量瓶中，加盐酸 20mL，混匀并冷却至 20℃，用水定容并摇匀。

（3）于（20±0.5）℃，用标准旋光角校正仪器；将（2）试液置于旋光管中（不得有气泡），观测其旋光度，同时记录旋光管中试液的温度。

6. 结果计算

（1）数据记录

| 旋光管长度： | | 温度： | | 波长： | |
|---|---|---|---|---|---|
| 序号 | | 零位读数 $\phi_0$ | | 试样读数 $\phi_X$ | |
| | | 左 | 右 | 左 | 右 |
| 1 | | | | | |
| 2 | | | | | |
| 3 | | | | | |
| 平均 | | | | | |
| 旋光度 | | | | | |

（2）计算公式　样品中谷氮酸钠的含量按下式计算：

$$X=\frac{\frac{\alpha}{L\times c}}{25.16+0.047\ (20-T)}\times 100$$

式中　$X$——样品中谷氨酸钠的含量（含 1 分子结晶水），%；

$\alpha$——实测试液的旋光度，°；

$L$——旋光管长度（液层厚度），dm；

$c$——1mL 试样液中味精的质量，g/mL；

25.16——谷氨酸钠的比旋光度 $[\alpha]_D^{20}$，°；

0.047——温度校正系数；

20——测试液的设定温度，℃；

$T$——测试液的实测温度，℃；

100——换算系数。

以重复性条件下获得的两次独立测定结果的算术平均值表示，结果保留 3 位有效数字。

7. 要点提示

（1）在重复性条件下获得的两次独立测定结果的绝对差值不得超过其算术平均值的 0.5%。

（2）由于酸对仪器有腐蚀，操作时应特别注意，避免酸液滴到仪器上。装旋光管时一定要将外部擦干净，防止溶液带入仪器，损坏仪器。

（3）实验结束后必须将旋光管上下管口打开并冲洗干净，否则旋光管易腐蚀。

## 任务拓展

### 一、旋光仪简介

旋光仪是测定物质旋光度的仪器。通过对样品旋光度的测量，可以分析确定物质的浓度、含量及纯度等。广泛应用于制药、药检、制糖、食品、香料、味精以及化工、石油等工业生产，科研、教学部门，用于化验分析或过程质量控制。

**1. 旋光仪的结构**

常用旋光仪为国产 WXG-4 型圆盘旋光仪，其外形和构造如图 2-6 和图 2-7 所示。

图 2-6 WXG-4 型圆盘旋光仪

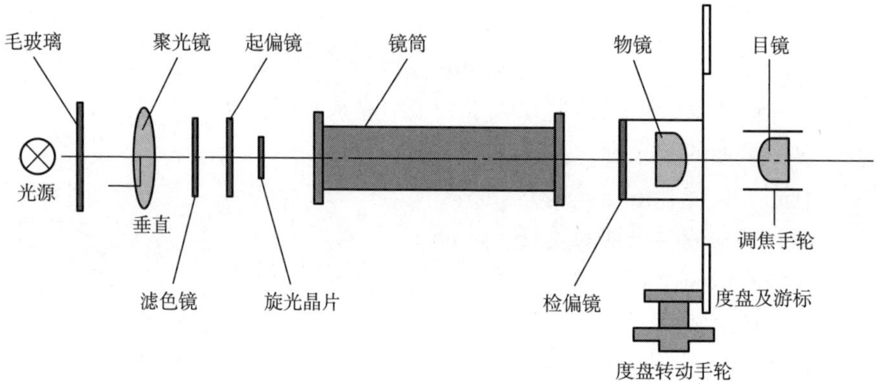


图 2-7 WXG-4 型圆盘旋光仪内部构造示意图

旋光仪的光学系统以倾斜 20° 安装在基座上。光源采用 20W 钠光灯（波长 $\lambda$ = 58.9nm）。钠光灯的限流器安装在基座底部，无须外接限流器。从光源射出的光线，通过聚光镜、经起偏镜成为平面偏振光，在旋光晶片处产生三分视场。检偏镜与刻度盘连在一起，转动度盘转动手轮即转动检偏镜，通过物镜、目镜可以看到三分视场各部分的亮度变化情况，如图 2-8 所示的四种情况。转动检偏镜，只有在零度时（旋光仪出厂前调整好）视场中三部分亮度一致，且不是太亮也不是太暗，如图 2-8（2）所示，即为零度视场，从度盘游标处装有放大镜的视窗读数。

当放进存有被测溶液的试管后，由于溶液具有旋光性，使平面偏振光旋转了一个角度，零度视场便发生了变化，如图2-8（1）、（3）或（4）所示。转动检偏镜一定角度后，零度视场再次出现。这个转角就是溶液的旋光度，它的数值可通过读数放大镜读出。

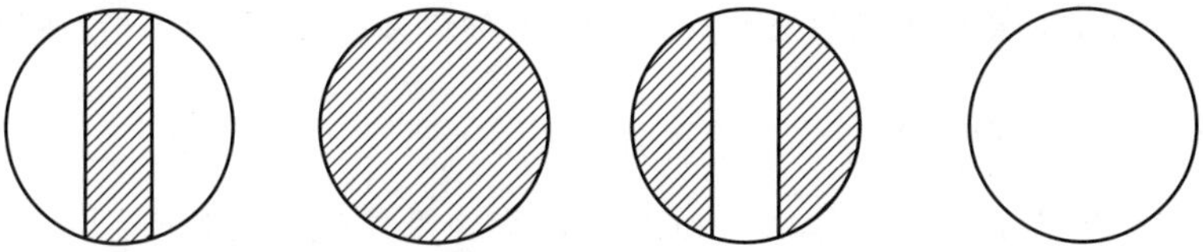

（1）大于或小于零度视场　（2）零度视场　（3）小于或大于零度视场　（4）全亮视场

图2-8　零度视场的分辨图

**2. 旋光仪操作规程**

（1）接通电源并开启仪器电源开关，约10min后钠光灯发光正常，就可以开始工作。

（2）调节旋光仪的目镜，使视场中明暗区域及分界线十分清晰；转动度盘调节手轮，观察并熟悉视场明暗变化的规律。

（3）熟悉游标尺的读数方法，记录最大仪器误差。

读数方法：旋光仪采用双游标读数，以消除度盘偏心差。度盘分360格，每格1°，游标分20格，等于度盘19格，用游标直接读数到0.05°。旋光度的整数读数从刻度盘上可直接读出，小数点后的读数从游标读数盘中读出，读数方式为游标（0~10）的刻度线与刻度盘线对齐的数值（如图2-9所示的读数为9.30°）。测量时两个游标都读数，取其平均值。

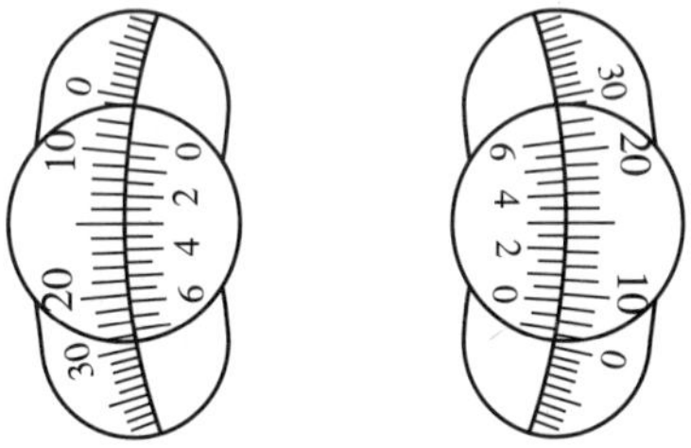

图2-9　旋光仪读数示意图

（4）检查仪器零位是否准确，即用空旋光管或者管中装入空白试剂时，将旋光仪调到图2-8（2）所示的状态，看到视场两部分亮度均匀且较暗时，记下刻度盘上左右两游标窗口上的相应读数，作为零位读数。

（5）将盛满已知浓度（共四种）或未知浓度（一种）溶液的试管依次放入仪器内，重调目镜使明暗区域分界线清晰，再旋转检偏器使视场亮度均匀且较暗，如图2-8（2）所示的状态，从刻度盘上左右窗口记下相应的角度。

（6）由偏振光被旋转的方向确定物质的旋光性（左旋还是右旋）。

（7）利用已知的或测出的数据作图，确定溶液的旋光率。

（8）从所作的曲线上查找出待测溶液的浓度。

**3. 注意事项**

（1）溶液应装满旋光管，不能有气泡；如果旋光管中有气泡，应使气泡处于管凸起处。

（2）旋光管外侧和旋光管两端透明窗均应擦净才可装入旋光仪。

（3）操作中注意将旋光管放妥，避免将其摔碎。

（4）仪器电源不要反复连续地开关，若钠光灯熄灭，需停几分钟后再开。

## 二、尼科耳棱镜简介

尼科耳棱镜是用方解石晶体经过加工制成的偏振棱镜，构造如图 2-10 所示。*ABCD* 是尼科耳棱镜的主平面。在主平面内沿 sin$\theta$ 把方解石垂直切割成两部分，再用加拿大树胶黏合起来。

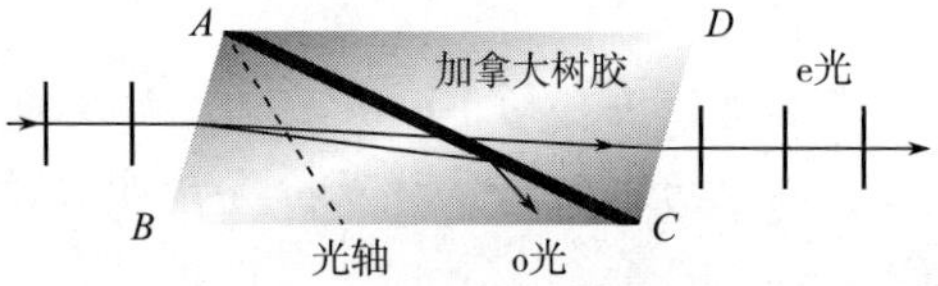


图 2-10 尼科耳棱镜构造示意图

工作原理是：自然光射入棱镜 *AB* 端面后，分解为 o 光和 e 光。方解石对 o 光和 e 光的折射率分别为 $n=1.658$，$n=1.486$，而加拿大树胶的折射率介于两者之间（$n=1.55$）。当入射光到达分界面 sin$\theta$ 时，对 o 光来说，由于树胶的折射率小于 o 光的折射率，使 o 光产生全反射（此时入射角为 77°，临界角为 69°15′）并被涂黑的 BC 侧面所吸收。而 e 光能够透过树胶层射出。这样自然光就转换为光振动在主平面内的偏振光了。

除了尼科耳棱镜外，工作原理相似的还有沃拉斯特棱镜和洛匈棱镜等，都是很好的偏振光分束元件。

**交流讨论**

1. 市售味精成品的纯度还可用什么方法检测？

2. 旋光分析法还可以用于测定面粉中淀粉的含量，试讨论试验原理。

3. 是不是所有含有手性碳的物质都可以测到旋光度呢？

任务五 达标自测

# 任务六

## 食品折射率的测定

**任务目标**

**知识目标**

掌握食品折射率的测定原理。

## 技能目标

学会果蔬中固形物含量的测定方法。

## 素质目标

通过食品折射率的测定学习，熟知相关专业理论和实验室安全知识，规范操作技能，培养工匠精神，提高实验数据准确度，助力食品监督管理，规范食品行业的健康发展，助力食品安全。

## 任务导入

为了维护消费者的合法权益，规范水果罐头行业的健康发展，某质检部门对水果罐头产品质量进行了监督抽查，共抽查了 68 家企业生产的 80 种产品，产品抽样合格率为 78.8%。抽查中发现的主要质量问题之一为固形物含量和净含量不符合产品明示要求。在检测工作中，如何进行果蔬制品中可溶性固形物的检测？

## 相关知识

### 一、折射率的概念

光线从一种介质进入另一种介质时，由于传播速度不同，光线改变方向而产生折射。

无论入射角怎样改变，入射角正弦与折射角正弦之比，恒等于光在两种介质中的传播速度之比。此比值称为折射率。

折射率是物质的特征常数。对同一物质的溶液来说，其折射率的大小取决于光的波长、温度和溶液的浓度。波长越短，光的偏向越大，折射率也越大。因此，紫光的折射率要比红光的大。为了便于对测定结果进行比较，通常采用钠黄光 D 线（$\lambda=583.3$nm）作为光源，并以符号 $n_D$ 来表示（如果在 $n$ 右下角不注明波长时，也表示所用的光源为钠黄光）。用钠黄光作光源测得的折射率亦随温度的改变而改变。温度改变 1℃，折射率所发生的变化称为温度系数（也称校正系数）。温度系数一般为 $3.5\times10^{-4}$ ~ $5.5\times10^{-4}$，如在 10~30℃范围内，油脂的温度系数为 0.00038。某些有机物，特别是测定折射率时的温度与沸点接近时，其温度系数可达 $7\times10^{-4}$。为了便于计算，一般采用 $4\times10^{-4}$ 为其温度变化常数，这样一般都会带来一些误差。在严格的测定中，折射仪应与恒温槽相连。

食品折射率的测定（部分相关标准）

表示折射率须注明所用的光线和测定时的温度，如在植物油标准中规定，测定油脂的折射率以 20℃作为标准温度，其结果用 $n_D^{20}$ 或 $n^{20}$ 来表示。

### 二、折射率测定的意义

折射率是食品生产中常用的工艺控制指标，通过测定液态食品的折射率可以鉴别食品的组成，确定食品的浓度，判断食品的纯净程度及品质。如因蔗糖溶液的折射率随浓度增大而升高，故通过测定折射率可以确定糖液的浓度及饮料、糖水罐头等食品的糖度，还可以测定以糖为主要成分的果汁、蜂蜜等食品的可溶性固形物的含量。

各种油脂具有其一定的脂肪酸构成，每种脂肪酸均有其特定的折射率。含碳原子数目相同时不饱和脂肪酸的折射率比饱和脂肪酸的折射率大得多；不饱和脂肪酸分子质量越大，折射率也越大；酸度高的油脂折射率低。因此测定折射率可以鉴别油脂的组成和品质。

液态食品的折射率正常情况下有一定的范围，如正常牛乳乳清的折射率在 1.34199~1.34275，当这些液态食品因掺杂、浓度改变或品种改变等原因而引起食品的品质发生了变化时，折射率常常会发生变化。所以测定折射率可以初步判断某些食品是否正常。如牛乳掺水，其乳清折射率降低，故测定牛乳乳清的折射率即可了解乳糖的含量，判断牛乳是否掺水。

## 任务实施

### 水果、蔬菜制品中可溶性固形物的测定

本实训采用折射仪法（依据 NY/T 2637—2014《水果和蔬菜可溶性固形物含量的测定　折射仪法》）。

折射仪的使用（实操视频）

**1. 目的要求**

（1）了解折射率的测定原理与意义。

（2）初步掌握折射率测定的操作方法。

**2. 操作原理**

用折射仪测定样液的折射率，从显示器或刻度尺上读出样液的可溶性固形物含量，以蔗糖的质量百分数表示。

**3. 用品准备**

（1）折射仪：糖度（Brix）刻度为 0.1%。

（2）高速组织捣碎机：转速 10000~12000r/min。

（3）天平：感量 0.01g。

常用仪器是手持式折射仪，也称糖镜、手持式糖度计，该仪器的构造如图 2-11 所示。

**4. 安全提醒**

（1）仪器应放在干燥，空气流通且温度适宜的地方，以免仪器的光学零件受潮发霉。

（2）仪器使用前后及更换样品时，必须先清洗揩净折射棱镜系统的工作表面。

（3）被测样品不准有固体杂质，测试固体样品时应防止折射棱镜的工作表面拉毛或产生压痕，本仪器严禁测试腐蚀性较强的样品。

（4）仪器应避免强烈振动或撞击，防止光学零件震碎、松动而影响精度。

**5. 操作步骤**

（1）样液制备　水果和蔬菜洗净、擦干，取可食部分切碎、混匀，称取适量试样（含水量高的试样一般称取 250g，含水量低的试样一般称取 125g，加入适量蒸馏水），放入高速组织捣碎机中捣碎，用两层擦镜纸或四层纱布挤出匀浆汁液测定。

（2）仪器校准　在 20℃条件下，用蒸馏水校准折射仪，将可溶性固形物含量读数调

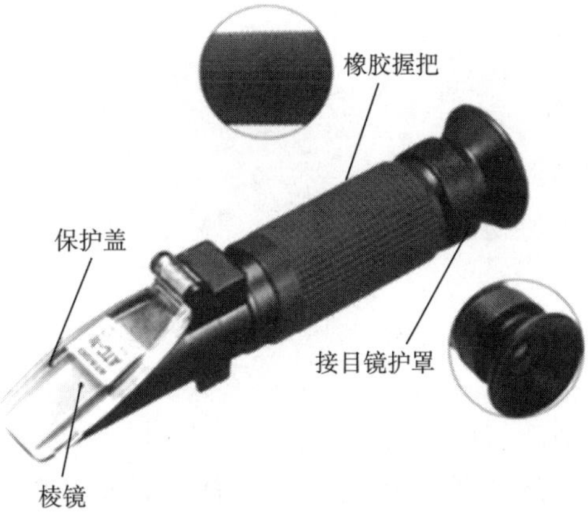


图 2-11 手持式折射仪结构图

整至 0。环境温度不在 20℃时，按表 2-2 中的校正值进行校准。

(3) 样液测定 保持测定温度稳定，变幅不超过±0.5C。用柔软绒布擦净棱镜表面，滴加 2~3 滴待测样液，使样液均匀分布于整个棱镜表面，对准光源（非数显折射仪应转动消色调节旋钮，使视野分成明暗两部分，再转动棱镜旋钮，使明暗分界线适在物镜的十字交叉点上），记录折射仪读数。无温度自动补偿功能的折射仪，记录测定温度。用蒸馏水和柔软绒布将棱镜表面擦净。

注意：测定时应避开强光干扰。

6. 结果计算

(1) 数据记录

**理化检测原始记录**

| | | | |
|---|---|---|---|
| 报检号 | | 品名 | |
| 样品数量 | | 验讫日期 | |
| 检验项目 | | 检验依据 | |
| 主要仪器 | | 试验环境 | ℃ %RH |
| 标准品名称、编号及有效期 | | | |

检测： 复核：

(2) 计算公式

①有温度自动补偿功能的折射仪。

未经稀释的试样，折射仪读数即为试样可溶性固形物含量。加蒸馏水稀释过的试样，其可溶性固形物含量按下式计算：

$$w_x = w_p \times \frac{m_0 + m_1}{m_0}$$

式中　$w_x$——样品可溶性固形物含量，%；

$w_p$——样液可溶性固形物含量，%；

$m_0$——试样质量，g；

$m_1$——试样中加入蒸馏水的质量，g。

常温下蒸馏水的质量按 1g/mL 计。

②无温度自动补偿功能的折射仪。

根据记录的测定温度，从表 2-2 中查出校正值。未经稀释过的试样，测定温度低于 20℃时，折射仪读数减去校正值即为试样可溶性固形物含量；测定温度高于 20℃时，折射仪读数加上校正值即为试样可溶性固形物含量。加蒸馏水稀释过的试样，其可溶性固形物含量按上式计算。

注意：以两次平行测定结果的算术平均值表示，保留一位小数。

**7. 要点提示**

同一试样两次平行测定结果的最大允许绝对差，未经稀释的试样为 0.5%，稀释过的试样为 0.5%乘以稀释倍数（即试样和所加蒸馏水的总质量与试样质量的比值）。

**表 2-2　可溶性固形物含量温度校正值**

| 测定温度/℃ | 可溶性固形物含量读数/% | | | | | | | | | |
|---|---|---|---|---|---|---|---|---|---|---|
| | 0 | 5 | 10 | 15 | 20 | 25 | 30 | 35 | 40 | 45 |
| 10 | 0.50 | 0.54 | 0.58 | 0.61 | 0.64 | 0.66 | 0.68 | 0.70 | 0.72 | 0.73 |
| 11 | 0.46 | 0.46 | 0.53 | 0.55 | 0.58 | 0.60 | 0.62 | 0.64 | 0.65 | 0.66 |
| 12 | 0.42 | 0.45 | 0.48 | 0.50 | 0.52 | 0.54 | 0.56 | 0.57 | 0.58 | 0.59 |
| 13 | 0.37 | 0.40 | 0.42 | 0.44 | 0.46 | 0.48 | 0.49 | 0.50 | 0.51 | 0.52 |
| 14 | 0.33 | 0.35 | 0.37 | 0.39 | 0.40 | 0.41 | 0.42 | 0.43 | 0.44 | 0.45 |
| 15 | 0.27 | 0.29 | 0.31 | 0.33 | 0.34 | 0.34 | 0.35 | 0.36 | 0.37 | 0.37 |
| 16 | 0.22 | 0.24 | 0.25 | 0.26 | 0.27 | 0.28 | 0.28 | 0.29 | 0.30 | 0.30 |
| 17 | 0.17 | 0.18 | 0.19 | 0.20 | 0.21 | 0.21 | 0.24 | 0.22 | 0.22 | 0.23 |
| 18 | 0.12 | 0.13 | 0.13 | 0.14 | 0.14 | 0.14 | 0.14 | 0.15 | 0.15 | 0.15 |
| 19 | 0.06 | 0.06 | 0.06 | 0.07 | 0.07 | 0.07 | 0.07 | 0.08 | 0.08 | 0.08 |
| 21 | 0.06 | 0.07 | 0.07 | 0.07 | 0.07 | 0.08 | 0.08 | 0.08 | 0.08 | 0.08 |
| 22 | 0.13 | 0.13 | 0.14 | 0.14 | 0.15 | 0.15 | 0.15 | 0.15 | 0.15 | 0.16 |
| 23 | 0.19 | 0.20 | 0.21 | 0.22 | 0.22 | 0.23 | 0.23 | 0.23 | 0.23 | 0.24 |
| 24 | 0.26 | 0.27 | 0.28 | 0.29 | 0.30 | 0.30 | 0.31 | 0.31 | 0.31 | 0.31 |
| 25 | 0.33 | 0.35 | 0.36 | 0.37 | 0.38 | 0.38 | 0.39 | 0.40 | 0.40 | 0.40 |

续表

| 测定温度/℃ | 可溶性固形物含量读数/% | | | | | | | | | |
|---|---|---|---|---|---|---|---|---|---|---|
| | 0 | 5 | 10 | 15 | 20 | 25 | 30 | 35 | 40 | 45 |
| 26 | 0.40 | 0.42 | 0.43 | 0.44 | 0.45 | 0.46 | 0.47 | 0.48 | 0.48 | 0.48 |
| 27 | 0.48 | 0.50 | 0.82 | 0.53 | 0.54 | 0.55 | 0.55 | 0.56 | 0.56 | 0.56 |
| 28 | 0.56 | 0.57 | 0.60 | 0.61 | 0.62 | 0.63 | 0.63 | 0.64 | 0.64 | 0.64 |
| 29 | 0.64 | 0.66 | 0.68 | 0.69 | 0.71 | 0.72 | 0.72 | 0.73 | 0.73 | 0.73 |
| 30 | 0.72 | 0.74 | 0.77 | 0.78 | 0.79 | 0.80 | 0.80 | 0.81 | 0.81 | 0.81 |

注：测定温度低于 20℃时，真实值等于读数减去校正值；测定温度高于 20℃，真实值等于读数加上校正值。

## 任务拓展

# 食品其他物理性能指标的测定

### 1. 啤酒色度的测定

啤酒色度直接影响其品质和在市场上的销售量，因而是啤酒质量的一项重要指标。测定啤酒色度的方法主要有：碘视目视比色法、EBC 比色计法、分光光度计法和 LASA 比色计法。其中碘液目视比色法是啤酒色度测定的传统方法，该方法在色度专用测定仪器出现前，为啤酒生产企业所普遍采用，但随着色度专用仪器的研制和引进，碘液目视比色法逐渐被仪器测定手段所取代。本测定采用 EBC 比色计法。

（1）原理　欧洲啤酒协会（EBC）以有色玻璃系列确定了比色标准，其色度从 2.0~27.0EBC 单位。将试样注一比色皿中，在一固定强度光源的反射光照射下，与一组标准有色玻璃相比较，以在 25mm 比色皿装试样时颜色相当的标准有色玻璃确定试样的色度。

（2）试剂　哈同基准溶液。

（3）仪器　EBC 比色计。

（4）操作步骤

①样品处理：取预先在 10~15℃冰箱中冷却的啤酒，启盖后经快速滤纸过滤至三角烧瓶中，稍加振荡，静置，以充分除去酒中的二氧化碳。

②样品的保存：除气后的啤酒用表面玻璃盖住，其温度保持在 15~20℃备用。

③色度测定：先进行仪器的校正，然后将试样注入比色皿中比色、读数。

（5）结果计算

$$色度（EBC）=\frac{实测色度\times 25}{比色皿厚度}\times 稀释倍数$$

（6）要点提示

①一般淡色啤酒的色度在 5.0~14.0EBC，浓色和黑色啤酒的色度在 15.0~40.0EBC。故测定浓色和黑色啤酒需先稀释至合适的色度范围（2.0~27.0EBC），测定结果乘以稀释倍数。所得结果保留两位有效数字。

②色标应定期使用哈同标准溶液进行校验。

③操作者对颜色的观察能力及对颜色的敏感程度不同，必然存在一定测定误差。

④同一试样两次测定值之差为2~10EBC时不得大于0.5EBC；色度大于10EBC时稀释样平行试验测定值之差不得大于1EBC。

⑤方法的特点：该法采用了国际通用的EBC色标，免除了烦琐的换算，测定时间短，仪器操作较为简单，容易观察，读数方便。

**2. 自来水浊度的测定**

常用的测定方法有分光光度计法、目视比色法、浊度计法。以下介绍目视比色法。

（1）原理　将水样与由硅藻土（或白陶土）配制的浊度标准液进行比较以确定水样的浊度。我国规定以1L水中含有1mg一定粒度的硅藻土（白陶土）所产生的浊度，称为1度。

（2）试剂　浊度为100度的标准液。

（3）仪器　100mL具塞比色管。

（4）操作步骤

①吸取浊度为100度的标准液0，1.0，2.0，3.0，4.0，5.0，6.0，7.0，8.0，9.0及10.0mL于100mL比色管中，加水稀释至标线，混匀。其浊度依次为0，1.0，2.0，3.0，4.0，5.0，6.0，7.0，8.0，9.0，10.0度的标准液。

②取100mL摇匀水样置于100mL比色管中，与浊度标准液进行比较。可在黑色板上，由上往下垂直观察。

（5）测定结果

自来水浊度=与水样浊度相近的标准液浊度

（6）要点提示

①所有与水样接触的器皿必须清洁。

②测定时注意防止菌类生长，可加抑制剂，如氯化汞。

③浊度高于10度的水样应使用浊度为250度的标准液。

**3. 面包比体积的测定**

（1）仪器

①面包比体积测定仪：测定范围0~1000mL，结构如图2-12所示。

②天平：感量0.1g。

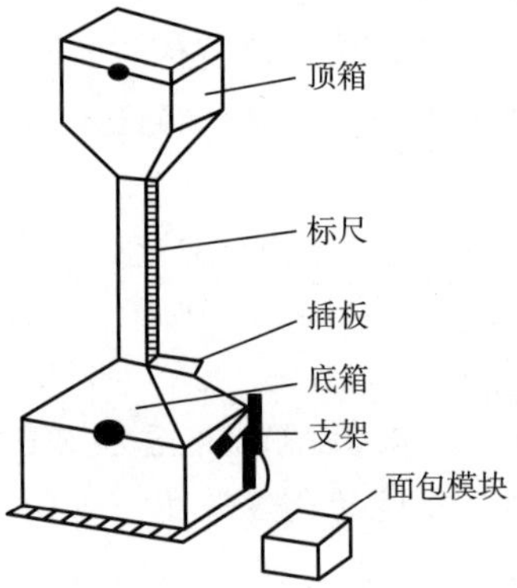


图2-12　MTJ-1面包比体积测定仪结构示意图

（2）测定方法

①将待测面包称量（精确至0.1g）。

②当待测面包体积不大于400mL时，先把底箱盖好，打开顶箱盖子和插板，从顶箱放入填充物，至标尺零线。盖好顶盖后，反复颠倒几次，消除死角空隙，调整填充物加入量至标尺零线；测定时，先把填充物倒置于顶箱，关闭插板开关，打开底箱盖，放入待测面包，盖好底盖，拉开插板使填充物自然落下，在标尺上读出填充物的刻度，即为面包的实测体积。

③当待测面包体积大于400mL时，先把底箱打开，放入400mL的标准模块，盖好底箱，打开顶箱盖子和插板，从顶箱放入填充物，至标尺零线，盖好顶盖后，反复颠倒几次，消除死角空隙，调整填充物加入量至标尺零线；测定时，先把填充物倒置于顶箱，关闭插板开关，打开底箱盖，取出标准模块，放入待测面包，盖好底盖，拉开插板使填充物自然落下，在标尺上读出填充物的刻度，即为面包的实测体积。

（3）结果计算

$$v = \frac{V}{m}$$

式中 $v$——面包比体积，mL/g；

$V$——面包体积，mL；

$m$——面包质量，g。

在重复性条件下获得两次独立测定结果的绝对差值，应不超过0.1mL/g。

（4）要点提示

①GB/T 20981—2021《面包质量通则》规定，面包比体积指标为≤7.0mL/g。

②面包比体积简易测定法：在无面包比体积测定仪时也可用简易方法测定，即取一个待测面包样品，称量（精确至0.1g）后放入一定容积的容器（容积应不小于面包样品的体积）中，将小颗粒填充剂（小米或油菜籽）加入容器中，完全覆盖面包样品并摇实填满，用直尺将填充剂刮平，取出面包，将填充剂倒入量筒中测量体积，结果计算：

$$v = \frac{V_1 - V_2}{m}$$

式中 $v$——面包比体积，mL/g；

$V_1$——容器体积，mL；

$V_2$——填充剂体积，mL；

$m$——面包质量，g。

**4. 冰淇淋膨胀率的测定**

冰淇淋的膨胀率是指混合物料在生产过程中的冷却阶段迅速冷却，水形成了微细结晶，而混进来的大量空气则以微小的气泡均匀地分布于物料中，使冰淇淋的体积膨胀，赋予其良好的口感和组织状态。

（1）原理　利用乙醚试剂消泡的原理，将一定体积的冰淇淋试样解冻后消泡，测出冰淇淋中所包含的空气的体积，从而计算出冰淇淋的膨胀率。

（2）操作步骤

①取一只250mL的容量瓶，一只玻璃漏斗，准确称取50cm$^3$冰淇淋样品，用200mL

40~50℃蒸馏水将称好的冰淇淋样品全部移到容量瓶内，放入温水中，待泡沫消除后冷却。

②吸取2mL乙醚作消泡剂，滴入容量瓶内消除泡沫。补加蒸馏水至容量瓶刻度，记下所补加的蒸馏水的体积（mL）。

（3）结果计算

$$\beta = \frac{V_1 + V_2}{50 - (V_1 + V_2)} \times 100\%$$

式中　$\beta$——冰淇淋的膨胀率，%；

$V_1$——加入乙醚的体积，mL；

$V_2$——加入蒸馏水的体积，mL。

行业标准要求冰淇淋的膨胀率指标在85%~95%。

**5. 碳酸饮料中二氧化碳的测定**

碳酸饮料中二氧化碳含量是一个很重要的质量指标。GB/T 10792—2008《碳酸饮料（汽水）》中规定的检测方法是减压器法（常规检验法）和蒸馏滴定法（仲裁法）。下面介绍减压器法。

将碳酸饮料试样瓶（罐）用测压器（图2-13）上的针头刺入盖内，旋开排气阀，待指针回复零位后，关闭排气阀，将试样瓶（罐）往复剧烈振摇40s。待压力稳定后，记下压力表读数。旋开排气阀，随即打开瓶盖，用温度计测量容器内饮料的温度。

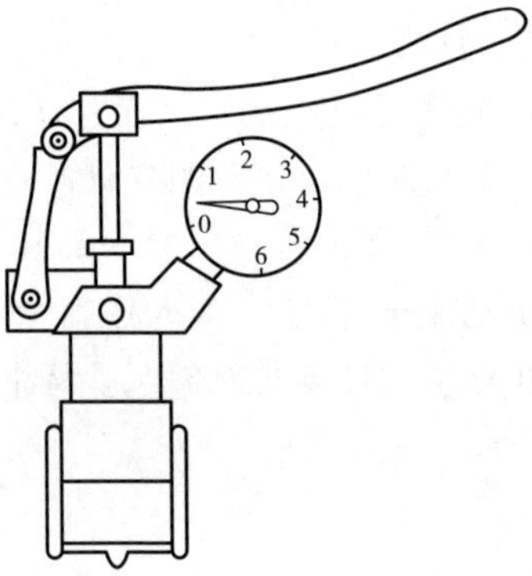


图2-13　碳酸饮料试样瓶（罐）用测压器

根据测得的压力和温度，查碳酸气吸收系数表（表2-3），即可得到$CO_2$含气量的体积倍数。

**表2-3　碳酸气吸收系数表（部分数据）**

| 温度/℃ | 压力/MPa | | | | | | | | | | | | | | | | | |
|---|---|---|---|---|---|---|---|---|---|---|---|---|---|---|---|---|---|---|
| | 0.00 | 0.01 | 0.02 | 0.03 | 0.04 | 0.05 | 0.06 | 0.07 | 0.08 | 0.09 | 0.10 | 0.11 | 0.12 | 0.13 | 0.14 | 0.15 | 0.16 | 0.17 |
| 0 | 1.71 | 1.88 | 2.05 | 2.22 | 2.39 | 2.56 | 2.73 | 2.90 | 3.07 | 3.23 | 3.40 | 3.57 | 3.74 | 3.91 | 4.08 | 4.25 | 4.42 | 4.59 |
| 1 | 1.65 | 1.81 | 1.97 | 2.13 | 2.30 | 2.46 | 2.62 | 2.78 | 2.95 | 3.11 | 3.27 | 3.43 | 3.60 | 3.76 | 3.92 | 4.08 | 4.25 | 4.41 |
| 2 | 1.58 | 1.74 | 1.90 | 2.05 | 2.21 | 2.37 | 2.52 | 2.68 | 2.83 | 2.99 | 3.15 | 3.30 | 3.46 | 3.62 | 3.77 | 3.93 | 4.09 | 4.24 |

续表

| 温度/℃ | 压力/MPa | | | | | | | | | | | | | | | | | |
|---|---|---|---|---|---|---|---|---|---|---|---|---|---|---|---|---|---|---|
| | 0.00 | 0.01 | 0.02 | 0.03 | 0.04 | 0.05 | 0.06 | 0.07 | 0.08 | 0.09 | 0.10 | 0.11 | 0.12 | 0.13 | 0.14 | 0.15 | 0.16 | 0.17 |
| 3 | 1.53 | 1.68 | 1.83 | 1.98 | 2.13 | 2.28 | 2.43 | 2.58 | 2.73 | 2.88 | 3.03 | 3.18 | 3.34 | 3.49 | 3.64 | 3.79 | 3.94 | 4.09 |
| 4 | 1.47 | 1.62 | 1.76 | 1.91 | 2.05 | 2.20 | 2.35 | 2.49 | 2.64 | 2.78 | 2.93 | 3.07 | 3.22 | 3.36 | 3.51 | 3.65 | 3.80 | 3.94 |
| 5 | 1.42 | 1.56 | 1.71 | 1.85 | 1.99 | 2.13 | 2.27 | 2.41 | 2.55 | 2.69 | 2.83 | 2.97 | 3.11 | 3.25 | 3.39 | 3.53 | 3.67 | 3.81 |
| 6 | 1.38 | 1.51 | 1.65 | 1.78 | 1.92 | 2.06 | 2.19 | 2.33 | 2.46 | 2.60 | 2.74 | 2.87 | 3.01 | 3.14 | 3.28 | 3.42 | 3.55 | 3.69 |
| 7 | 1.33 | 1.46 | 1.59 | 1.73 | 1.86 | 1.99 | 2.12 | 2.25 | 2.38 | 2.51 | 2.64 | 2.78 | 2.91 | 3.04 | 3.17 | 3.30 | 3.43 | 3.56 |
| 8 | 1.28 | 1.41 | 1.54 | 1.66 | 1.79 | 1.91 | 2.04 | 2.17 | 2.29 | 2.42 | 2.55 | 2.67 | 2.80 | 2.93 | 3.05 | 3.18 | 3.31 | 3.43 |
| 9 | 1.24 | 1.36 | 1.48 | 1.60 | 1.73 | 1.85 | 1.97 | 2.09 | 2.21 | 2.34 | 2.46 | 2.58 | 2.70 | 2.82 | 2.95 | 3.07 | 3.19 | 3.31 |
| 10 | 1.19 | 1.31 | 1.43 | 1.55 | 1.67 | 1.78 | 1.90 | 2.02 | 2.14 | 2.25 | 2.37 | 2.49 | 2.61 | 2.73 | 2.84 | 2.96 | 3.08 | 3.20 |
| 11 | 1.15 | 1.27 | 1.38 | 1.50 | 1.61 | 1.72 | 1.84 | 1.95 | 2.07 | 2.18 | 2.29 | 2.41 | 2.52 | 2.63 | 2.75 | 2.86 | 2.98 | 3.09 |
| 12 | 1.12 | 1.23 | 1.34 | 1.45 | 1.56 | 1.67 | 1.78 | 1.89 | 2.00 | 2.11 | 2.22 | 2.33 | 2.44 | 2.55 | 2.66 | 2.77 | 2.88 | 2.99 |
| 13 | 1.08 | 1.19 | 1.30 | 1.40 | 1.51 | 1.62 | 1.72 | 1.83 | 1.94 | 2.05 | 2.15 | 2.26 | 2.37 | 2.47 | 2.58 | 2.69 | 2.79 | 2.90 |
| 14 | 1.05 | 1.15 | 1.26 | 1.36 | 1.46 | 1.57 | 1.67 | 1.78 | 1.88 | 1.98 | 2.09 | 2.19 | 2.29 | 2.40 | 2.50 | 2.60 | 2.71 | 2.81 |
| 15 | 0.02 | 1.12 | 1.22 | 1.32 | 1.42 | 1.52 | 1.62 | 1.72 | 1.82 | 1.92 | 2.02 | 2.13 | 2.23 | 2.33 | 2.43 | 2.53 | 2.63 | 2.73 |
| 16 | 0.98 | 1.08 | 1.18 | 1.28 | 1.37 | 1.47 | 1.57 | 1.67 | 1.76 | 1.86 | 1.96 | 2.05 | 2.15 | 2.25 | 2.35 | 2.44 | 2.54 | 2.64 |
| 17 | 0.96 | 1.05 | 1.14 | 1.24 | 1.33 | 1.43 | 1.52 | 1.62 | 1.71 | 1.81 | 1.90 | 1.99 | 2.09 | 2.18 | 2.28 | 2.37 | 2.47 | 2.56 |
| 18 | 0.93 | 1.02 | 1.11 | 1.20 | 1.29 | 1.39 | 1.48 | 1.57 | 1.66 | 1.75 | 1.84 | 1.94 | 2.03 | 2.12 | 2.21 | 2.30 | 2.39 | 2.49 |

注：更多的数据参见 GB/T 10792—2008。

### 6. 啤酒泡沫特性的测定

泡沫是啤酒的重要特征之一，啤酒也是唯一以泡沫作为主要质量指标的酒类。

（1）原理　在同一温度及固定条件下，使用同一构造的器具，测定啤酒泡沫的消失速度，以 s 表示。

（2）仪器

①秒表。

②无色透明玻璃杯：预先彻底清洗其表面油污，干燥后再使用。试验前，将杯取出置于试验台上放置 10min。

（3）操作步骤

①泡沫的形态检验：将玻璃杯置于铁架台底座上，固定铁环于距杯口 3cm 处。将原瓶（罐）啤酒置于 15℃ 水浴中，保持至等温后起盖，立即置瓶（罐）口于铁环上，沿杯中心线，以均匀流速将啤酒注入杯中，直至泡沫高度与杯口相齐时止。同时按秒表计时，观察泡沫升起的情况，记录泡沫的形态（包括色泽和粗细）。

试验时严禁有空气流动现象，测定前试样应避免振摇。

②泡沫持性的检验：记录泡沫从初始至消失的时间（或仅露出 $0.5cm^2$ 酒液面）的时间，以 s 表示。观察泡沫挂杯的情况。所得结果取整数。

## 交流讨论

1. 折射率在食品检测领域有哪些广泛的用途？
2. 如何利用折射率测定固体化合物的纯度？

任务六 达标自测

# 项目三

# 食品中一般成分的测定

食品中一般成分是指食品中固有的成分，也是食品的基本组成成分，包括水分、灰分、酸、脂肪、碳水化合物、蛋白质和维生素等。这些成分含量的高低往往是决定食品品质好坏的关键指标。

## 任务七

## 食品中水分的测定

### 任务目标

#### 知识目标

了解食品中水分存在的形式；明确食品水分含量测定的意义；理解蒸发、干燥、恒重等概念的含义；了解食品中水分含量测定的各种方法的原理、特点及适用范围；熟记直接干燥法的原理和操作过程的技术要求。

#### 技能目标

会对给定的食品选择合适的检测方法；能熟练进行直接干燥法的操作；能对影响检验结果质量的因素进行分析。

#### 素质目标

熟知专业理论和实验室安全知识，践行工匠精神树立质量意识；遵守国家法律、法规和企业的各项规章制度，增强掌握技能是为人民服务的责任感；培养节约材料的意识，能合理使用尾料设计任务。

## 任务导入

面粉不合格的重要原因是面粉中水分含量超标。按照国家规定，小麦粉中水分含量应为≤14%，但有些厂家小麦粉水分含量却达到 15.6%。小麦粉中水分含量高，对贮存不利，易发热、发霉、变质、生虫。这就要求我们要严格执行国家标准，认真做好食品中水分含量的测定，保证食品品质，为国民的食品安全保驾护航。

## 相关知识

### 一、食品中水分的存在形式

根据食品中水分所处的状态及与非水组分结合的强弱不同，将其划分为结合水和游离水两大类。前者一般指结晶水和吸附水。此类水分在食品内部不能作为溶剂，很难用蒸发的方法分离除去结合水，因而也称束缚水。后者包括润湿水分、渗透水分和毛细管水，其保持水本身的物理特性，溶液状态，能作为胶体的分散剂和盐的溶剂，易蒸发，能结冰，一些能使食品变质的反应和微生物活动可在其中进行。此类水分易用蒸发的方法分离出去，也称自由水。食品干燥、蒸发时去掉的水分主要为自由水。不同种类的食品的水分的含量差别很大。常见食品中水分含量见表 3-1。

**表 3-1　　常见食品中水分含量**　　单位：%

| 种类 | 鲜果 | 鲜菜 | 鱼类 | 鲜蛋 | 乳类 | 猪肉 | 面粉 | 面包 |
|---|---|---|---|---|---|---|---|---|
| 水分含量 | 70~93 | 80~97 | 67~81 | 67~74 | 87~89 | 43~59 | 12~14 | 28~30 |

### 二、水分测定的意义和方法

水分含量是食品的重要质量指标之一。食品含水量的高低直接影响食品的感官性质、鲜度、风味、加工性、贮藏稳定性等。如新鲜面包的水分含量若低于 30%，其外观形态干瘪，缺少光泽；保藏的面包若变硬，不仅是失水干燥，而且也是由于水分变化造成淀粉结构发生变化的结果；肉食品（如香肠）的口味与吸水、持水的情况关系十分密切；水果硬糖的水分含量一般控制在 3.0%左右，过低则会出现反砂甚至反潮现象；乳粉的水分含量控制在 2.5%~3.0%，可抑制微生物生长繁殖，延长保质期。若水分超过 3.5%，乳粉易结块，变质加速，不仅商品价值降低，也损害消费者利益。

食品中水分的测定
（部分相关标准）

在食品监督管理中，水分含量的测定可为评价食品或其原料的品质提供依据。相关食品标准对食品的水分含量（或固形物含量）有明确的规定，如硬质干酪的水分含量 49%~56%（GB 5420—2021《食品安全国家标准　干酪》）。食品中水分超标，不仅反映食品本身的质量问题，也反映出生产、流通环节的诸如掺杂使假等违法违规问题，因为水是廉价的掺入物。

在食品加工和保藏中，水分含量的测定为成本核算、物料平衡提供基础数据，对工艺控制、品质保障和产品经济性评估等具有指导意义。如乳粉生产，需依据原料乳含水量的测定结果和乳粉含水量的质量标准进行物料衡算；又如面包生产中，水分直接影响面团的韧性，加水量多面团软，而加水量少面团硬，做出的面包体积不够大，影响生产企业的经济效益；再如酱油的原料蒸煮和酿酒过程中水分的控制、食品贮存期间的温度和湿度等条件的选择等，都涉及水分指标。

食品中水分的测定方法通常可分为直接法和间接法两大类。直接法是直接测量水分或是利用水分本身发生的定量化学反应来进行测定，如利用水的挥发性将其从食品样品中分离出来，再以其质量或体积来定量的干燥法、蒸馏法。间接法不是直接测量水分，而是测量与水分相关的食品的某个参数。如测定食品的相对密度、折射率、电导率、介电常数等物理性质，间接确定水分含量。

GB 5009.3—2016《食品安全国家标准　食品中水分的测定》规定了用直接干燥法、减压干燥法、蒸馏法和卡尔-费休法。

## 任务实施

### 面粉中水分的测定

本实训采用直接干燥法（依据 GB 5009.3—2016《食品安全国家标准　食品中水分的测定》第一法）。

#### 1. 目的要求

（1）进一步熟练天平称量操作，能规范使用电热干燥箱、干燥器。

（2）学会试样的加热干燥至恒重的操作，学会判断恒重的方法。

（3）掌握直接干燥法测定水分的方法和操作技能。

（4）能如实记录检测过程的现象和问题，会分析直接干燥法测定过程的误差来源。

直接干燥法测定水分含量（实操视频）

（5）会正确进行结果计算。

#### 2. 操作原理

利用食品中水分的物理性质，在 101.3kPa（一个大气压），温度 101～105℃下采用挥发方法测定样品中干燥减失的重量，包括吸湿水、部分结晶水和该条件下能挥发的物质，再通过干燥前后的称量数值计算出水分的含量。

#### 3. 用品准备

（1）电子天平：感量 0.1mg。

（2）电热恒温干燥箱。

（3）扁形铝制或玻璃制称量瓶。

（4）干燥器（内有干燥剂）。

#### 4. 安全提醒

电热恒温干燥箱使用前必须检查有否漏电、电热丝有否重叠或碰撞等现象，使用完毕应切断外来电源，免除意外事故发生；不可烘干易燃、易爆、有挥发性、有腐蚀性的物品；取烘焙物品时，要用专用的工具或戴隔热手套，以免烫伤。

#### 5. 操作步骤

（1）称量瓶干燥至恒重　取洁净的称量瓶做好编号标记，置于 101～105℃干燥箱中，瓶盖斜支于瓶边，加热 0.5~1h，取出盖好，置干燥器内冷却 0.5h，称量。重复此操作直至恒量。

（2）装样　将 2.00~5.00g 的面粉样品加入已恒量的称量瓶中，试样的量以厚度不超过 5mm 为宜。加盖，精密称重。

（3）样品干燥至恒重　将上述称量瓶置于干燥箱中，瓶盖斜支于瓶边，以便水分蒸发。在 101~105℃干燥 2~4h 后，盖好取出，放入干燥器内冷却 0.5h 后称量。然后再放入 101~105℃干燥箱中干燥 1h 左右，取出，放干燥器内冷却 0.5h 后再称量。至前后两次质量差不超过 2mg，即为恒量。

### 6. 结果计算

（1）数据记录

理化检测原始记录

| | | | |
|---|---|---|---|
| 报检号 | | 品名 | |
| 样品数量 | | 验迄日期 | |
| 检验项目 | | 检验依据 | |
| 主要仪器 | | 试验环境 | ℃　　%RH |
| 标准品名称、编号及有效期 | | | |

检测：　　　　　　　　　　　　复核：

（2）计算公式

$$X = \frac{m_1 - m_2}{m_1 - m_3} \times 100$$

式中　$X$——试样中水分的含量，g/100g；

$m_1$——称量瓶和试样的质量，g；

$m_2$——称量瓶和试样干燥后的质量，g；

$m_3$——称量瓶的质量，g。

计算结果保留 3 位有效数字。

在重复性条件下获得的两次独立测定结果的绝对差值不得超过算术平均值的 10%。

### 7. 要点提示

（1）适用范围：直接干燥法适用于在 101~105℃范围内对热稳定、不含或微含其他易挥发组分的各种食品，如谷物及其制品、水产品、豆制品、乳制品、肉制品及卤菜制品等。不适用于水分含量小于 0.5g/100g 的样品。

（2）取样、称量及称量瓶自干燥箱中取出放入干燥器等操作的动作要尽量迅速，尽量缩短样品在空气中暴露的时间，防止样品水分丢失或受潮。

（3）样品性质不同，干燥操作有所不同：

浓稠态样品，需加干燥助剂（精制海砂或无水硫酸钠），用小玻璃棒搅拌均匀，防止结壳或结块，并增大蒸发面积。所用海砂需先用水洗去泥土，然后用 6mol/L 盐酸煮沸 0.5h，用水洗至中性，再用 6mol/L 氢氧化钠溶液煮沸 0.5h，用水洗至中性，经 105℃干燥备用。

水分含量较高（16%以上）的食品，通常采用二次干燥法进行测定。如面包等，应先在空气中风干，磨碎后再烘箱干燥。液体样品（如牛乳、果汁）应低温浓缩后再烘箱干燥。

水分含量在 14%以下时称安全水分，即在实验室条件下进行粉碎过筛等处理，水分含量一般不会发生变化。

（4）干燥法操作条件的选择主要包括：称样量、称量皿规格、干燥设备及干燥条件等的选择。如称样量一般控制在其干燥后的残留物质量在 1.5~3g 为宜。对于水分含量较低的固态、浓稠态食品，将称样数量控制在 3~5g，而对于果汁、牛乳等液态食品，通常每份样量控制在 15~20g 为宜。称量皿的大小以样品置于其中平铺开后厚度不超过皿高的 1/3 为宜。

（5）实际工作中，若既需测定水分也需测定灰分时，则往往把水分和灰分的测定结合起来进行，以节约时间和能源。

## 任务拓展

### 食品中水分测定的其他方法

**1. 减压干燥法测定食品中的水分**

（1）原理　利用低压下水的沸点降低的原理，将不宜在高温下干燥的样品置于低压环境中，使水分在较低温度下蒸发出来。根据试样干燥后所失去的质量，计算水分含量。

（2）仪器

①电热真空干燥箱（带真空泵）。

②干燥瓶。

③安全瓶。

（3）操作步骤　按直接干燥法中的要求称取样品，放入真空干燥箱内，将干燥箱连接水泵，抽出干燥箱内空气至所需压力（一般为 40~53kPa），并同时加热至所需温度（60±5）℃。关闭真空泵上的活塞，停止抽气，使干燥箱内保持一定温度和真空度，经 4h 后，打开活塞，使空气经干燥装置缓缓通入至干燥箱内，待压力恢复正常后再打开。取出称量瓶，放入干燥器中 0.5h 后称量，并重复以上操作至恒量。

（4）结果计算　同直接干燥法。

（5）要点提示

①适用范围：该法适用于糖、味精等易分解的食品中水分的测定，不适用于添加了其他原料的糖果，如奶糖、软糖等，也不适用于水分含量小于 0.5g/100g 的样品。

②在用减压干燥法测定水分含量时，为了除去烘干过程中样品挥发出来的水分，以及避免干燥后期烘箱恢复常压时空气中的水分进入烘箱影响测定的准确度，必须在真空烘箱外设置一套安全、缓冲的设施，连接几个干燥瓶和一个安全瓶。整个设备工作流程见图 3-1。

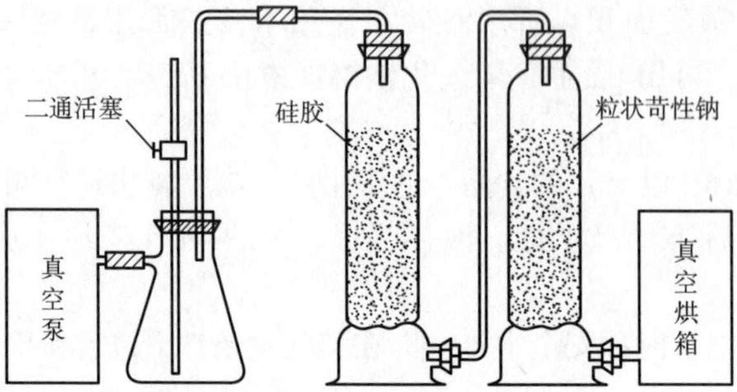


图 3-1　减压干燥工作流程示意图

③本法一般选择压力为 40～53kPa、温度为（60±5）℃。但实际应用可根据样品性质及干燥箱耐压能力的不同调整压力和温度。如 AOAC 法中咖啡为 3.3kPa 和 98～100℃；乳粉为 13.3kPa 和 100℃；糖及蜂蜜为 6.7kPa 和 60℃等。

**2. 蒸馏法测定食品中的水分**

（1）原理　根据两种互不相溶液体组成的二元系统，其沸点低于任一组分的沸点的原理，将食品中的水分与甲苯或二甲苯在低于 100℃时共沸蒸出，冷凝并收集馏出液。由于水与有机溶剂的密度不同，馏出液在有刻度的接收管中分层。根据接收管中水的体积，计算出样品的水分含量。

（2）试剂　无水甲苯或二甲苯：取甲苯或二甲苯，先以水饱和后，分去水层，进行蒸馏，收集馏出液备用。

（3）仪器　水分测定器，结构如图 3-2 所示。

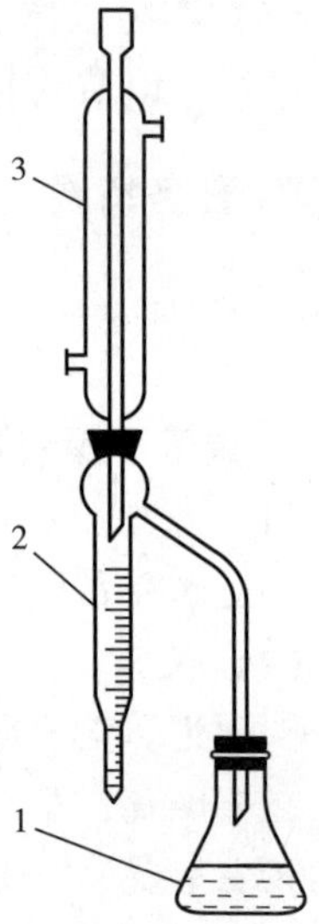


图 3-2　水分测定器结构示意图

1—250mL 锥形瓶
2—水分接收管，有刻度
3—冷凝管

（4）操作步骤　准确称取适量样品（含水量 2～5mL），放入 250mL 锥形瓶中，加入新蒸馏的甲苯（或二甲苯）50～75mL（以浸没样品为宜），连接冷凝管与水分接收管，从冷凝管顶端注入甲苯，装满水分接收管。

加热慢慢蒸馏，使每秒钟得馏出液 2 滴，待大部分水分蒸出后，加速蒸馏约每秒钟 4 滴，当水分全部蒸出后，接收管内的水分体积不再增加时，从冷凝管顶端加入甲苯冲洗。如冷凝管壁附有水滴，可用附有小橡皮头的铜丝擦下，再蒸馏片刻至接收管上部及冷凝管壁无水滴附着，接收管水层容积保持 10min 不变为蒸馏终点，读取水层的容积。

（5）结果计算

$$X=\frac{V-V_0}{m}\times 100$$

式中　$X$——样品水分的含量，mL/100g（或按水在 20℃时密度 0.9982g/mL 计算质量）；

$V$——接收管内水的体积，mL；

$V_0$——做试剂空白时，接收管内水的体积，mL；

$m$——样品的质量，g。

计算结果保留 3 位有效数字。

在重复性条件下获得的两次独立测定结果的绝对差值不得超过算术平均值的10%。

(6) 要点提示

①适用范围：蒸馏法适用于含较多挥发性物质的食品如油脂、香辛料等水分的测定，特别对于香料，此法是唯一的、公认的水分含量的分析方法。该法不适用于水分含量小于1g/100g的样品。

②一般加热时要用石棉网，如样品含糖量高，用油浴加热较好。

③在测定收集管中水的体积之前，先让仪器冷却至环境温度。

④样品为粉状或半流体时，先将瓶底铺满精制海沙，再加入样品及蒸馏溶剂。

⑤要根据样品的性质来选择有机溶剂。对热不稳定的食品，一般不采用二甲苯，因为它的沸点高，常选用低沸点的有机溶剂，如苯。对于一些含有糖分、可分解释放出水分的样品，如脱水洋葱和脱水大蒜可采用苯；用正戊醇十二甲苯（129~134℃）(1+1) 混合溶剂测定奶酪；甲苯用于测定大多数香辛料；乙烷用于测定辣椒类、葱类、大蒜和其他含大量糖的香辛料。

**3. 卡尔-费休法测定食品中的水分**

卡尔-费休法是由卡尔-费休于1935年提出的测定各种物质中微量水分的方法。国际标准化组织把这个方法定为测微量水分的国际标准。

卡尔-费休法分为卡尔-费休容量法和卡尔-费休库仑法两大方法。前者适用于水分含量大于$1.0\times10^{-3}$g/100g的样品，后者适用于水分含量大于$1.0\times10^{-5}$g/100g的样品。

(1) 原理　卡尔-费休法是一种非水溶液氧化还原滴定法。当用卡尔-费休试剂（含有碘和二氧化硫）滴定食品样品时，卡尔-费休试剂中的碘、二氧化硫、吡啶和甲醇与食品中水分发生定量化学反应，可用下式示意总反应：

$$I_2+SO_2+H_2O+3C_5H_5N+CH_3OH \longrightarrow 2C_5H_5N\cdot HI+2C_5H_5N\cdot HSO_4CH_3$$

理论上，1mol的水需要与1mol碘、1mol二氧化硫、3mol吡啶和1mol甲醇反应，但实际上，$SO_2$、吡啶、$CH_3OH$的用量都是过量的。反应完全后多余的游离碘呈现红棕色，即可确定为到达终点。从消耗的碘量可测定水分的含量。

卡尔-费休水分滴定手工操作误差较大，现多使用卡尔-费休水分自动滴定仪。

(2) 试剂　卡尔-费休试剂：比例为$I_2:SO_2:C_5H_5N=1:3:10$。配制时分甲乙两种试剂单独配，其中甲液为$I_2$的$CH_3OH$溶液，乙液为$SO_2$的$CH_3OH$溶液。两种试剂分别贮存，临用时再混合并标定。

(3) 仪器　卡尔-费休水分测定仪。

(4) 安全提醒　甲醇蒸气对人体有害，应在通风橱中使用无水甲醇，且操作时要注意保护眼睛和皮肤。卡尔-费休试剂必须作为危险废弃物进行处理。

(5) 操作步骤

①设备安装：按照安装操作说明进行。

②卡尔-费休试剂的配制与标定。

a. 配制：称85g $I_2$→于干燥的有塞棕色烧瓶中→加670mL无水$CH_3OH$→塞上瓶塞→振摇使$I_2$全部溶解→加270mL吡啶→混匀→于冰水浴冷却→通干燥的$SO_2$气体60g→塞上瓶塞→于暗处24h后标定使用。

b. 标定：向水分测定仪的反应器中加入50mL无水甲醇→接通电源→启动电磁搅拌

器→用 KF 试剂滴入甲醇中使甲醇中尚残留的痕量水分与试剂达到终点（即指针到达一定刻度，不记录 KF 试剂用量）→保持 1min→用 10μL 微量注射器从反应器加料口注入 10μL 蒸馏水（相当于 0.01g 水）→电流表指针接近零点→用 KF 试剂滴定到原定终点→记录。

$$KFReq = \frac{m}{V} \times 1000$$

式中　KFReq——卡尔-费休试剂的水的滴定度，mg 水/mL；

$V$——滴定消耗的卡尔-费休试剂的体积，mL；

$m$——所用水-甲醇标准溶液中水的质量，g。

③水分的测定：取 50mL 甲醇→于分析测定仪的反应器中，所加甲醇要能淹没电极，用 KF 试剂滴定 50mL 甲醇中痕量水→滴至指针与标定时相当并且保持 1min 不变时→打开加料口→将称好的试样立即加入→塞上皮塞→搅拌→用 KF 试剂滴至终点保持 1min 不变→记录。

（6）结果计算

$$X = \frac{KFReq}{m} \times V \times 100$$

式中　$X$——水分含量，%；

KFReq——卡尔-费休试剂的水的滴定度，mg 水/mL；

$V$——滴定样品消耗的卡尔-费休试剂的体积，mL；

$m$——样品质量，mg。

（7）要点提示

①适用范围：卡尔-费休法适用于测定低水分含量的食品，如脱水水果和蔬菜、糖果和巧克力、咖啡和油脂以及任何高糖高蛋白低水分的样品，是测定痕量水分的理想方法。此方法快速准确且不需加热、操作简单。该法测得水分为总水分（自由水+结合水）。

②样品中维生素 C 等强还原性组分时，不适宜用卡尔-费休法。

凡消耗碘、释放碘或有水生成的副反应皆影响测定结果。如食品中的维生素 C 不饱和脂肪酸等能与卡尔-费休试剂的碘反应，导致水分含量测定值偏高；空气中的氧将滴定池中的碘离子氧化为碘，从而减少了试剂的耗用量，造成测定结果偏低；太阳光也会明显地促进氧与碘离子的氧化反应，因此对试剂要采取避光措施。

③食品试样颗粒的大小影响其水分萃取程度。通常固体样品细度以 40 目为宜。要用粉碎机而不用研磨机处理，防止水分损失。

④该法不仅可以测得样品中的自由水，而且可以测出其结合水，即此法测得结果更能够客观地反映出样品中总水分含量。

⑤容量法和库仑法的区别：容量法和库仑法的最大区别在于 $I_2$ 的来源不同，容量法中的 $I_2$ 来自滴定剂，而库仑法中 $I_2$ 则通过电解含 $I_2$ 离子的电解液产生。电解的速度是有限的，所以当需要测量的样品含水量比较低时，用卡尔-费休库仑法水分仪，检测的速度不但快，而且数据的平行性很好。通过电解池的电量与 $I_2$ 量是有着严格的定量关系的，因此库仑法有着更高的测量精度。因此，就应用而言，容量法更适用于水分含量高的样品的测量，而库仑法则仅适用于微量、痕量水的测定。

**交流讨论**

1. 简述实训过程中所遇到的问题、解决的方法和完成任务的收获。
2. 用直接干燥法测定样品中水分的含量，样品应符合哪些条件?
3. 影响恒重的因素有哪些?

任务七 达标自测

# 任务八

# 食品中灰分的测定

## 任务目标

### 知识目标

了解灰分的基本概念、组成和分类；掌握样品炭化、灰化、恒重的概念；熟练掌握高温炉、坩埚的使用知识。

### 技能目标

熟练掌握总灰分测定的操作技能。

### 素质目标

熟知专业理论和实验室安全知识，掌握专业技能，对测定结果精益求精、实事求是；遵守国家法律、法规和企业的各项规章制度；增强掌握技能是为人民服务的责任感与自豪感。

## 任务导入

灰分是衡量小麦粉加工精度的一项指标，通过灰分的高低可以直接评价一种小麦粉质量的优劣，在生产方便面专用粉时，灰分则是小麦粉分级定等的一个硬性指标，如果灰分超出标准，所供的小麦粉就会被按比例进行降级、降等，甚至被拒收，所以应该控制好小麦粉中的灰分含量，在保证灰分含量合格的前提下最大限度地提高出粉率。

## 相关知识

### 一、灰分的含义和分类

食品的组成十分复杂，除含有大量有机物质外，还含有较丰富的无机成分。高温灼烧时，食品中组分会发生一系列物理和化学变化，最后有机成分挥发逸散，而无机成分（主要是无机氧化物）则残留下来。这些残留物与食品中原存的无机成分在数量和组成上并不完全相同。通常把食品经高温（500～600℃）灼烧后的残留物称为灰分，也称为粗灰分(总灰分)。

食品中的灰分常在一定范围内，如乳制品含有0.5%～5.1%的灰分，水果、水果汁和瓜类含有0.2%~0.6%的灰分，干果含有较高的灰分（2.4%~3.5%），面粉类和麦片类含有0.3%~4.3%的灰分，坚果及其制品含有0.8%~3.4%的灰分，肉、家禽和海产品类含有0.7%~1.3%的灰分。

灰分按其溶解性，可分为水溶性灰分和水不溶性灰分，酸溶性灰分和酸不溶性灰分。水溶性灰分反映的是可溶性K、Na、Ca、Mg等的氧化物和盐类的含量。水不溶性灰分反映的是污染的泥沙和铁、铝等元素的氧化物及碱土金属的碱性磷酸盐的含量。酸不溶性灰分反映污染的泥沙及机械物和食品中原来存在的少量$SiO_2$的含量。

## 二、测定灰分的意义和方法

无机盐是人类生命活动不可缺少的物质。食品中的无机盐含量是评价其营养价值的指标之一，而灰分又是标示食品中无机成分总量的一项指标。例如，黄豆是营养价值较高的食物，除富含蛋白质外，它的灰分含量高达5.0%。故无机盐在测定灰分总含量，在评价食品品质方面有其重要意义。

生产果胶、凝胶之类的胶质品时，灰分是这些制品的胶冻性能的标志。果胶分为高甲氧基果胶（HM）和低甲氧基果胶（LM）两种，HM只要有糖、酸存在即能形成凝胶，是热不可逆的凝胶，而LM除糖、酸以外，还需要有金属离子如$Ca^{2+}$、$Al^{3+}$才能形成凝胶，是热可逆的凝胶。

食品中灰分的测定（部分相关标准）

可根据成品粮总灰分含量高低来检验其加工精度和品质状况。例如，生产面粉时，其加工精度可由总灰分含量来表示，面粉的加工精度越高，灰分含量越低。富强粉灰分含量为0.3%~0.5%，标准粉为0.6%~0.9%，全麦粉为1.2%~2.0%。目前，世界各国大都用灰分来鉴别面粉精度的高低。

测定灰分还可以判断食品受污染的程度或者有否掺假。不同的食品，因所用原料、加工方法及测定条件的不同，各种灰分的组成和含量也不相同，当这些条件确定后，某种食品的灰分常在一定范围内。如果灰分含量超过了正常范围，则说明食品在生产加工、贮运等过程中，或是受到了污染，或是使存在掺杂造假等问题。如牛乳中的总灰分在牛乳中的含量是恒定的，一般为0.68%~0.74%，据此可通过测定牛乳中总灰分判断牛乳是否掺假，若掺水则灰分降低。

总之，灰分是某些食品重要的质量控制指标，是食品成分全分析的项目之一。

灰分的测定方法有硫酸灰化法、醋酸镁灰化法及直接灰化法。其中硫酸灰化法适用于糖类制品，测定结果以硫酸灰分表示。醋酸镁灰化法适用于含磷较多，在灼烧过程中易形成熔融无机物，而致使灰化不完全的样品，如谷类食品。直接灰化法广泛用于各类食品灰分含量的测定，也是GB 5009.4—2016《食品安全国家标准　食品中灰分的测定》规定的标准方法。

### 任务实施

### 面粉中总灰分的测定

灰分是我国面粉分等定级的主要指标之一，是面粉内在品质和使用性能的主要参考依据。本实训采用直接灰化法（依据 GB 5009.4—2016《食品安全国家标准　食品中灰分的测定》第一法）。

**1. 目的要求**

（1）熟练掌握高温电炉的使用方法及坩埚的处理、样品炭化、灰化、天平称量等基本操作技能。

（2）学习和了解直接灰化法测定灰分的原理及操作要点。

（3）掌握面粉中灰分的测定方法和操作技能。

**2. 操作原理**

把一定量的样品经炭化后放入高温炉内灼烧，使有机物质被氧化分解，以二氧化碳、氮的氧化物及水等形式逸出，而无机物质以硫酸盐、磷酸盐、碳酸盐、氯化物等无机盐和金属氧化物的形式残留下来，这些残留物即为灰分，称量残留物的重量即可计算出样品中总灰分的含量。

食品中总灰分的测定（实操视频）

**3. 用品准备**

（1）高温炉：最高使用温度≥950℃。

（2）分析天平：感量分别为 0.1mg、1mg、0.1g。

（3）石英坩埚或瓷坩埚。

（4）干燥器：内有干燥剂。

（5）电热板。

（6）恒温水浴锅：控温精度±2℃。

**4. 安全提醒**

高温炉工作时，其周围严禁放易燃、易爆物品；向高温炉内取放物品，必须戴防护手套，且用相应的工具（如长柄坩埚钳），以免烤伤或烫伤；高温炉在打开门进行降温时，人应远离高温炉，以免辐射造成烫伤；不要用沾水的手去插拔电器的插头，以免发生触电危险。

**5. 操作步骤**

（1）瓷坩埚的准备　将坩埚用盐酸（1+4）煮 1~2h，洗净晾干；所用的坩埚应做标记（用 0.5%三氯化铁溶液和等量蓝墨水的混合液在坩埚外壁及盖上写上编号）；置于（550±25）℃的高温炉中灼烧 0.5h；移至炉口冷却到 200℃左右后，再移入干燥器中，冷却至室温后，准确称量；再放入高温炉内灼烧 30min，取出冷却称量，直至恒量（两次称量之差不超过 5mg）。

（2）称样　直接称取面粉 5~8g 于坩埚（精确至 0.0001g）或用测定水分之后的样品（结果计算时不要忽略了之前的水分）。

（3）测定　将坩埚置于电热板或电炉上小心加热，使试样充分炭化至无烟。然后置于高温炉中，在（550±25）℃灼烧 4h。冷却到 200℃左右，取出（小心打开炉门，避免样品损失），放入干燥器，冷却 30min。称量前如发现灼烧残渣有炭粒时，应向试样中滴入少许水湿润，使结块松散，蒸干水分再次灼烧至无炭粒即灰化完全，方可称量。重复灼烧至前后两次称量相差不超过 0.5mg 为恒重。

6. 结果计算

（1）数据记录

| 称量顺序编号 | 坩埚质量/g | 坩埚+样品质量/g | 坩埚+灰分质量/g | 试样中灰分含量/（g/100g） |
|---|---|---|---|---|
| 1 | | | | |
| 2 | | | | |
| 3 | | | | |
| 4 | | | | |

（2）计算公式

$$X=\frac{m_1-m_2}{m_3-m_2}\times 100$$

式中　$X$——试样中灰分的含量，g/100g；

$m_1$——坩埚和灰分的质量，g；

$m_2$——坩埚的质量，g；

$m_3$——坩埚和试样的质量，g。

测定结果保留 2 位有效数字（灰分≥10g/100g 时保留 3 位有效数字，灰分<10g/100g 时保留 2 位有效数字）。

在重复性条件下获得的两次独立测定结果的绝对差值不得超过算术平均值的 5%。

7. 要点提示

（1）本法适用于除淀粉及其衍生物之外的食品中灰分的测定。

（2）不同类型样品的预处理方法如下。

①水分含量较少的固体样品（如谷类、豆类等）：粉碎均匀→过筛→称量→炭化。

②液体样品（如牛乳、果汁等）：称量→水浴蒸干。

③含水分多的样品（如果蔬等）：制匀样→称量→烘箱内干燥。

④富含脂肪的样品（如动物制品、干酪等）：称量→干燥→提脂（防止炭化时膨胀或燃烧）。另外，在提脂时所用的醚未蒸发之前，严禁用明火加热。

⑤富含糖、蛋白质、淀粉的样品：炭化前滴加纯植物油或辛醇防止发泡。

⑥对于含磷量较高的豆类及其制品、肉禽制品、蛋制品、水产品、乳及乳制品等食品样品采用乙酸镁法灰化，详见“任务拓展”。

（3）炭化的目的　炭化就是在低温下将样品中有机物氧化成碳粒的过程。其目的：①防止在灼烧时因温度高试样中的水分急剧蒸发使试样飞扬；②防止糖、蛋白质、淀粉等易发泡膨胀的物质在高温下发泡膨胀而溢出坩埚；③不经炭化而直接灰化，碳粒易被包住，灰化不完全。样品炭化时要注意热源强度，防止产生大量泡沫溢出坩埚。

（4）试样灼烧、冷却过程中的操作要点如下。

①把坩埚放入高温炉或从炉中取出时，要放在炉口停留片刻，使坩埚预热或冷却，防止因温度剧变而使坩埚破裂。

②坩埚钳预热后再钳取炉中坩埚，防止因温差大而使坩埚破裂。

③灼烧后的坩埚应冷却到200℃以下再移入干燥器中，否则因热的对流作用，易造成残灰飞散，且冷却速度慢，冷却后干燥器内形成较大真空，盖子不易打开。

④热坩埚会加热干燥器中的空气，在放入热的样品时，干燥器的盖子会被顶起，故在刚放入热坩埚时，应将干燥器的盖子轻轻打开一条缝隙，放出些许热空气，防止干燥器的盖子被热空气顶起滑落到地上而摔碎（也可用带排气孔的干燥器）。

⑤从干燥器中取出冷却的坩埚时，因内部成真空，开盖恢复常压时应让空气缓缓进入，以防残灰飞散。

⑥用过的坩埚，应把残灰及时倒掉，初步洗刷后，用粗盐酸或废盐酸浸泡10~20min，再用水冲刷洗净。

（5）灰化条件的选择，详见“任务拓展”。

（6）测定总灰分所得残渣可用来进行其他灰分的测定，也可留作Ca、P、Fe等成分的分析。

## 任务拓展

### 灰化条件的选择

**1. 灰化容器**

测定灰分通常以坩埚作为灰化容器。坩埚分素烧瓷坩埚、铂坩埚、石英坩埚和不锈钢坩埚等多种。其中最常用的是素烧瓷坩埚（简称瓷坩埚）。瓷坩埚具有耐高温（1200℃）、内壁光滑、耐稀酸、价格低廉等优点。但耐碱性能较差，当灰化碱性食品（如水果、蔬菜、豆类等）时，瓷坩埚内壁的釉层会部分溶解，反复多次使用后，往往难以保持恒重。另外，当温度骤变时，易发生破碎。不锈钢坩埚既抗酸又抗碱，且不昂贵，但它由铬和镍组成，是杂质的可能来源。铂坩埚耐高温（1773℃），稳定性和导热良好，耐碱，耐HF，吸湿性小且非常纯净，可能是最佳的坩埚，但对常规使用而言价格极其昂贵，使用不当还会腐蚀或发脆。

要根据取样量的大小、样品的性质（如易膨胀等）来选取坩埚的大小。有时样品太多，宜选素瓷蒸发皿。使用的容器大会使称量的误差增大（有的蒸发皿在光电天平中放不下）。

日本有采用自制铝箔杯直接灰化的。特点：杯子不吸湿，易恒重，本身重量轻，易冷却，减小误差。在600℃以下，可稳定使用。用圆形铝箔套在塑料瓶上向上捻可成杯状。

**2. 取样量**

根据试样种类和性状来定，一般控制灼烧后灰分为10~100mg。灰分大于10g/100g的试样称取2~3g；灰分小于10g/100g的试样称取3~10g。通常情况下，麦乳精、大豆粉、调味料、鱼类及海产品等取1~2g；谷类及其制品、糕点、牛乳等取3~5g；果酱、果冻、脱水水果约为10g；果汁、鲜果或水果罐头约取20g；糖及糖制品、淀粉及制品、蜂蜜、奶油、肉制品为5~10g；油脂取50g。

**3. 灰化温度**

灰化温度的高低对灰分测定结果影响很大。由于各种食品中无机成分的组成、性质及含量各不相同，灰化温度也应有所不同。一般灰化温度为525~600℃。谷类食品、乳制品（奶油除外）、鱼、海产品、酒类灰化温度不高于550℃；果蔬制品、肉制品、糖制品类灰化温度不高于525℃。灰化温度太高，将引起K、Na、Cl等元素的挥发损失，而且磷酸盐、硅酸盐也会熔融，将炭粒包藏起来，使炭粒无法氧化。灰化温度太低，则灰化速度慢，时间长，不易灰化完全，也不利于除去过剩的碱（碱性食物）吸收的$CO_2$。因此，必须根据食品的种类、性状及各方面因素，选择合适的灰化温度，在保证灰化完全的前提下，尽可能减少无机成分的挥发损失和缩短灰化时间。加热速度不可太快，防止急剧升温时灼热物的局部产生大量气体，造成微粒因爆燃而飞失。

**4. 灰化时间**

一般以试样灼烧至灰分为白色或浅灰色、无碳粒存在并达到恒重为止。达到恒重的时间因试样的不同而异，一般需2~5h。通常可根据经验，观察残灰颜色以确定第一次灰化取出的时间。取出冷却并称重后，再放入炉中灼烧，直至恒重。应注意，对某些样品，即使灰化完全，残灰也不一定呈白色或浅灰色。例如：铁含量高的食品，残灰呈褐色；锰、铜含量高的食品，残灰呈蓝绿色。有时灰分的表面呈白色，但内部仍有碳粒残留。所以，灰化的终止不是以样品颜色为最终判断依据，而是达到恒重为止。

**5. 加速灰化的方法**

对于难于灰化的样品，可采用以下方法缩短灰化时间，使灰化完全。

（1）研碎法　样品初步灼烧后，取出坩埚，冷却，从灰化容器边缘慢慢加入少量去离子水，使残灰充分湿润（不可直接洒在残灰上，以防残灰飞扬损失），用玻璃棒研碎，使水溶性盐类溶解，被包住的炭粒暴露出来，把玻璃棒上沾的试样用水冲进容器里，在水浴上蒸发至干涸，在120~130℃烘箱内干燥，再灼烧至恒重。

（2）添加灰化助剂法　经初步灼烧后，放冷，加入灰化助剂（如硝酸或双氧水、乙醇、碳酸铵等物质），蒸干后再灼烧至恒重，利用助剂的氧化作用来加速炭粒灰化。也可加入10%的 $(NH_4)_2CO_3$ 等疏松剂，在灼烧时分解为气体逸出，以致灰分呈松散状态，促进灰化。添加的这些物质灼烧后完全消失，不会增加残灰的质量。

（3）乙酸镁灰化法　对于含磷量较高的豆类及其制品、肉禽制品、蛋制品、水产品、乳及乳制品等食品样品，在预处理时加入乙酸镁，既能使试样疏松，氧气易于进入，又能提高灰分熔点，避免灰分发生熔融现象，提高灼烧温度，缩短灰化时间。但产生的MgO会增重，应做空白试验。具体操作步骤见GB 5009.4—2016《食品安全国家标准　食品中灰分的测定》。

（4）硫酸灰化法　对于白糖、绵白糖、葡萄糖、饴糖等糖类制品，以钾为主的阳离子过剩，灰化后的残灰为碳酸盐，通过添加硫酸使阳离子全部以硫酸盐形式成为一定组分。采用硫酸的强氧化性加速灰化，结果用硫酸灰分来表示。在添加浓硫酸时应注意，如有一部分残灰溶液和二氧化碳气体呈雾状扬起，要边用表面皿将灰化容器盖住边加硫酸，待不起泡后，用少量去离子水将表面皿上的附着物洗入灰化器中。

### 交流讨论

1. 食品的灰分不能准确地表示食品中原来的无机成分的总量，为什么？

2. 试分析选择合适的灰化温度的必要性。

3. 如何用测定总灰分所得的残渣来进行水溶性灰分、酸溶性灰分的测定？

任务八　达标自测

# 任务九

## 食品中酸类物质的测定

### 任务目标

#### 知识目标

了解各种酸度的概念；明确酸度测定的意义；了解食品中酸度的种类和作用；掌握食品酸度的测定原理。

#### 技能目标

能熟练使用酸度计测定溶液 pH；掌握测定食品酸度的操作技能。

#### 素质目标

培养实事求是、精益求精的科学态度和爱岗敬业的工作作风；培养自主探究和团队合作的学习能力，积极探索。

食品中酸类物质的测定（部分相关标准）

### 任务导入

2021 年 7 月，国家市场监管总局网站发布的食品抽检信息显示，有两批次调味品不合格，其中不合格项目包括食醋中的总酸含量没有达到国家规定的标准。食醋中的总酸含量不足，会造成食醋不易保存、容易变质，食用后易影响身体健康。同时，食品中的酸性物质赋予食品特殊的感官风味，水果及其制品中的挥发酸还带给食品特定的香气，酸性物质的含量对稳定食品的特性也有重要作用。因此，测定食品中酸性物质的含量，对评价食品品质、进行食品保存具有重要意义。

### 相关知识

## 一、酸度的概念

#### 1. 总酸度

总酸度是指食品中所有酸性成分的总量，包括已经解离的酸的浓

食品中总酸度测定（微课视频）

度和未解离的酸的浓度。因用标准碱溶液进行滴定，故总酸度又称可滴定酸度，一般以样品中主要代表酸（如柠檬酸、苹果酸、酒石酸等）的质量分数来表示。

2. 有效酸度

有效酸度是指样品中呈游离状态的氢离子的浓度，指被测溶液中 $H^+$ 的浓度（准确地说应该是活度），所反映的是解离的酸的浓度，常用 pH 表示。

3. 挥发酸度

挥发酸度是指食品中易挥发的有机酸，如乙酸、甲酸和丁酸等低碳链的直链脂肪酸。

4. 牛乳酸度

牛乳酸度分为固有酸度（潜在酸度）和发酵酸度（真实酸度）。

固有酸度指新鲜牛乳中天然存在的酸度，主要由磷酸、酪蛋白、清蛋白、柠檬酸及溶解的 $CO_2$ 等酸性成分贡献。固有酸度以乳酸计，酸度范围为 0.15%～0.18%（g/100mL）。发酵酸度指牛乳在贮存过程中因乳酸菌发酵乳糖产生乳酸而升高的酸度。新鲜牛乳的酸度通常≤0.20%（以乳酸计）；若酸度≥0.30%可察觉酸味，≥0.60%则导致凝固。

酸度表示方法一般以滴定酸度或者乳酸含量来表示。滴定酸度（°T）是以滴定 100mL 牛乳消耗的 0.1000mol/L NaOH 标准溶液体积（mL）表示，单位为吉尔涅尔度（°T）。乳酸含量（g/100mL）可通过滴定酸度换算，公式为乳酸（g/100mL）= °T×0.009（换算系数 0.009 基于乳酸的摩尔质量 90.08g/mol 及 NaOH 滴定反应得出）。

## 二、食品中酸类物质的种类和作用

食品中的酸味成分，主要是有机酸和无机酸。多数有机酸具有爽口的酸味，而无机酸一般都具有不愉快的苦涩味，所以人们很少用无机酸作为食品酸味剂。

食品中的有机酸，部分呈游离状态、部分呈酸式盐状态存在于食品中。常见的有机酸有柠檬酸、苹果酸、酒石酸、草酸、琥珀酸、乳酸及醋酸等。这些有机酸有的是食品所固有的天然成分，如水果中含有的柠檬酸、苹果酸，鱼、肉类中含有的乳酸等。有的是在食品加工中人为加入的，如配制型饮料中的柠檬酸等；还有的是在生产、加工、储藏过程中产生的，如酸乳中的乳酸等。

酸类物质在食品中的作用体现在多个方面：一是影响食品的气味和味道，如一些具有很浓水果香味的有机酸，能够刺激食欲；二是影响食品的色泽。果蔬中所含色素的色调，与其酸度密切相关，如水果加工过程中降低 pH 可抑制水果的酶促褐变，从而保持水果的本色；三是影响食品的稳定性，如有机酸可防止维生素 C 的氧化，提高其稳定性。

## 三、测定食品酸度的意义和方法

酸度测定可以评价食品原料及制品的质量。例如，通过测定果蔬中糖和酸的含量，可以判断果蔬的成熟度。如番茄在成熟过程中，总酸度从绿熟期的 0.94%下降到完熟期的 0.64%，同时糖的含量增加，糖酸比增大，具有良好的口感。挥发酸含量的高低，是衡量水果发酵制品质量好坏的一项重要技术指标，如果在生产中使用不合格的果蔬原料、违反正常的工艺操作或在装罐前将果蔬半成品放置过久，都会由于糖的发酵而使挥发酸量增加，降低食品的品质。酸度测定可判断食品的新鲜程度，如对鲜肉中有效酸度的测定，可以判断肉的品质，如新鲜肉的 pH 为 5.7～6.2，若 pH>6.7 说明肉已变质。牛乳及其制品、番茄制品、啤酒、饮料类食品，当总酸含量高时，说明这些制品已由乳酸菌引起酸败。在油脂工业中，通过测定游离脂肪酸的含量，可以鉴别油脂的品质和精炼程度。

酸度测定为食品的调色、调味、控制食品稳定性等提供重要依据，对食品加工生产过程具有指导意义。如通过控制 pH 而控制食品的褐变；通过调整糖酸比获得风味更佳的产品。白酒、啤酒、酱油、食醋等发酵产品的质量标准中对酸度都有明确的要求。

对于果蔬制品、饮料等各类色浅的食品中总酸的测定常用指示剂法，对于样液颜色过深或混浊的食品，则宜用电位滴定法。测定有效酸度的方法有试纸法、比色法和电位法等，其中以 pH 电位法（酸度计法）的操作简便且结果准确，是最常用的方法。挥发酸的测定一般采用水蒸气蒸馏法。牛乳酸度可通过标准碱滴定来测定。

## 任务实施

### 果汁饮料中总酸的测定

本实训采用指示剂法（依据 GB 5009.239—2016《食品安全国家标准　食品酸度的测定》）。

**1. 目的要求**

（1）进一步熟练和规范滴定操作。

（2）熟悉果汁饮料中总酸的测定。

（3）掌握果汁饮料总酸的测定方法、操作技能和结果计算。

**2. 操作原理**

根据酸碱中和原理，以氢氧化钠标准溶液为滴定剂，以酚酞为指示剂，滴定至溶液呈现微红色（pH=8.2），且 30s 内不消失为终点。根据所耗标准碱液的浓度和体积，计算样品总酸的含量。

**3. 用品准备**

（1）实验室常用仪器。

（2）0.1mol/L NaOH 标准溶液：按 GB/T 601—2016《化学试剂　标准滴定溶液的制备》配制与标定。

氢氧化钠溶液的配制与标定（实操视频）

（3）0.01mol/L 或 0.05mol/L NaOH 标准溶液。

（4）1%酚酞指示剂溶液：1g 酚酞溶于 60mL 95%乙醇［GB/T 679—2002《化学试剂　乙醇（95%）》］中，用水稀释至 100mL。

所有试剂均为分析纯，水为蒸馏水或同等纯度的水，使用前须经煮沸、冷却。

**4. 安全提醒**

氢氧化钠溶液具腐蚀性，应避免与皮肤接触。实训过程中涉及安全用电问题，如不能用潮湿的手接触电器，防止触电等。

**5. 操作步骤**

取 25.00~50.00mL 试液，使之含 0.035~0.070g 酸，置于 250mL 三角瓶中。加 40~60mL 水及 0.2mL 1%酚酞指示剂，用 0.1mol/L NaOH 标准溶液滴定至微红色 30s 不褪色。记录消耗 0.1mol/L NaOH 标准滴定溶液的毫升数（$V_1$）。同一被测样品须测定两次。

用水代替试液空白试验。记录消耗 0.1mol/L NaOH 标准滴定溶液的毫升数（$V_2$）。

6. 结果计算

（1）数据记录

| 测定顺序编号 | 1 | 2 | 空白 |
|---|---|---|---|
| 样品体积/mL | | | |
| NaOH 标准溶液浓度/（mol/L） | | | |
| 滴定管初读数/mL | | | |
| 滴定管终读数/mL | | | |
| 消耗氢氧化钠标准溶液的体积/mL | | | |
| 样品中总酸的含量/（g/L） | | | |
| 测定结果 | | | |
| 相对偏差/% | | | |

（2）计算公式

$$X=\frac{(V_1-V_2)\times c\times K}{V}\times 1000$$

式中　$X$——样品中总酸的含量，g/L；

$V_1$——滴定试液时消耗氢氧化钠标准滴定溶液的体积，mL；

$V_2$——空白滴定时，消耗氢氧化钠标准溶液的体积，mL；

$c$——氢氧化钠标准溶液的浓度，mol/L；

$K$——换算系数，即 1mmol NaOH 相当于主要酸的质量（g），几种酸的换算系数分别为：苹果酸 0.067，乙酸 0.060，酒石酸 0.075，柠檬酸 0.064，含一分子结晶水的柠檬酸 0.070，乳酸 0.090，盐酸 0.036，磷酸 0.049；

$V$——样品的取样量，mL。

7. 要点提示

（1）对含有 $CO_2$ 的饮料等样品，在测定前须先除去 $CO_2$，以防干扰。

（2）试液稀释之用水量应根据样品中总酸含量来慎重选择。为使误差不超过允许范围，一般要求滴定时消耗 0.1mol/L NaOH 标准溶液不得少于 5mL，最好在 10~15mL。

（3）若样品酸度较低，可使用 0.01mol/L 或 0.05mol/L NaOH 标准溶液进行滴定。

（4）若样液有颜色（如带色果汁等），则在滴定前用与样液同体积的不含 $CO_2$ 蒸馏水稀释，或采用试验滴定法，即对有色样液，用适量无 $CO_2$ 蒸馏水稀释，并按 100mL 样液加入 0.3mL 酚酞比例加入酚酞指示剂，用 NaOH 标准溶液滴定近终点时，取此溶液 2~3mL，移入盛有 20mL 无 $CO_2$ 蒸馏水中（此时，样液颜色相当浅，易观察酚酞的颜色），若实验表明还没有达到终点时，将特别稀释的样液倒回原样液中，继续滴定直至终点出现为止。用这种在小烧杯中特别稀释的办法，能观察几滴 0.1mol/L 的 NaOH 滴液所产生的酚酞颜色差别。

白酒总酸度测定（实操视频）

（5）若样液颜色过深或混浊，则宜用电位滴定法。

## 任务拓展

### 一、有效酸度的测定

**1. 原理（pH 电位法）**

电池电动势与试液中 $H^+$ 活度之间一定的数量关系，据此以玻璃电极为指示电极，饱和甘汞电极为参比电极，插入待测溶液中组成原电池，测定电动势并直接从酸度计表头上读出样品溶液的 pH。

**2. 试剂**

（1）pH 3.999 标准缓冲溶液（20℃）：准确称取经（115±5）℃烘干 2~3h 的优级纯邻苯二甲酸氢钾（$KHC_8H_4O_4$）10.12g，溶于不含 $CO_2$ 的水中，稀释至 1000mL，摇匀。

（2）pH 6.878 标准缓冲溶液（20℃）：准确称取在（115±5）℃烘干 2~3h 的磷酸二氢钾（$KH_2PO_4$）3.387g 和无水磷酸氢二钠（$Na_2HPO_4$）3.533g，溶于水中，稀释至 1000mL，摇匀。

（3）pH 9.227 标准缓冲溶液（20℃）：准确称取纯硼砂（$Na_2B_4O_7 \cdot 10H_2O$）3.80g，溶于已加热除去 $CO_2$ 的水中，稀释至 1000mL，摇匀。

**3. 仪器**

（1）pHS-3C 酸度计。

（2）雷磁 E-201-C 或 65-1AC 型塑壳复合电极。

**4. 操作步骤**

（1）酸度计校正　先将酸度计的电极接好，接通电源，调节补偿温度旋钮后，将电极浸入缓冲溶液中，然后按下读数开关，调节电位调节器使指针调在缓冲溶液的 pH 上。放开读数开关，指针应指在 7，重复上述操作两次以上。

（2）样品测定　吸取果汁样少许于小烧杯中，用酸度计直接测定。测定时先用标准 pH 溶液进行校正。电极需先用水冲洗，用滤纸轻轻吸干，然后再进行测定。pH 直接从表头上读出。样品测定完毕后，将复合电极取下，将电极护帽套上放好，帽内应放少量补充液，以保持电极球泡的湿润。

酸度计的校正
（实操视频）

**5. 结果计算**

从酸度计表头上可直接读出样品溶液的 pH。

饮用水pH的测定
（实操视频）

### 二、挥发酸的测定

挥发酸的测定可用直接法或间接法，直接法是指用水蒸气蒸馏或溶剂萃取将挥发酸分离出来，然后用碱标准溶液进行滴定；间接法是指将挥发酸蒸发除去后，滴定不挥发酸，然后从总酸中减去不发挥酸，即得出挥发酸含量。直接法适用于挥发酸含量较高的样品，若样品中挥发酸含量较低，或蒸馏液有损失或被污染，则可选用间接法。下面简单介绍水蒸气蒸馏法测定挥发酸的含量。

**1. 原理**

样品经处理后，加入适量磷酸使结合态挥发酸游离出来。用水蒸气蒸馏分离出挥发酸，经冷凝、收集后，以酚酞为指示剂，用碱标准溶液滴定，根据消耗碱标准溶液的体积，计算出样品中挥发酸的含量。

**2. 试剂**

（1）NaOH 标准溶液（0.1mol/L）。

（2）酚酞（10g/L）：称取 1.0g 溶解于 100mL 95%乙醇中。

（3）磷酸溶液（100g/L）：称取 10.0g 磷酸，用少量无 $CO_2$ 的蒸馏水溶解，稀释至 100mL。

**3. 仪器**

（1）水蒸气蒸馏装置，见图 3-3。

（2）电磁搅拌器。

**4. 操作步骤**

（1）样品处理

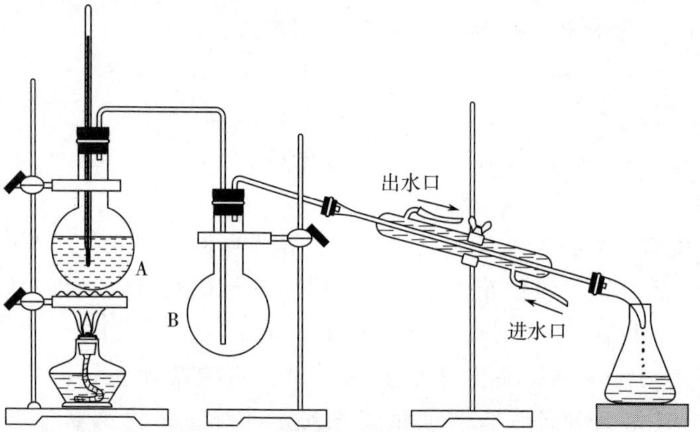


图 3-3 水蒸气蒸馏装置示意图

①一般果蔬、饮料可直接取样。

②含 $CO_2$ 的饮料、发酵酒类，须排除 $CO_2$：方法是取 80~100mL 样品于锥形瓶中，用电磁搅拌器搅拌的同时，在低真空下抽气 2~4min，以除去 $CO_2$。

③固体样品（如干鲜果蔬及其制品）及冷冻、黏稠样品：先取可食部分，加入一定量无 $CO_2$ 蒸馏水（冷冻制品先解冻），用高速组织捣碎机捣成浆状，再称取样品 10g，加无 $CO_2$ 蒸馏水溶解并稀释至 250mL。

（2）测定

①样品蒸馏：取 25mL 经上述处理的样品移入蒸馏瓶中，加入 25mL 无 $CO_2$ 蒸馏水和 1mL100g/L $H_3PO_4$ 溶液，连接水蒸气蒸馏装置，加热蒸馏至馏出液约 30mL 为止。于相同条件做一空白试验。

②滴定：将馏出液加热至 60~65℃，加入 3 滴酚酞指示剂，用 0.1mol/L NaOH 溶液滴定至溶液呈微红色 30s 不褪色，即为终点。

**5. 结果计算**

（1）数据记录

| 测定顺序编号 | 1 | 2 | 空白 |
|---|---|---|---|
| 样品体积/g | | | |
| NaOH 标准溶液的浓度/（mol/L） | | | |
| 滴定管初读数/mL | | | |
| 滴定管终读数/mL | | | |
| 消耗氢氧化钠标准溶液的体积/mL | | | |
| 样品中挥发酸的含量/（g/100g） | | | |
| 测定结果 | | | |
| 相对偏差/% | | | |

（2）计算公式

$$X=\frac{(V_1-V_2)\times c\times 0.06}{m}\times 100$$

式中 $X$——样品中挥发酸的含量（以乙酸计），g/100g；

$c$——NaOH 标准溶液的浓度，mol/L；

$V_2$——空白滴定消耗氢氧化钠溶液体积，mL；

$V_1$——样品蒸馏液滴定时所消耗的 0.01mol/L NaOH 溶液的体积，mL；

$m$——样品质量或体积，g 或 mL；

0.06——换算为乙酸的系数。

**6. 要点提示**

（1）食品中的挥发酸包括游离挥发酸和结合态的挥发酸。结合态的挥发酸在水蒸气蒸馏时不能蒸馏出，加入磷酸可使结合态挥发酸游离出来。

（2）蒸馏前蒸汽发生瓶中的水应先煮沸 10min，以排除发生瓶内水中的 $CO_2$，并用蒸汽冲洗整个蒸馏装置。

（3）水蒸气蒸馏装置的各个连接处要密封，切不可漏气，以防挥发酸损失。

（4）在蒸馏过程中，应注意蒸馏瓶内液面保持恒定，否则会影响测定结果。

（5）滴定时将馏出液加热至 60~65℃，使终点明显，加快反应速度，缩短滴定时间，减少溶液与空气的接触，提高测定精度。

## 交流讨论

1. 酸在食品中主要有哪些方面的作用？食品中测定酸度的意义何在？

2. 食品有效酸度和总酸度有何不同，分别应如何检测？

3. 对于颜色较深的样品，在测定其总酸度时，如何排除干扰，以保证测定的准确度？

任务九 达标自测

# 任务十

# 食品中脂肪的测定

## 任务目标

### 知识目标

了解食品中脂肪的存在形式、测定意义；了解食品中脂肪含量测定的各种方法的原理及适用范围；掌握索式提取法测定脂肪的基本原理与计算方法。

### 技能目标

学会滤纸筒的制作；学会使用索式抽提器；掌握索式提取法测定脂肪的操作要领，能测定食品中脂肪的含量。

### 素质目标

熟知专业理论和实验室安全知识，掌握专业技能；培养节约材料与试剂的习惯，树立安全至上、注重环保的岗位意识；培养对测定结果精益求精、实事求是的工匠精神。

## 任务导入

某一食品由于脂肪含量与包装上的营养标签标注不符而遭到处罚。涉案产品脂肪含量为3.2g/100g，不符合GB 28050—2011《食品安全国家标准　预包装食品营养标签通则》中低脂肪食品脂肪含量≤3g/100g（固体）的声称标准。该企业含有“低脂”内容的广告与实际情况不符，构成了发布虚假广告的行为，更因其脂肪含量不符合低脂肪食品声称标准而可能对消费者产生误导，因此，测定食品中的脂肪含量对于保护群众身体健康、保障国民健康饮食有重要的意义。

另外，脂肪是食品中重要的营养成分之一。在食品生产加工过程中，原料、半成品、成品的脂类含量直接影响到产品的外观、风味、口感、组织结构、品质等。测定食品中脂肪含量，不仅可以用来评价食品的品质，衡量食品的营养价值，而且对实现生产过程的质量管理、实行工艺监督等方面有着重要的意义。

## 相关知识

### 一、食品中脂类的存在形式和含量

食品中脂肪的存在形式有游离态的，如动物性脂肪及植物性油脂，也有结合态的，如天然存在的磷脂、糖脂、脂蛋白及某些加工食品（如焙烤食品及麦乳精等）中的脂肪，与蛋白质或碳水化合物等成分形成结合态。对大多数食品来说，游离态脂肪是主要的，结合态脂肪含量较少。常见食品的脂肪含量见表3-2。

表 3-2 常见食品的脂肪含量 单位:%（质量分数）

| 食品 | 脂肪含量 | 食品 | 脂肪含量 | 食品 | 脂肪含量 |
|---|---|---|---|---|---|
| 大米 | 0.9 | 豆浆 | 1.6 | 虾仁 | 0.7 |
| 小米 | 3.1 | 青椒 | 0.3 | 鱿鱼 | 1.6 |
| 馒头 | 1.0 | 蘑菇 | 0.1 | 海带 | 0.4 |
| 面条 | 1.6 | 胡萝卜 | 0.2 | 海参 | 0.2 |
| 油条 | 17.6 | 西蓝花 | 0.6 | 虾 | 1.3 |
| 鸡蛋 | 8.6 | 洋葱 | 0.4 | 鲫鱼 | 1.6 |
| 鸭蛋 | 13.0 | 萝卜 | 0.1 | 带鱼 | 4.9 |
| 猪肉 | 20.0 | 黄豆芽 | 1.6 | 河虾 | 2.4 |
| 牛肉 | 10.2 | 黄豆 | 16.0 | 鲤鱼 | 4.1 |
| 鸡肉 | 6.7 | 卷心菜 | 0.2 | 豆腐 | 5.3 |
| 羊肉 | 13.8 | 黄瓜 | 0.2 | 蛋糕 | 4.2 |
| 牛乳 | 3.7 | 茄子 | 0.2 | 色拉油 | 10 |

## 二、测定脂肪含量的意义和方法

脂肪是食品中重要的营养成分之一，它是人体热能的主要来源，每克脂肪在体内可提供 37.62kJ 热能，是人体摄取脂溶性维生素的介质。脂肪与蛋白质结合生成的脂蛋白，能调节人体生理机能，帮助完成体内生化反应。但脂肪摄入过量将产生肥胖，并导致一些慢性病的发生。膳食脂肪总量增加，还会增大某些癌症的发生概率。食品中的脂肪含量都有一定的规定，是食品质量管理中的一项重要指标。

测定食品的脂肪含量，可以用来评价食品的品质，衡量食品的营养价值，而且对实行工艺监督，生产过程的质量管理，研究食品的储藏方式是否恰当等方面都有重要的意义。

食品中脂肪的测定
（部分相关标准）

食品的种类不同，其中脂肪的含量及其存在形式就不相同，测定脂肪的方法也就不同。常用的方法有：索氏抽提法、酸水解法、碱水解法、巴布科克氏法、盖勃法和氯仿-甲醇提取法等。索氏抽提法是测定脂肪的经典方法，是测定多种食品脂类含量的代表性方法，但对于某些样品测定结果往往偏低。酸水解法能对包括结合态脂类在内的全部脂类进行定量测定。而碱水解法、巴布科克氏法和盖勃法主要用于乳及乳制品中脂类的测定。

### 任务实施

### 大豆中脂肪的测定

食品中脂肪的测定有索氏抽提法、酸水解法、碱水解法及盖勃法 4 种国标方法。本实训采用索氏抽提法（依据 GB 5009.6—2016《食品安全国家标准　食品中脂肪的测定》第一法）。

1. 目的要求

（1）掌握索氏抽提法测定脂肪的基本原理和测定方法。

（2）掌握索氏抽提法测定脂肪的操作要领，熟练使用索氏抽提器测定食品中脂肪的含量。

2. 操作原理

根据脂肪不溶于水而易溶于有机溶剂的性质，选用低沸点的乙醚（沸点 35℃）或石油醚（沸点 30~60℃）作溶剂，用索氏抽提器对样品中的脂肪进行提取，然后蒸去溶剂再烘干，所得到的残留物即为脂肪。由于有机溶剂从样品中抽提出的不单纯为脂肪，还含有其他脂溶性成分（如固醇、有机物和色素等），因此测定的结果应为粗脂肪的含量。

索式提取法测定脂肪含量（微课视频）

3. 用品准备

（1）索氏抽提器。

（2）电热恒温水浴（50~80℃）。

（3）烘箱（80~120℃）。

（4）分析天平：感量为 0. 1mg。

（5）无水乙醚。

（6）精制海砂。

4. 安全提醒

乙醚具有麻醉性，使用时要注意室内通风，应避免吸入。挥发乙醚时，切忌用直接火加热。烘前应驱除全部残余的乙醚。

5. 操作步骤

（1）滤纸筒的准备　取 15cm×8cm 的定性滤纸，卷成直径 2cm 的圆筒，用脱脂细白线扎住，将滤纸筒的一端折入筒内，压紧成圆筒底，取少量脱脂棉放入筒底，将滤纸筒准确称重量。

（2）试样的准备　大豆试样用粉碎机粉碎过 40 目筛，在滤纸筒内精密称取 2. 000~5. 000g，试样上放一层脱脂棉（必要时拌以海砂），并将筒的顶端纸边折入筒内，使整个滤纸筒高约 4cm。

（3）抽提　将滤纸筒装入索氏抽提器的提脂管内，连接用无水乙醚洗涤过并烘干称重的接收瓶，安装冷凝器，并在冷凝器上口放一漏斗，将无水乙醚经漏斗倒入抽提器中至接收瓶容积的 2/3 处。于约 45℃的水浴上加热，水浴温度控制乙醚的回流速度为 8~12 次/h 为宜，一般抽提 6~12h（若乙醚不够时，可自冷凝器上端补充）。抽提完，当乙醚刚发生虹吸，即停止加热，取下冷凝器，夹出滤纸筒，再装上冷凝器继续循环蒸馏一次，以洗净提脂管。继续蒸馏，待提脂管中乙醚即将回入接收瓶中，立即停止蒸馏，迅速取下接收瓶和提脂管，把另一个乙醚回收瓶置于提脂管下端的磨口接头下方，少许倾斜提脂管，乙醚即可由虹吸管而流入回收瓶。

接收瓶中若还有乙醚时，可重复几次，直至接收瓶中剩 2mL 左右乙醚时，取下接收瓶，在水浴上使乙醚完全蒸干。

（4）干燥　将蒸发后的接收瓶外壁所附的水滴用干布擦干，在烘箱中 100~105℃干燥约 1h，放干燥器中冷却 30min 后称重，并重复干燥至恒重。干燥至恒重的重复操作中，重量本应减轻，但由于被抽提的脂肪氧化反会再度增重，故在重量再度增加之前的称量值，即可作恒重值。

6. 结果计算

（1）数据记录

| 称量顺序编号 | 接收瓶质量 $m_0$/g | 样品质量 $m$/g | 接收瓶+脂肪质量 $m_1$/g | 试样中脂肪含量 $X$/（g/100g） | 试样中脂肪含量 $X$/（g/100g） |
|---|---|---|---|---|---|
| 1 | | | | | |
| 2 | | | | | |
| 3 | | | | | |
| 4 | | | | | |

（2）计算公式

$$X=\frac{m_1-m_0}{m}\times 100$$

式中　$X$——样品中脂肪的含量，%；

$m$——试样的质量（应以干燥前的样品质量计），g；

$m_1$——接收瓶和脂肪的质量，g；

$m_0$——接收瓶的质量，g。

7. 要点提示

（1）适用范围：索氏抽提法适用于脂类含量较高、主要含游离脂类，而结合态的脂类含量较少、能烘干磨细、不易吸湿结块的食品样品的测定。如肉制品、豆制品、坚果制品、谷物油炸制品、中西式糕点等的脂肪含量的检测。食品中的游离态脂肪一般都能直接被乙醚、石油醚等有机溶剂抽提，但结合态脂肪则需在一定条件下进行水解等处理，使之转变为游离态脂肪。故索氏抽提法测定的只是游离态脂肪，而结合态脂肪测定不出来。

（2）试样应干燥后研细，可用测水分后的试样来测脂肪。装试样的滤纸筒一定要紧密，试样不得外漏，否则须重做。滤纸筒的高度应低于提脂管的虹吸管高度，否则乙醚不易穿透试样，脂肪提取不全，容易引起误差。

（3）乙醚约可饱和2%的水分，含水的乙醚将会同时抽提出糖分等非脂类成分，所以必须使用无水乙醚。无水乙醚可按下法自制：在细口瓶中装1000mL乙醚，加无水石膏50g振摇数次，静置10h以上，在水浴上蒸馏，收集35℃以下的馏出液即可。

## 任务拓展

### 食品中脂肪测定的其他方法

**1. 碱水解法（依据GB 5009.6—2016）**

此法为国际标准化组织（ISO）、联合国粮农组织/世界卫生组织（FAO/WHO）等采用，为乳及乳制品等脂类定量的国际标准法。

（1）原理 利用氨–乙醇溶液破坏乳的胶体性状及脂肪球膜，使非脂成分溶解于氨–乙醇溶液中而脂肪游离出来，用乙醚和石油醚抽提样品的碱水解液，通过蒸馏或蒸发去除溶剂，测定溶于溶剂中的抽提物的质量。

（2）试剂 除非另有规定，本法所用试剂均为分析纯或以上规格，水为 GB/T 6682—2008 规定的三级水。

①淀粉酶：酶活力≥1.5U/mg。

②氨水：质量分数约 25%（可使用比此浓度更高的氨水）。

③乙醇：体积分数至少为 95%。

④乙醚：不含过氧化物，不含抗氧化剂，并满足试验的要求。

⑤石油醚：沸程 30~60℃。

⑥混合溶剂：等体积混合乙醚和石油醚，使用前制备。

⑦碘溶液：约 0.1mol/L。

⑧刚果红溶液（$C_{32}H_{22}N_6Na_2O_6S_2$）：将 1g 刚果红溶于水中，稀释至 100mL。

⑨盐酸（6mol/L）：量取 50mL 12mol/L 盐酸缓慢倒入 40mL 水中，定容至 100mL，混匀。

（3）仪器

①分析天平：感量为 0.1mg。

②离心机：可用于放置抽脂瓶或管，转速为 500~600r/min。

③电热恒温水浴。

④烘箱。

⑤抽脂瓶：抽脂瓶应带有软木塞或其他不影响溶剂使用的瓶塞（如硅胶或聚四氟乙烯）。软木塞应先浸于乙醚中，后放入 60℃或 60℃以上的水中保持至少 15min，冷却后使用。不用时需浸泡在水中，浸泡用水每天更换一次。

（4）操作步骤

①脂肪收集瓶的准备：于干燥的脂肪收集瓶中加入几粒沸石，放入烘箱中干燥 1h。然后取出冷却至室温，称量，精确至 0.1mg。

②空白试验：用 10mL 水代替试样作空白试验。

③测定：

a. 精确吸（称）取一定量样品（牛乳 10.00mL；乳粉 1~5g，用 10mL 60℃水溶解）于抽脂瓶中。

b. 加入 2.0mL 氨水，充分混合后立即将抽脂瓶放入（65±5）℃的水浴中，加热 15~20min（不时取出振荡）。取出冷却至室温。静置 30s 后可进行下一步骤。

c. 加入 10mL 乙醇，缓和但彻底地进行混合，避免液体太接近瓶颈。如果需要，可加入两滴刚果红溶液。

d. 加入 25mL 乙醚，塞上瓶塞，将抽脂瓶保持在水平位置，小球的延伸部分朝上夹到摇混器上，按约 100 次/min 振荡 1min，也可采用手动振摇方式，但均应注意避免形成持久乳化液。抽脂瓶冷却后小心地打开塞子，用少量的混合溶剂冲洗塞子和瓶颈，使冲洗液流入抽脂瓶。

e. 加入 25mL 石油醚，塞上重新润湿的塞子，按 d 中所述，轻轻振荡 30s。

f. 将加塞的抽脂瓶放入离心机中，在 500~600r/min 下离心 5min。或将抽脂瓶静止至少 30min，直到上层液澄清，并明显与水相分离。

g. 小心地打开瓶塞，用少量的混合溶剂冲洗塞子和瓶颈内壁，使冲洗液流入抽脂瓶。如果两相界面低于小球与瓶身相接处，则沿瓶壁边缘慢慢地加入水，使液面高于小球和瓶身相接处（图 3-4），以便于倾倒。

h. 将上层液尽可能地倒入已准备好的加入沸石的脂肪收集瓶中，避免倒出水层（图 3-5）。

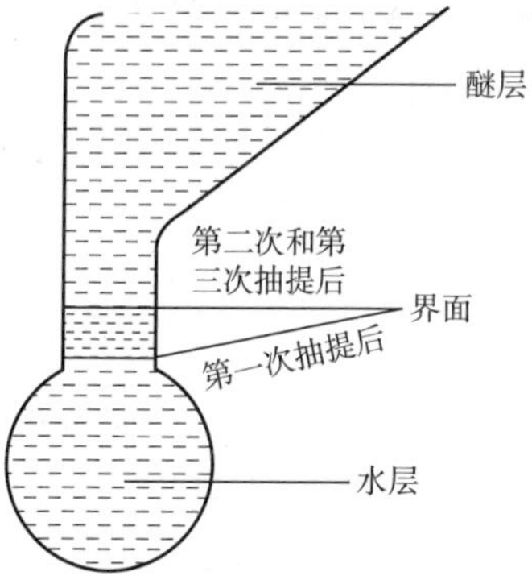


图 3-4　倾倒醚层前示意图

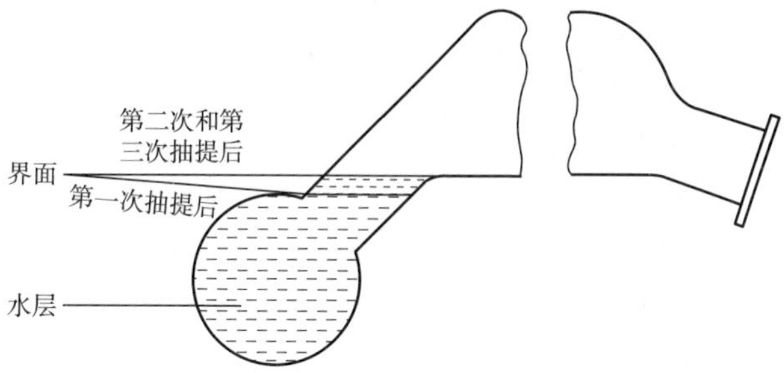


图 3-5　倒醚层后示意图

i. 用少量混合溶剂冲洗瓶颈外部，冲洗液收集在脂肪收集瓶中。要防止溶剂溅到抽脂瓶的外面。

j. 向抽脂瓶中加入 5mL 乙醇，用乙醇冲洗瓶颈内壁，按 c 所述进行混合。重复 d~i 操作，再进行第二次抽提，但只用 15mL 乙醚和 15mL 石油醚。

k. 重复 c~i 操作，再进行第三次抽提，但只用 15mL 乙醚和 15mL 石油醚。

l. 合并所有提取液，既可采用蒸馏的方法除去脂肪收集瓶中的溶剂，也可于沸水浴上蒸发至干来除掉溶剂。蒸馏前用少量混合溶剂冲洗瓶颈内部。

m. 将脂肪收集瓶放入（102±2）℃的烘箱中加热 1h，然后取出，冷却至室温，称量，精确至 0. 1mg。

n. 重复 m 操作，直到脂肪收集瓶两次连续称量差值不超过 0. 5mg，记录脂肪收集瓶和抽提物的最低质量。

o. 为验证抽提物是否全部溶解，向脂肪收集瓶中加入 25mL 石油醚，微热，振摇，直到脂肪全部溶解。如果抽提物全部溶于石油醚中，则含抽提物的脂肪收集瓶的最终质量和最初质量之差，即为脂肪含量。

p. 若抽提物未全部溶于石油醚中，或怀疑抽提物是否全部为脂肪，则用热的石油醚洗提。小心地倒出石油醚，不要倒出任何不溶物，重复此操作三次以上，再用石油醚冲洗脂肪收集瓶口的内部。最后，用混合溶剂冲洗脂肪收集瓶口的外部，避免溶液溅到瓶的外壁。将脂肪收集瓶放入（102±2）℃的烘箱中，加热 1h，按 m 和 n 中操作。

q. 取 n 中测得的质量和 p 中测得的质量之差作为脂肪的质量。

（5）结果计算

$$X = \frac{(m_1 - m_2) - (m_3 - m_4)}{m} \times 100$$

式中　$X$——样品中脂肪含量，g/100g；

$m$——样品的质量，g；

$m_1$——n 中测得的脂肪收集瓶和抽提物的质量，g；

$m_2$——脂肪收集瓶的质量，或在有不溶物存在下，p 中测得的脂肪收集瓶和不溶物的质量，g；

$m_3$——空白试验中，脂肪收集瓶和 n 中测得的抽提物的质量，g；

$m_4$——空白试验中脂肪收集瓶的质量，或在有不溶物存在时，p 中测得的脂肪收集瓶和不溶物的质量，g。

以重复性条件下获得的两次独立测定结果的算术平均值表示，结果保留 3 位有效数字。

（6）要点提示

①精密度要求。在重复性条件下获得的两次独立测定结果之差应符合：脂肪含量≥15%，≤0.3g/100g；脂肪含量 5%~15%，≤0.2g/100g；脂肪含量≤5%，≤0.1g/100g。

②乳类脂肪虽然也属游离脂肪，但因脂肪球被乳中酪蛋白钙盐包裹，又处于高度分散的胶体分散系中，故不能直接被乙醚、石油醚提取，需预先用氨水处理，故此法也称为碱性乙醚提取法。加氨水后，要充分混匀，否则会影响下一步醚对脂肪的提取。

③刚果红溶液可选择性地使用，目的是使溶剂和水相界面清晰，也可使用其他能使水相染色而不影响测定结果的溶液。

④操作时加入氨的作用是破坏脂肪球膜。加入乙醇的作用是沉淀蛋白质以防止乳化，并溶解醇溶性物质，使其留在水中避免进入醚层，影响结果。加入石油醚的作用是降低乙醚极性，使乙醚与水不混溶，只抽提出脂肪，并可使分层清晰。

⑤如果产品中脂肪的质量分数低于 5%，可只进行两次抽提。

⑥若无抽脂瓶，可用 100mL 具塞量筒代替。

**2. 盖勃法（依据 GB 5009.6—2016）**

盖勃法（酸法）是我国最常用的乳脂肪测定法。

（1）原理　在牛乳中加入硫酸破坏牛乳胶质性和覆盖在脂肪球上的蛋白质外膜，离心分离脂肪后测量其体积。

（2）试剂

①硫酸：相对密度为 1.820~1.825。

②异戊醇：分析纯。

（3）仪器

①乳脂离心机。

②盖勃乳脂计：最小刻度为 0.1%，见图 3-6。

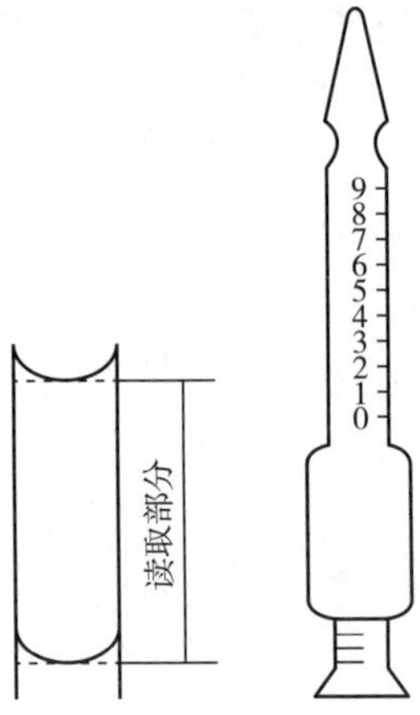

图 3-6　盖勃乳脂计示意图

（4）操作步骤

①将乳脂计置于乳脂计架上，取 10mL 硫酸注入盖勃乳脂计中（瓶口勿沾湿硫酸）。

②沿管壁小心加入 5.0mL 已混合均匀的试样。吸 6mL 水，仔细洗涤吸试样的吸管，洗液注入乳脂计中，再加入 1mL 异戊醇。

③塞紧塞子，用布把瓶口包裹住（以防振摇时酸液冲出），用拇指压住胶塞，使瓶口向下，使细部硫酸液流到乳脂计膨大部，用力振摇使呈均匀棕色液体，静置数分钟（瓶口向下）。

④置于 65～70℃ 水浴中 5min，取出擦干，放入离心机（800～1000r/min）中离心 5min，取出再置于 65～70℃ 水浴中（注意水浴水面应高于乳脂计脂肪层），5min 后取出（计口向下垂直），立即读数，即为脂肪的含量。

（5）结果计算　按照百分数乘以 2.2%，即为试样的脂肪含量。

（6）要点提示

①硫酸须在 15℃ 时相对密度为 1.820～1.825。浓度过高会使蛋白炭化，读数困难；过稀则不能使蛋白质都溶解，水相与脂肪相分离不好，脂肪就测不出来。

一般市售硫酸相对密度多为 1.84，需进行调整。硫酸相对密度与浓度的关系如下。

| | | | | | |
|---|---|---|---|---|---|
| 硫酸相对密度： | 1.84 | 1.83 | 1.825 | 1.82 | 1.815 |
| 硫酸浓度： | 96% | 92% | 91% | 90% | 89% |

②离心时乳脂计应对称地放在离心机内，转速由慢而快。当达到规定速度时，应保持速度均匀，计时 5min，停止离心。

③加酸时要小心谨慎，以防洒在桌上、衣服或手上。

④加入异戊醇为促使脂肪析出并降低脂肪球的表面张力，以利于形成连续的脂肪层。

**3. 酸水解法（依据 GB 5009.6—2016）**

（1）原理　用盐酸溶液和试样一起加热水解，使结合的或包藏在组织里的脂肪游离出来，再用有机溶液提取，干燥后称重。按下式计算：

$$w = \frac{m_1 - m_0}{m} \times 100\%$$

式中　$w$——样品中脂肪的含量，%；

$m$——试样的质量（应以干燥前的样品质量计），g；

$m_1$——接收瓶和脂肪的质量，g；

$m_0$——接收瓶的质量，g。

（2）要点提示

①本法适用于各类食品中脂肪的测定，对固体、半固体、黏稠液体或液体食品，特别是加工后容易吸湿、结块、不易烘干的食品，不能采用索氏抽提法时，用此法效果较好。但此法不适于含较多磷脂、含糖量高食品的测定。

②提取时加入乙醇可起到沉淀蛋白质，降低表面张力，促进脂肪球聚合，溶解醇溶性物质的作用。加入石油醚是为了降低乙醇在乙醚中的溶解度，使乙醇溶解物残留在水层，使分层清晰。

## 交流讨论

1. 怎样根据食品的种类选择测定脂肪含量的方法？
2. 为什么测定糕点中的脂肪时常用酸水解法？

任务十　达标自测

3. 脂肪测定中所用的抽提剂为乙醚，为什么不能含有过氧化物？

# 任务十一

# 食品中碳水化合物的测定

## 任务目标

### 知识目标

了解碳水化合物、还原糖等有关概念，理解各类碳水化合物的测定原理和方法。

### 技能目标

能正确配制和标定葡萄糖标准溶液、碱性酒石酸铜溶液；掌握还原糖提取的分离技术，掌握直接滴定法测定还原糖的操作技能。

### 素质目标

将知识、能力和正确价值观的培养有机结合，培养严谨认真、精益求精的工匠精神；提高掌握技能是为人民服务的责任感与自豪感。

## 任务导入

还原糖是果汁饮品中较为重要的参数之一，该指标可以衡量果汁饮品中原果汁含量的多少，以及鉴别果汁饮品的真伪，因此快速准确的测定果汁饮品中的还原糖，对于果汁饮品的质量控制、果汁饮品的食品安全及果汁饮品质量体系标准的建立具有重要的意义。

## 相关知识

碳水化合物也称糖类，是由 C、H、O 三种元素组成的一大类化合物，其大多数分子式可用 $C_m(H_2O)_n$ 表示，这也是碳水化合物名称的由来。糖类是人体的重要能源物质，人体所需能量的 70%以上来自糖类。一些糖还能与蛋白质或脂肪结合形成糖蛋白或糖脂等具有重要生理功能的物质。

### 一、碳水化合物的分类

碳水化合物按其化学结构，可分为单糖、低聚糖和多糖。食品中主要的单糖有葡萄糖、果糖和半乳糖，它们是含有 6 个碳原子的多羟基醛或多羟基酮，分别称为己醛糖（葡萄糖、半乳糖）和己酮糖（果糖）。低聚糖分普通低聚糖和功能性低聚糖两大类，是由 2~10 个分子的单糖通过糖苷键连接形成的直链或有支链的一类糖。蔗糖、乳糖和麦芽低聚糖等属于普通低聚糖，功能性低聚糖包括异类麦芽低聚糖、低聚半乳糖、低聚木糖、低聚果糖等。纤维素、淀粉、果胶等属于多糖，是由许多单糖缩合而成的高分子化合物。淀粉广泛存在于谷类、豆类及薯类中；纤维素集中于谷类的麸糠和果蔬的表皮中；果胶存在于各类植物的果实中。

在这些碳水化合物中，人体能消化利用的是单糖、双糖和多糖中的淀粉，称为有效碳水化合物；多糖中的纤维素、半纤维素、果胶等由于不能被人体消化利用，称为无效碳水化合物。但无效碳水化合物能促进肠道蠕动，改善消化系统机能，还能降低血糖和胆固醇，对维持人体健康有重要作用，是人们膳食中不可缺少的成分。

## 二、碳水化合物的测定意义和方法

碳水化合物是食品工业的主要原料和辅助材料，是大多数食品的主要成分之一，其对改变食品的形态、组织结构、物理化学性质以及色、香、味等感官指标起着十分重要的作用。如食品中糖酸比可以影响食品的口味；糖果中若还原糖含量不够，会出现返砂现象；糖的焦糖化作用及羰氨反应可使食品获得诱人的色泽和风味的同时，又能引起食品的褐变等。食品中糖类含量也在一定程度上标志着食品营养价值的高低，是某些食品的主要质量指标。因此分析检测食品原料或产品中碳水化合物的含量，可以为合理控制食品中的含糖量、合理配膳、控制食品加工工艺或评价食品品质等提供基础数据和依据。

食品中碳水化合物的测定（部分相关标准）

碳水化合物的测定方法很多，单糖和低聚糖的测定方法有物理法、化学法、色谱法和酶法等。物理法包括相对密度法、折射仪法和旋光法等。这些方法比较简便，对一些特定的试样或生产过程进行监控，采用此方法较为方便。化学法为常规分析方法，它包括还原糖法（直接滴定法、高锰酸钾滴定法、铁氰化钾法等）、碘量法、缩合反应法等。多糖淀粉的测定方法有酸水解法、酶水解法、旋光法等。纤维素的测定方法有重量法、酸性洗涤法、中性洗涤法等。果胶的测定方法有重量法、比色法等。化学法测得的多为糖的总量，不能确定糖的种类及每种糖的含量。

葡萄糖分子中含有游离醛基，果糖分子中含有游离酮基，乳糖和麦芽糖分子中含有游离的半缩醛羟基，因它们都具有还原性，所以把这类具有还原性的糖类称为还原糖。有些糖其本身不具有还原性（常见的蔗糖、糊精、淀粉等都属此类），但可以通过水解形成具有还原性的单糖，再进行测定，然后换算成相应糖类的含量。所以还原糖的测定是糖类测定的基础。掌握还原糖的测定是重点。

### 任务实施

### 糖果中还原糖的测定

食品中还原糖的测定有直接滴定法、高锰酸钾滴定法、铁氰化钾法及奥氏试剂滴定法四种国标法，本实训采用直接滴定法依据 GB 5009.7—2016《食品安全国家标准　食品中还原糖的测定》第一法。

1. 目的要求

（1）进一步巩固和规范氧化还原滴定操作。

（2）理解还原糖测定原理及操作要点。

（3）掌握糖果中还原糖测定的操作技能。

（4）学会控制反应条件，掌握提高还原糖测定精密度的方法。

2. 操作原理

试样经除去蛋白质后，在加热条件下，以亚甲基蓝（又称次甲基蓝）作指示剂，滴定经标定的碱性酒石酸铜溶液，还原糖将二价铜还原为氧化亚铜，待二价铜全部还原后，稍过量的还原糖将亚甲基蓝还原，溶液由蓝色变为无色，即为滴定终点。根据所消耗的样液体积，即可计算出还原糖的含量。

3. 用品准备

（1）酸式滴定管：25mL。

（2）可调式电炉，带石棉板。

（3）盐酸。

（4）碱性酒石酸铜（又称菲林试剂）甲液：称取 15g 硫酸铜（$CuSO_4 \cdot 5H_2O$）及 0.05g 亚甲基蓝，溶于水中并稀释至 1000mL。

（5）碱性酒石酸铜（菲林试剂）乙液：称取 50g 酒石酸钾钠及 75g 氢氧化钠，溶于水中，再加入 4g 亚铁氰化钾，完全溶解后，用水稀释至 1000mL，贮存于橡胶塞玻璃瓶内。

（6）葡萄糖标准溶液（1g/L）：称取 1g（精确到 0.0001g）经过 98～100℃干燥 2h 的葡萄糖，加水溶解后加入 5mL 盐酸（防止微生物生长），并以水稀释至 1000mL。此溶液每 1mL 相当于 1.0mg 葡萄糖。

4. 安全提醒

用电炉加热，操作中注意不可用沾水的手去插拔电源插头，以防触电。在溶液沸腾状态下滴定时要离锥形瓶稍高些，以防蒸汽烫手。

5. 操作步骤

（1）样品处理　准确称取 1g 样品置于 250mL 容量瓶中加水溶解定容，摇匀，即为样液。

（2）标定碱性酒石酸铜溶液　准确吸取碱性酒石酸铜甲液和乙液各 5.00mL，置于 150mL 锥形瓶中，加水 10mL，加入玻璃珠 2 粒，从滴定管滴加约 9mL 葡萄糖标准溶液，控制在 2min 内加热至沸腾，趁热以 1 滴/2s 的速度继续滴加葡萄糖标准溶液，直至溶液蓝色刚好褪去为终点。记录消耗葡萄糖标准溶液的总体积，同时平行操作 3 份，取其平均值，按式（1）计算每 10mL（甲、乙液各 5mL）碱性酒石酸铜溶液相当于葡萄糖的质量（mg）。

$$m_1 = \rho \times V_1 \qquad (1)$$

式中　$m_1$——10mL 碱性酒石酸铜溶液相当于葡萄糖的质量，mg；

$\rho$——葡萄糖标准溶液的浓度，mg/mL；

$V_1$——平均消耗还原糖标准溶液的体积，mL。

（3）试样溶液预测定　准确吸取碱性酒石酸铜甲液和乙液各 5.00mL，置于 150mL 锥形瓶中，加水 10mL，加入玻璃珠 2 粒，控制在 2min 内加热至沸腾，保持沸腾以先快后慢的速度从滴定管中滴加试样溶液，并保持溶液沸腾状态，待溶液颜色变浅时，以 1 滴/2s 的速度滴定，直至溶液蓝色刚好褪去为终点，记录消耗样液的体积。据此确定样液浓度是否合适，以便加以调整。

当样液中还原糖浓度过高时，应适当稀释再进行正式测定，使每次滴定消耗样液的体积控制在与标定碱性酒石酸铜溶液时所消耗的葡萄糖标准溶液的体积相近，约 10mL（即样液中还原糖的浓度以 0.1g/100g 为宜），结果按式（2）计算。

当浓度过低时则采取直接加入 10mL 样液，免去加水 10mL，再用葡萄糖标准溶液滴定至终点，记录消耗的体积与标定时消耗的葡萄糖标准溶液体积之差相当于 10mL 样液所含还原糖的量，结果按式（3）计算。

（4）试样溶液的测定　准确吸取碱性酒石酸铜甲液和乙液各 5.00mL，置于 150mL 锥形瓶中，加水 10mL，加入玻璃珠 2 粒，从滴定管中加入比预测体积少 1mL 的试样溶液至锥形瓶中，加热使其在 2min 内沸腾，保持沸腾继续以 1 滴/2s 的速度滴定，直至蓝色刚好褪去为终点。记录消耗样液的体积，同法平行操作 3 份，得出平均消耗体积。

### 6. 结果计算

（1）数据记录

| 项目 | 1 | 2 | 3 | 备用 |
|---|---|---|---|---|
| 取样量/（m/g） | | | | |
| 配制体积/mL | | | | |
| 二次稀释所取稀释液体积/mL | | | | |
| 二次稀释配制体积/mL | | | | |
| 样品总稀释倍数 | | | | |
| 滴定管初读数/mL | | | | |
| 滴定管终读数/mL | | | | |
| 空白消耗样品体积/mL | | | | |
| 实际消耗样品体积/mL | | | | |
| 碱性酒石酸铜甲乙液对葡萄糖的滴定度/（mg/10mL） | | | | |
| 还原糖含量 $X$/（g/100g） | | | | |
| 平均还原糖含量 $\overline{X}$/（g/100g） | | | | |

（2）计算公式

试样中还原糖（以葡萄糖计）的含量按式（2）进行计算：

$$X = \frac{m_1}{m \times \frac{V}{250} \times 1000} \times 100 \tag{2}$$

式中　$X$——试样中还原糖（以葡萄糖计）的含量，g/100g；

$m_1$——10mL 碱性酒石酸铜溶液（甲、乙液各半）相当于还原糖（以葡萄糖计）的质量，mg；

$V$——测定时平均消耗试样溶液的体积，mL；

$m$——试样的质量，g；

250——试样溶液总体积，mL。

当浓度过低时试样中还原糖的含量按式（3）计算：

$$X = \frac{m_2}{m \times \frac{10}{250} \times 1000} \times 100 \tag{3}$$

式中　$X$——试样中还原糖的含量（以葡萄糖计），g/100g；

$m$——试样的质量，g；

10——测定时加入试样溶液的体积，mL；

250——试样溶液总体积，mL；

$m_2$——标定时消耗的葡萄糖标准溶液体积与加入 10mL 样液后消耗葡萄糖标准溶液的体积之差相当于还原糖的质量（即 10mL 样液中含有的还原糖的质量），mg。

$m_2$ 按式（4）计算：

$$m_2 = \rho \times (V_1 - V_2) \tag{4}$$

式中　$\rho$——还原糖（以葡萄糖计）标准溶液的质量浓度，mg/mL；

$V_1$——标定时平均消耗还原糖标准溶液的体积，mL；

$V_2$——加入 10mL 样液后消耗还原糖标准溶液的体积，mL。

还原糖含量≥10g/100g 时计算结果保留 3 位有效数字；还原糖含量<10g/100g 时计算结果保留 2 位有效数字。

在重复性条件下获得的两次独立测定结果的绝对差值不得超过算术平均值的 10%。

7. 要点提示

（1）直接滴定法为 GB 5009.7—2016 标准第一法，是目前最常用的测定还原糖的方法，其特点是试剂用量少，操作简单、快速，滴定终点明显，适用于各类食品中还原糖的测定。但测定深色试样（如酱油、深色果汁等）时，因色素干扰，终点难以判断，影响准确性。另外因碱性酒石酸铜的氧化能力较强，可将醛糖和酮糖都氧化，所以本法测得的是总还原糖量，包括葡萄糖、果糖、乳糖、麦芽糖等，只是结果用葡萄糖或其他转化糖的方式表示。

（2）碱性酒石酸铜甲液和乙液应分别配制和储存，临用时混合。否则酒石酸钾钠铜络合物长期在碱性条件下会慢慢分解析出氧化亚铜沉淀，使试剂有效浓度降低。在碱性酒石酸铜乙液中加入亚铁氰化钾，是为了使所生成的 $Cu_2O$ 的红色沉淀与之形成可溶性的无色络合物，使终点便于观察。

$$Cu_2O\downarrow + K_4Fe(CN)_6 + H_2O = K_2Cu_2Fe(CN)_6 + 2KOH$$

（3）滴定时需保持沸腾状态，一是可以加速还原糖与 $Cu^{2+}$ 的反应速度；二是反应液沸腾使上升蒸汽阻止空气侵入溶液，避免亚甲基蓝和氧化亚铜被氧化而增加耗糖量。因为次甲基蓝变色反应是可逆的，无色的还原型亚甲基蓝遇空气中氧时又会被氧化成蓝色的氧化型亚甲基蓝。氧化亚铜也极不稳定，易被空气氧化。

（4）滴定至终点，亚甲基蓝被还原糖所还原，蓝色消失，呈淡黄色，放置一段时间，接触空气中的氧，亚甲基蓝被氧化，溶液的颜色又重新变成蓝色，此时不应再滴定。

（5）本法对滴定操作条件要求很严格，测定中热源强度、加热时间、滴定速度、锥形瓶壁厚、预加入大致体积、终点的确定方法都要尽量一致。如整个滴定工作必须控制在3min内完成，因此应将滴定所需体积的绝大部分样液先加入碱性酒石酸铜溶液中共沸，使其充分反应，仅留1mL左右进行滴定，并判断终点，以减少操作误差；对碱性酒石酸铜溶液的标定、试样液预测及测定的操作条件均应力求保持一致；滴定时不能随意摇动锥形瓶，更不能把锥形瓶从热源上取下来滴定，以防空气进入反应液中。

（6）平行试验中样液消耗量相差不应超过0.1mL。

（7）分别用葡萄糖、果糖、乳糖、麦芽糖标准品配制标准溶液分别滴定等量已标定的碱性酒石酸铜溶液，所消耗标准溶液的体积有所不同，说明即便同是还原糖，在物化性质上仍有所差别，所以还原糖的结果只是反映样品整体情况，并不完全等于各还原糖含量之和。如果已知样品只含有某种还原糖，则应以该还原糖做标准品，结果为该还原糖的含量。如果样品中还原糖的成分未知，或为多种还原糖的混合物，则以某种还原糖做标准品，结果以该还原糖计，但不代表该糖的真实含量。

（8）本方法测定时，滴定管盛装溶液由还原糖标准溶液再换装样液，比较麻烦，而测定浓度很稀的样液时的反滴定法，滴定管内的溶液就不需要更换，只用标准还原糖溶液即可。故可用反滴定法测定样液的还原糖含量，具体操作是：预测定和测定时直接准确加入一定体积的样液，然后用标准还原糖溶液滴定；同时计算出标定碱性酒石酸铜溶液时消耗的还原糖标准溶液体积与加入一定体积样液后消耗还原糖标准溶液的体积之差相当于还原糖的质量（即一定体积样液中含有的还原糖的质量），然后按式（3）进行计算，计算中将式（3）中的10（mL）换成所加入的样液的体积数即可。

（9）不同试样的处理方法如下。

①一般食品：称取粉碎后的固体试样2.5~5g或混匀后的液体试样5~25g，精确到0.001g，置于250mL容量瓶中，加50mL水，慢慢加入5mL乙酸锌溶液及5mL亚铁氰化钾溶液，加水至刻度，混匀，静置30min，用干燥滤纸过滤，弃去初滤液，取续滤液备用。

②酒精性饮料：称取约100g混匀后的试样，精确到0.01g，置于蒸发皿中，用氢氧化钠（40g/L）溶液中和至中性，在水浴上蒸发至原体积的1/4后，移入250mL容量瓶中，以下按①中自“慢慢加入5mL乙酸锌溶液……”起依法操作。

③含大量淀粉的食品：称取10~20g粉碎后或混匀后的试样，精确到0.001g，置于250mL容量瓶中，加200mL水，在45℃水浴中加热1h，并时时振摇。取出冷却后加水至刻度，混匀、静置、沉淀。吸取200mL上层清液于另一个250mL容量瓶中，以下按①中自“慢慢加入5mL乙酸锌溶液……”起依法操作。

④碳酸类饮料：称取约100g混匀后的试样，精确到0.01g，试样置于蒸发皿中，在水浴上微热搅拌除去二氧化碳后，移入250mL容量瓶中，并用水洗涤蒸发皿，洗液并入容量瓶中，再加水至刻度，混匀后，备用。

（10）样品提取液的澄清。经过预处理的样品液，还含有色素、少量蛋白质、可溶性果胶、有机酸、氨基酸单宁等，导致提取液混浊，影响测定，故需加入一定量澄清剂混匀沉淀，静置后过滤得到澄清的提取液。

常用的澄清剂有中性醋酸铅（饱和浓度为30%，使用浓度自定，用于除蛋白质、可溶性果胶、有机酸、单宁等，还能凝聚其他胶体）、乙酸锌和亚铁氰化钾溶液（用于澄清除蛋白质）、0.3mol/L 硫酸铜和 1mol/L 氢氧化钠溶液（用于澄清除蛋白质）等。

使用澄清剂时应根据样液的种类、干扰成分的种类及含量进行选择，同时还要考虑所采用的分析方法。如用直接滴定法测定时不能用硫酸铜-氢氧化钠溶液，以免在样液中引入 $Cu^{2+}$；用高锰酸钾滴定法测定时不能用乙酸锌-亚铁氰化钾溶液，以免在样液中引入 $Fe^{2+}$。另外，澄清剂的用量要适当。用量太少，达不到澄清的目的；用量太多，会使检测结果产生误差。如用铅盐澄清剂时，过量的铅会使分析结果失真，甚至在水解转化加热时，铅将与糖类反应，生成铅糖，产生误差。要使误差减为最小，过量的铅还需加入除铅剂将其除去，以提高分析结果的准确性。常用的除铅剂有草酸钾、草酸钠、硫酸钠、磷酸氢二钠等，其用量亦不宜过多，应在保证使铅完全沉淀的前提下尽量少用。

雪碧饮料中
还原糖含量的测定
（实操视频）

## 任务拓展

### 一、还原糖测定的其他方法

在此介绍高锰酸钾滴定法（依据 GB 5009.7—2016《食品安全国家标准　食品中还原糖的测定》第二法）。

**1. 原理**

将一定量的经除去蛋白质后的样液与过量的碱性酒石酸铜完全反应，还原糖生成定量的氧化亚铜沉淀。过滤并清洗沉淀后，用过量的酸性硫酸铁溶液溶解氧化亚铜，硫酸铁被定量地还原成硫酸亚铁：

$$Cu_2O+Fe_2(SO_4)_3+H_2SO_4 = 2CuSO_4+2FeSO_4+H_2O$$

再用高锰酸钾标准溶液去滴定生成的硫酸亚铁，终点为粉红色。

$$10FeSO_4+2KMnO_4+8H_2SO_4 = 5Fe_2(SO_4)_3+K_2SO_4+2MnSO_4+8H_2O$$

根据高锰酸钾标准溶液的消耗量，计算氧化亚铜的质量，再查“氧化亚铜质量相当于葡萄糖、果糖、乳糖、转化糖的质量表”（附录五）得出相当于还原糖的质量，从而计算出试样中还原糖的含量。计算公式如下：

$$m'=c\times(V-V_0)\times 71.54$$

$$X_1=\frac{m_3}{m_4\times\frac{V_1}{250}\times 1000}\times 100$$

式中　$m'$——试样中还原糖质量相当于氧化亚铜的质量，mg；

$V$——测定试样液消耗高锰酸钾标准溶液的体积，mL；

$V_0$——空白试验消耗高锰酸钾标准溶液的体积，mL；

$c$——高锰酸钾标准溶液的浓度，mol/L；

71.54——1mL 高锰酸钾标准溶液［$c(1/5KMnO_4)=0.1000$mol/L］相当于氧化亚铜的质量（即 0.1mmol 高锰酸钾相当于氧化亚铜的质量），mg；

$X_1$——试样中还原糖含量，g/100g；

$m_3$——由 $m'$ 查附录五得出的相当于还原糖的质量，mg；

$m_4$——试样质量，g；

$V_1$——测定用试样液的体积，mL；

250——试样处理后的总体积，mL。

**2. 要点提示**

（1）本法准确度高、重现性好，准确度和重现性都优于直接滴定法，适用于各类食品中还原糖的测定，有色样液也不受限制。但本法操作复杂、费时，须使用专用的检索表。

（2）测定必须严格按规定的操作条件进行。控制好热源强度，保证在4min内加热至沸，保持沸腾时间也须控制在2min内，否则误差很大。可先取水50mL，加碱性酒石酸铜甲、乙液各25mL，调节好热源强度，使其在4min内加热至沸，维持热源强度不变，再正式测定。

（3）由于所用碱性酒石酸铜溶液是过量的，所以煮沸后的溶液应保持蓝色（酒石酸钾钠铜络离子）。如不显蓝色，说明样液含糖浓度过高，应调整样液的浓度，或减少样液取用体积，或重新操作，而不能增加碱性酒石酸铜甲、乙液的用量。

（4）在过滤和洗涤氧化亚铜沉淀的整个过程中，应使沉淀始终在液面下，使沉淀上层保持一层水层，以隔绝空气，避免氧化亚铜暴露于空气中而被氧化。

（5）碱性酒石酸铜甲、乙液应分别存放，临用时等量混合，以免在碱性溶液中氢氧化铜被酒石酸钾钠缓慢地还原而析出氧化亚铜沉淀，影响测定准确度。

（6）样品处理时常用的澄清剂有中性乙酸铅溶液、乙酸锌和亚铁氰化钾溶液及硫酸铜和氢氧化钠溶液。用乙酸铅作澄清剂时，若样液中残留有铅离子，其会与果糖结合使测定结果偏低，可加入草酸钠或草酸钾等除铅。本法是以反应中产生的定量的 $Fe^{2+}$ 为计算依据，故不宜采用乙酸锌和亚铁氰化钾作澄清剂，以免引入 $Fe^{2+}$，只能用硫酸铜和氢氧化钠溶液作澄清剂。

（7）在古氏坩埚或G4垂熔坩埚中铺的精制石棉必须密实，以免使氧化亚铜沉淀损失。

（8）试样中的还原糖既有单糖也有麦芽糖或乳糖等双糖时，还原糖的测定结果会偏低，这主要是因为双糖的分子中仅含有一个还原基所致。

（9）还原糖与碱性酒石酸铜溶液的反应过程十分复杂，除按前述反应式进行外，还伴随有副反应。此外，不同的还原糖还原能力也不同，反应生成的氧化亚铜量也不相同。因此，不能根据生成的氧化亚铜量按反应式直接计算出还原糖含量，而需利用经验检索表。

## 二、食品中蔗糖和总糖的测定

**1. 蔗糖的测定**

在食品生产中，为判断原料的成熟度，鉴别白糖、蜂蜜等食品原料的品质以及控制糖果、果脯、加糖乳制品等产品的质量指标，常常需要测定蔗糖的含量。蔗糖的测定方法有高效液相色谱法、离子色谱法和酸水解法。对于纯度较高的蔗糖溶液，可用相对密度法、折射率法、旋光法等物理检验法测定。在此仅介绍酸水解法（依据GB 5009.8—2023《食品安全国家标准　食品中果糖、葡萄糖、蔗糖、麦芽糖、乳糖的测定》）。

（1）原理　样品脱脂后，用水或乙醇提取，提取液经澄清处理以除去蛋白质等杂质，再用盐酸将蔗糖水解转化为还原糖：

$$C_{12}H_{22}O_{11}+H_2O = C_6H_{12}O_6+C_6H_{12}O_6$$
$$342 \qquad\qquad\qquad 180 \qquad 180$$

按还原糖测定方法分别测定水解前后样液中还原糖含量，两者差值即为转化糖（由蔗糖水解产生的还原糖量）的含量，其乘以换算系数 0.95 $\left(即\dfrac{342}{2\times180}\right)$，即为蔗糖的含量。

（2）试剂

①盐酸（1+1）：量取 50mL 盐酸，缓慢加入 50mL 水中，冷却后混匀。

②甲基红指示剂（1g/L）：称取甲基红 0.1g，用少量乙醇溶解后，定容到 100mL。

③氢氧化钠溶液（200g/L）：称取 20g 氢氧化钠加水溶解后，放冷，并定容到 100mL。

④其余试剂同直接滴定法或高锰酸钾滴定法。

（3）仪器　同直接滴定法或高锰酸钾滴定法。

（4）操作步骤　取一定量的试样，按直接滴定法或高锰酸钾滴定法进行处理。吸取经处理后的试样两份各 50mL，分别置于 100mL 容量瓶中。其中一份加 5mL 盐酸溶液（1+1），在 68~70℃水浴中加热 15min，取出迅速冷却至室温，加 2 滴甲基红指示剂，用氢氧化钠溶液（200g/L）中和至中性，加水至刻度，摇匀。另一份直接用水稀释到 100mL，按直接滴定法或高锰酸钾滴定法测定还原糖含量。

（5）结果计算　以直接滴定法测定试样中葡萄糖的含量，按下式计算蔗糖含量：

$$X=\frac{(m_2-m_1)\times0.95}{m\times\dfrac{50}{V_1}\times\dfrac{V_2}{100}\times1000}\times100$$

式中　$X$——试样中蔗糖的含量，g/100g；

$m_1$——未经水解的样液中还原糖质量，mg；

$m_2$——经水解后的样液中还原糖质量，mg；

$V_1$——样品处理液的总体积，mL；

$V_2$——测定还原糖取用样品处理液的体积，mL；

$m$——样品质量，g；

0.95——还原糖（以葡萄糖计）换算成蔗糖的系数。

蔗糖含量≥10g/100g 时计算结果保留 3 位有效数字；蔗糖含量<10g/100g 时计算结果保留 2 位有效数字（即计算结果保留至小数点后一位）。

（6）要点提示

①本方法为 GB 5009.8—2023 中第三法，蔗糖在本方法规定条件下，可以完全水解，其他还原性双糖不水解，原有的单糖不被破坏。所以，必须严格控制水解条件，以保证结果的准确性与重现性。

②果糖在酸性溶液中易分解，故水解结束后应立即取出并迅速冷却中和。

③用还原糖法测定蔗糖时，为减少误差，测得的还原糖可以转化糖表示，所以用直接滴定法时，碱性酒石酸铜溶液的标定需采用蔗糖标准溶液按测定条件水解后进行标定。

④碱性酒石酸铜溶液的标定：

a. 称取 105℃烘干至恒重的纯蔗糖 1.000g，用蒸馏水溶解并定容至 500mL，混匀。此标准溶液 1mL 相当于纯蔗糖 2mg。

b. 吸取上述蔗糖标准溶液 50mL 于 100mL 容量瓶中，加 5mL 盐酸溶液（1+1），在 68~70℃水浴中加热 15min，取出迅速冷却至室温，加 2 滴甲基红指示剂，用氢氧化钠溶液（200g/L）中和至中性，加水至刻度，摇匀。此液 1mL 相当于纯蔗糖 1mg。

c. 取经水解的蔗糖标准溶液，按直接滴定法标定碱性酒石酸铜溶液。

$$m_2 = \frac{m_1 \times V}{0.95}$$

式中 $m_2$——10mL 碱性酒石酸铜溶液相当于转化糖质量，mg；

$m_1$——1mL 蔗糖标准水解液相当于蔗糖质量，mg；

$V$——标定中消耗蔗糖标准水解液的体积，mL；

0.95——蔗糖换算为转化糖的系数。

⑤若选用高锰酸钾滴定时，查附录五时应查转化糖项。

**2. 总糖的测定**

许多食品中共存多种单糖和低聚糖等。对这些糖分别测定是不易的，也是不必要的。通常往往只需知其总量，即所谓的“总糖”。食品中的总糖通常是指食品中存在的具有还原性的糖（如葡萄糖、果糖、乳糖等）或在测定条件下能水解为还原性单糖的碳水化合物的总量。

总糖是麦乳精、果蔬罐头、巧克力、软饮料等许多食品的重要质量指标，其含量直接影响食品的质量及成本。因而总糖是食品生产中的常规检验项目。

总糖的测定通常是以还原糖的测定方法为基础，常用的方法是直接滴定法，也可用蒽酮比色法等。直接滴定法简易、快捷，是一种经典的检测方法，其原理和操作方法如下，依据 GB 5009.8—2023。

（1）原理　试样经处理除去蛋白质等杂质后，加入稀盐酸在加热条件下使蔗糖水解转化为还原糖，再以直接滴定法测定水解后试样中还原糖的总量。

（2）仪器与试剂　同蔗糖测定。

（3）操作步骤

①试样处理：同还原糖测定（直接滴定法）。

②测定：按测定蔗糖的方法水解试样，再按直接滴定法测定还原糖含量。

（4）结果计算

$$X = \frac{m_2}{m \times \frac{50}{V_1} \times \frac{V_2}{100} \times 1000} \times 100$$

式中 $X$——试样中总糖的含量（以转化糖计），g/100g（或 g/100mL）；

$m_2$——10mL 碱性酒石酸铜溶液相当于转化糖的质量，mg；

$m$——样品质量或体积，g 或 mL；

$V_1$——试样处理液总体积，mL；

$V_2$——测定时消耗的试样水解液体积，mL。

（5）要点提示

①总糖测定结果一般根据产品质量指标要求，以转化糖或葡萄糖计。那么，碱性酒石酸铜的标定就应用相应的糖的标准溶液来进行标定。即用转化糖表示时，应用标准转化糖

溶液标定碱性酒石酸铜溶液；用葡萄糖表示时，则应用标准葡萄糖溶液标定。

②转化糖即是水解后的蔗糖，因蔗糖的旋光性是右旋的，而水解后所得的葡萄糖和果糖的混合物是左旋的，这种旋光性的变化称转化，因而称水解后的蔗糖为转化糖。

## 三、食品中淀粉的测定

淀粉含量是某些食品的主要质量指标，是食品生产管理中常做的分析项目。其测定常用的方法为酶水解法和酸水解法，它是根据淀粉在酶或酸的作用下水解为葡萄糖后，再按还原糖测定方法进行测定，然后折算成淀粉含量。此外，也可利用淀粉的旋光性来测定淀粉的含量。下面介绍酶水解法，依据 GB 5009.9—2023《食品安全国家标准　食品中淀粉的测定》第一法。

**1. 原理**

样品分别用乙醚或石油醚除去脂肪、乙醇除去可溶性糖类后，在淀粉酶的作用下，淀粉水解为低分子糊精和麦芽糖，再用盐酸进一步水解，得到最终水解产物葡萄糖：

$$\underset{162n}{(C_6H_{10}O_5)_n} + nH_2O = \underset{180n}{n(C_6H_{12}O_6)}$$

然后按还原糖的测定方法进行测定，所得结果乘以换算系数 0.9（即 162n/180n），即为淀粉的含量。按下式计算：

$$X = \frac{(m_1 - m_2) \times 0.9}{m \times \frac{50}{250} \times \frac{V}{100} \times 1000} \times 100$$

式中　$X$——试样中淀粉的含量，g/100g；

$m_1$——测定用试样（样品水解液）中葡萄糖的质量，mg；

$m_2$——试剂空白中葡萄糖的质量，mg；

$m$——称取试样质量，g；

$V$——测定用试样处理液（水解液）体积，mL；

0.9——以葡萄糖计换算成淀粉的换算系数。

计算结果保留至小数点后一位。

**2. 要点提示**

（1）淀粉酶具有专一性和选择性，只能使淀粉水解成麦芽糖，而不会水解其他多糖，水解后可以过滤除去其他多糖，所以酶水解法不受半纤维素、果胶等多糖的干扰，适合于其他多糖含量高的样品。其结果准确可靠，重现性好，但是酶催化活力的稳定性受 pH 和温度的影响很大，且操作烦琐、费时，使用上受到了一定程度的限制。

（2）脂肪会妨碍酶对淀粉的作用及可溶性糖的去除，故应先用乙醚或石油醚除掉。试样中脂肪含量较少时，可省去乙醚溶解和洗去脂肪的操作。若试样为液体，则采用分液漏斗振摇后，静置分层，去除乙醚层。

（3）样品先用乙醚或石油醚除脂肪，再用 85% 乙醇除可溶性糖类，以防止淀粉随可溶性糖类一起被洗掉。

（4）淀粉酶使用前，应先确定其活力及水解时加入量。可用已知浓度的淀粉溶液少许，加入一定量淀粉酶溶液，置 55~60℃ 水浴中保温 1h，用碘液检验淀粉是否水解完全，以确定酶的活力及水解时的用量。另外由于淀粉酶溶液配制后活力降低较快，应临用新配，并贮存于冰箱中。在使用时，如温度高于85℃或有酸或碱存在，则会失去活力。

（5）淀粉粒具有晶格结构，淀粉酶难以作用，加热糊化可破坏淀粉的晶格结构，使其易于被淀粉酶作用。

（6）回流装置的冷凝管应较长，以保证水解过程中盐酸不会挥发，保持一定的浓度。

（7）淀粉的水解程序与碘的呈色反应如下。

水解程序：淀粉→蓝糊精→红糊精→消失糊精→麦芽糖→葡萄糖。

呈色反应：紫蓝色→蓝色→红色→无色→无色→无色。

## 四、食品中膳食纤维的测定

膳食纤维为植物的可食部分，不能被人体小肠消化吸收，对人体有健康意义，植物性食品中聚合度≥3的碳水化合物和木质素等聚合物的总和，包括纤维素、半纤维素、果胶、菊粉等。根据溶解性，膳食纤维被分为可溶性膳食纤维（Soluble Dietary Fiber，简称SDF）和不溶性膳食纤维（Insoluble Dietary Fiber，简称IDF），其中不溶性膳食纤维在食物中含量最为丰富，主要包括纤维素、半纤维素、木质素、角质素等，谷物的麸皮、薯、豆类及蔬菜、水果等食品都是不溶性膳食纤维的良好来源；可溶性膳食纤维则富含于燕麦、大麦、水果和一些豆类中。食物中的膳食纤维含量与植物成熟度、食品加工程度有关。

膳食纤维在维持人体健康、预防疾病方面所起的独特作用已被越来越多的研究所证实，成为人类膳食中不可缺少的重要物质之一。自20世纪80年代以来，西方一些国家已陆续将膳食纤维作为一种功能性食品原料用于食品工业，现在市场上标明富含膳食纤维的食物和保健食品越来越多。因此膳食纤维的测定对食品生产、食品开发以及食品营养价值评定等具有重要意义。

膳食纤维的测定方法主要有酶-重量法。下面介绍酶-重量法测定食品中总的、可溶性和不溶性膳食纤维，依据GB 5009.88—2023《食品安全国家标准　食品中膳食纤维的测定》。

**1. 原理**

取干燥试样，经α-淀粉酶、蛋白酶和葡萄糖苷酶酶解消化以去除蛋白质和淀粉，酶解后样液用乙醇沉淀、过滤，残渣用乙醇和丙酮洗涤，干燥后物质称重即为总膳食纤维（Total Dietary Fiber，简称TDF）残渣；另取试样经上述三种酶酶解后直接过滤，残渣用热水洗涤，经干燥后称重，即得不溶性膳食纤维残渣；滤液用4倍体积的95%乙醇沉淀、过滤、干燥后称重，得可溶性膳食纤维残渣。以上所得残渣干燥称重后，分别测定蛋白质和灰分。总膳食纤维（TDF）、不溶性膳食纤维（IDF）和可溶性膳食纤维（SDF）的残渣扣除蛋白质、灰分和空白即可计算出试样中总、不溶性和可溶性膳食纤维的含量。

**2. 结果计算**

（1）空白的质量按下式计算：

$$m_B = \frac{m_{BR_1} + m_{BR_2}}{2} - m_{P_B} - m_{A_B}$$

式中　$m_B$——空白的质量，mg；

$m_{BR_1}$、$m_{BR_2}$——双份空白测定的残渣质量，mg；

$m_{P_B}$——残渣中蛋白质质量，mg；

$m_{A_B}$——残渣中灰分质量，mg。

（2）试样中膳食纤维的含量按下式计算：

$$X = \frac{[(m_{R_1} + m_{R_2})/2] - m_p - m_A - m_B}{(m_1 + m_2)/2} \times 100$$

式中 $X$——试样中膳食纤维的含量，g/100g；

$m_{R_1}$、$m_{R_2}$——双份试样残渣的质量，mg；

$m_p$、$m_A$——分别为试样残渣中蛋白质和灰分的质量，mg；

$m_B$——空白的质量，mg；

$m_1$、$m_2$——试样的质量，mg。

（3）总膳食纤维（TDF）、不溶性膳食纤维（IDF）、可溶性膳食纤维（SDF）均用上式计算。

**3. 要点提示**

本方法适于一般食物（如谷类、蔬菜等）和保健食品的测定，是目前国际上应用最广泛的方法。但该方法测定总膳食纤维是根据膳食纤维不溶于酶解液，可从4倍体积的95%乙醇混合液分离出来，由于一些低分子量膳食纤维（聚合度3~12）如菊糖、低聚果糖、低聚半乳糖、聚葡萄糖、抗性糊精、抗性寡糖等可部分或全部溶解在乙醇溶液里，不能用该法测定，因为用该法测定的结果偏低。

### 交流讨论

1. 测定还原糖时，不做预备滴定与做预备滴定有什么不同？溶液一直保持沸腾滴定与加热后离开热源滴定，滴定结果有什么不同？滴定终点后，离开热源，放置一段时间，溶液的颜色有什么变化？为什么？是否要继续滴定？

2. 请对还原糖的几种测定方法的适用范围进行比较。

3. 糖的测定除了介绍的这几种方法外，还有什么更好的方法？与这几种方法比较有什么优点？

任务十一　达标自测

# 任务十二

## 食品中蛋白质和氨基酸的测定

### 任务目标

#### 知识目标

了解蛋白质的组成，理解蛋白质系数、氨基酸和氨基酸态氮等概念；掌握凯氏定氮法、甲醛值法的基本原理与计算方法。

#### 技能目标

会采样，能进行样品的处理；会用凯氏定氮法测定豆乳饮料中蛋白质的含量；会用甲醛值法测定酱油中氨基酸态氮含量；能熟练使用磁力搅拌器、酸度计、微量滴定管等仪器。

食品中蛋白质和氨基酸的测定（部分相关标准）

## 素质目标

熟知基础理论和实验室安全知识，掌握专业技能，树立“质量第一、安全至上”的信念；遵守国家食品安全法规；增强掌握技能是为人民服务的责任感与自豪感。

## 任务导入

2008年，一些营养成分严重不足的伪劣乳粉充斥农村市场，这些被封查的乳粉中脂肪、蛋白质和碳水化合物等基本营养物质不及国家标准的1/3，其中蛋白质含量仅为1%，食用这样的乳粉会给婴儿的发育带来不良影响。食用三个月可能导致婴儿发育迟缓，食用五个月就会给婴儿的健康产生较为长远的负面影响，食用七八个月后可能造成现有医疗水平难以完全修复的损伤。由于食用这些乳粉，当地出现了严重营养不良的“大头娃娃”。按照事发当时GB/T 5410—2008《乳粉（奶粉）》理化标准要求，乳粉中蛋白质含量应该不少于非脂乳固体的34%。（现行GB 19644—2010《食品安全国家标准　乳粉》规定，乳粉中蛋白质含量亦应不少于非脂乳固体的34%）

为了保障婴幼儿的身体健康，加强乳制品的检测势在必行。通过严格测定，保障乳制品的品质，提升消费者对国产乳粉的信任度，从而提升民族自信心与自豪感。

## 相关知识

### 一、食品中蛋白质的组成及含量

蛋白质是由多种不同的$\alpha$-氨基酸通过肽链相互连接而成的，并具有多种多样的二级和三级结构。其所含的主要化学元素为C、H、O、N，在某些蛋白质中还含有微量的P、Cu、Fe、I等元素，但含氮则是蛋白质区别其他有机化合物的主要标志。

不同的食品，其蛋白质的含量各不相同。一般说来动物性食品的蛋白质含量高于植物性食品，如牛肉中蛋白质含量为20.0%左右，猪肉为9.5%，鸡肉为20%，牛乳为3.5%，黄鱼为17.0%，带鱼为18.0%，大豆为40%，稻米为8.5%，面粉为9.9%，菠菜为2.4%，黄瓜为1.0%，柑橘为0.9%，桃为0.8%，苹果为0.4%，油菜为1.5%左右。

不同的蛋白质，其氨基酸构成比例及方式不同，故含氮量也不同。一般蛋白质含氮为16%，即1份氮相当于6.25份蛋白质，此数值（6.25）称为蛋白质系数。不同种类食品的蛋白质系数有所不同，见本节任务实施中结果计算部分。

### 二、蛋白质测定的意义和方法

蛋白质是生命的物质基础，是构成生物体细胞组织的重要成分，是生物体发育及修补组织的原料，其对调节生理功能，维持新陈代谢起着极其重要的作用。人及动物只能从食品中得到蛋白质及其分解产物，来构成自身的蛋白质，故蛋白质是人体重要的营养物质，也是食品中的重要营养成分。

食品中蛋白质含量的高低是食品质量的重要指标，对于评价食品的营养价值、合理开发利用食品资源、提高产品质量、优化食品配方、指导经济核算及生产过程控制均具有极重要的意义。

测定蛋白质含量的方法原理可分为两大类：一类是利用蛋白质的共性，即含氮量、肽键和折射率测定蛋白质含量；另一类是利用蛋白质中特定氨基酸残基、酸性和碱性基团以及芳香基团等测定蛋白质含量。最常用的凯氏定氮法就是以测定食品含氮量而确定其蛋白质含量。该法由 Kieldahl 于 1833 年首先提出，经长期改进，迄今已演变成常量法、微量法、改良凯氏定氮法、自动定氮仪法、半微量法等多种方法。2008 年“三鹿”乳粉的三聚氰胺事件，凸显了凯氏定氮法的弱点，即仅以含氮量的测定值乘以一定系数得出蛋白质含量，却不明含氮物质的成分。尽管如此，作为传统的检测方法，其仍然是测定有机氮的最准确和操作较简便的方法之一，在国内外应用普遍。此外，双缩脲分光光度比色法、染料结合分光光度比色法、酚试剂法等也常用于蛋白质含量测定，由于方法简便快速，多用于生产单位质量控制分析。近年来，市面上出现了多种氨基酸分析仪，使得氨基酸快速测定的理想成为现实。

从食品安全角度谈
蛋白质检测的成长之路
（思政微课）

## 任务实施

### 一、红糖中蛋白质的测定

GB 5009.5—2016《食品安全国家标准　食品中蛋白质的测定》中规定了凯氏定氮法、分光光度法和燃烧法三种方法。本实训采用凯氏定氮法，依据 GB 5009.5—2016《食品安全国家标准　食品中蛋白质测定》第一法。

凯氏定氮仪的操作
（实操视频）

红糖中蛋白质含量测定
（实操视频）

#### 1. 目的要求

（1）了解蛋白质和蛋白质系数的概念。

（2）掌握凯氏定氮法的基本原理与计算方法，清楚本方法中硫酸铜和硫酸钾的作用。

（3）能熟练连接、使用定氮装置等仪器设备，掌握凯氏定氮法的操作要领。

（4）会用凯氏定氮法测定食品中蛋白质含量。

#### 2. 操作原理

样品与浓硫酸和催化剂一同加热消化，使蛋白质分解，产生的氨与硫酸结合成硫酸铵。加碱将消化液碱化，使氨游离出来，再通过水蒸气蒸馏法使氨蒸出，用硼酸吸收形成硼酸铵。然后以标准盐酸或硫酸溶液滴定。根据标准酸消耗量乘以换算系数，即为蛋白质含量。

3. 用品准备

（1）天平：感量为 1mg。

（2）定氮蒸馏装置。

（3）自动凯氏定氮仪。

（4）硫酸铜（$CuSO_4 \cdot 5H_2O$）。

（5）硫酸钾（$K_2SO_4$）。

（6）硫酸（$H_2SO_4$ 密度为 1.84g/L）。

（7）硼酸（$H_3BO_3$）。

（8）甲基红指示剂（$C_{15}H_{15}N_3O_2$）。

（9）溴甲酚绿指示剂（$C_{21}H_{14}Br_4O_5S$）。

（10）亚甲基蓝指示剂（$C_{16}H_{18}ClN_3S \cdot 3H_2O$）。

（11）氢氧化钠（NaOH）。

（12）95%乙醇（$C_2H_5OH$）。

（13）硼酸溶液（20g/L）：称取 20g 硼酸，加水溶解后并稀释至 1000mL。

（14）氢氧化钠溶液（400g/L）：称取 40g 氢氧化钠加水溶解后，放冷，并稀释至 100mL。

（15）硫酸标准滴定溶液（0.0500mol/L）或盐酸标准滴定溶液（0.0500mol/L）。

（16）甲基红乙醇溶液（1g/L）：称取 0.1g 甲基红，溶于 95%乙醇，用 95%乙醇稀释至 100mL。

（17）亚甲基蓝乙醇溶液（1g/L）：称取 0.1g 亚甲基蓝，溶于 95%乙醇，用 95%乙醇稀释至 100mL。

（18）溴甲酚绿乙醇溶液（1g/L）：称取 0.1g 溴甲酚绿，溶于 95%乙醇，用 95%乙醇稀释至 100mL。

（19）混合指示剂：2 份甲基红乙醇溶液（16）与 1 份亚甲基蓝乙醇溶液（17）临用时混合。也可用 1 份甲基红乙醇溶液（16）与 5 份溴甲酚绿乙醇溶液（18）临用时混合。

4. 安全提醒

因为消化过程温度可达 400℃，所以操作时要注意避免烫伤；消化过程会产生二氧化硫等有毒气体，所以一定要在通风橱中进行，还要保持实验室通风良好，避免中毒；消化结束后，不要把凯氏烧瓶直接放在实验台上，一是温度高会烫坏实验台，二是凯氏烧瓶遇冷会炸裂，应把凯氏烧瓶放在木质的支架上，直到冷却至室温。

5. 操作步骤

（1）消化　准确称取红糖试样 5g，小心移入干燥洁净的 100mL 或者 250mL 凯氏烧瓶中，加入研细的硫酸铜 0.2g、硫酸钾 6g 和浓硫酸 20mL，轻轻摇匀，按图 3-7 安装消化装置，并将其以 45°角斜支于有小孔的石棉网上。用电炉以小火加热，待内容物全部炭化，泡沫停止产生后，加大火力，保持瓶内液体微沸，至液体变蓝绿色并澄清透明后，再继续加热微沸 0.5~1h。取下冷却，小心加入 20mL 蒸馏水，放冷后，转移至 100mL 容量瓶，用少量水三次冲洗凯氏烧瓶，洗液也转移至容量瓶，定容。

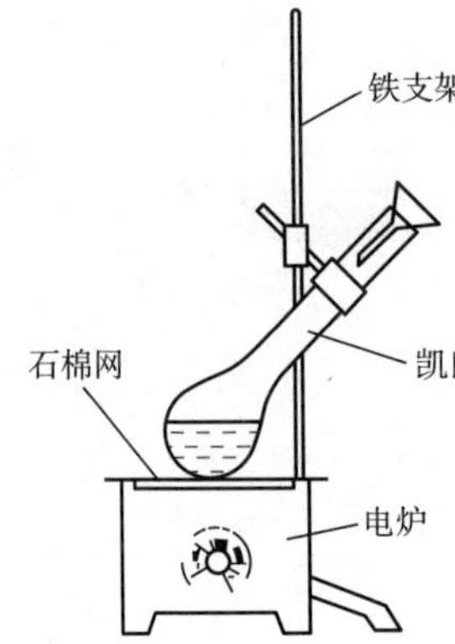


图 3-7　凯氏定氮消化装置图

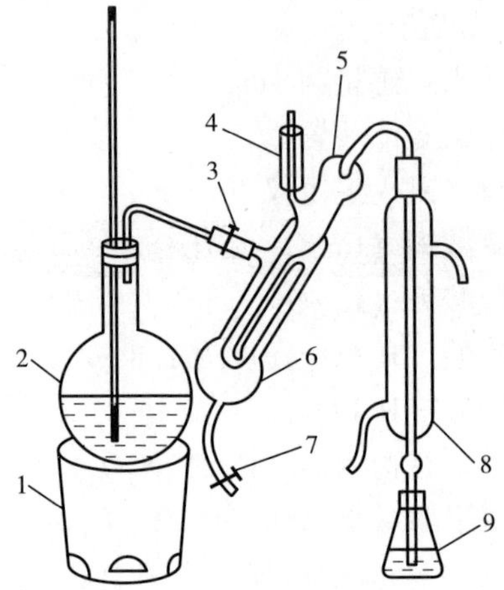


图 3-8　定氮蒸馏装置图

1—电炉　2—水蒸气发生器（2L 烧瓶）　3—螺旋夹
4—小玻杯及棒状玻塞　5—反应室　6—反应室外层
7—橡皮管及螺旋夹　8—冷凝管　9—蒸馏液接收瓶

（2）蒸馏　按图 3-8 连接定氮蒸馏装置，塞紧瓶口，冷凝管下端插入吸收瓶液面下（瓶内预先装入 20g/L 硼酸溶液 10mL 及混合指示剂 2～3 滴）。准确吸取 2.0～10.0mL 试样处理液由小玻杯注入反应室，以 10mL 水洗涤小玻杯并使之流入反应室内，随后塞紧棒状玻塞。将 400g/L 的氢氧化钠溶液 10mL 倒入小玻杯，提起玻塞使其缓缓流入反应室，立即将玻塞盖紧，并加水于小玻杯以防漏气。夹紧螺旋夹，开始蒸馏。

蒸馏 10min 后移动蒸馏液接收瓶，液面离开冷凝管下端，再蒸馏 1min。然后用少量水冲洗冷凝管下端外部，取下蒸馏液接收瓶。

（3）滴定　以硫酸或盐酸标准滴定溶液滴定至终点。其中 2 份甲基红乙醇溶液与 1 份亚甲基蓝乙醇溶液混合指示剂，颜色由紫红色变成灰色，pH 5.4；1 份甲基红乙醇溶液与 5 份溴甲酚绿乙醇溶液混合指示剂，颜色由酒红色变成绿色，pH 5.1。同时做试剂空白。

**6. 结果计算**

$$X = \frac{c \times (V_1 - V_2) \times 0.014}{m \times \frac{V_3}{100}} \times F \times 100\%$$

式中　$X$——试样中蛋白质的含量，g/100g；

$c$——HCl 标准溶液的浓度，mol/L；

$V_1$——滴定样品吸收液时消耗盐酸标准溶液体积，mL；

$V_2$——滴定空白吸收液时消耗盐酸标准溶液体积，mL；

$V_3$——吸取消化液的体积，mL；

$m$——样品质量，g；

0.014——$\frac{1}{2}N_2$ 的毫摩尔质量，g/mmol；

$F$——氮换算为蛋白质系数。一般食物为 6.25；纯乳与纯乳制品为 6.38；面粉为 5.70；玉米、高粱为 6.24；花生为 5.46；大米为 5.95；大豆及其粗加工制品为5.71；大豆蛋白制品为6.25；肉与肉制品为6.25；大麦、小米、燕麦、裸麦为5.83；芝麻、向日葵为5.30；复合配方食品为6.25。

以重复性条件下获得的两次独立测定结果的算术平均值表示，蛋白质含量≥1g/100g时，结果保留3位有效数字；蛋白质含量<1g/100g时，结果保留2位有效数字。

在重复性条件下获得的两次独立测定结果的绝对差值不得超过算术平均值的10%。

**7. 要点提示**

（1）本法不适用于添加无机含氮物质、有机非蛋白质含氮物质的食品测定。

（2）本法所用试剂溶液应用无氨蒸馏水配制。

（3）消化时注意事项如下。

①消化不要用强火，应保持和缓沸腾，注意不断转动凯氏烧瓶，以便利用冷凝酸液将附在瓶壁上的固体残渣洗下并促进其消化完全。

②样品中若含脂肪或糖较多时，消化过程中易产生大量泡沫，为防止泡沫溢出瓶外，在开始消化时应用小火加热，并不断摇动；或者加入少量辛醇或液体石蜡或硅油消泡剂，同时注意控制热源强度。

③当样品消化液不易澄清透明时，可将凯氏烧瓶冷却，加入30%过氧化氢2~3mL，再继续加热消化。

④一般消化至呈透明后，继续消化30min即可，但对于含有特别难以氨化的氮化合物的样品，如含赖氨酸、组氨酸、色氨酸、酪氨酸或脯氨酸等时，需适当延长消化时间。有机物如分解完全，消化液呈蓝色或浅绿色，但含铁量多时，呈较深绿色。

⑤在消化反应中，为了加速蛋白质的分解，缩短消化时间，常加入硫酸钾和硫酸铜等物质。其中硫酸钾的加入起到提高溶液的沸点，加快有机物分解的作用。硫酸铜起催化剂作用，且可指示消化反应的完成。凯氏定氮法中可用的催化剂种类很多，除硫酸铜外，还有氧化汞、汞、硒粉等，但考虑到效果、价格及环境污染等多种因素，应用最广泛的是硫酸铜。使用时常加入少量过氧化氢、次氯酸钾等作为氧化剂以加速有机物的氧化分解。

（4）蒸馏时注意事项如下。

①蒸馏装置不能漏气。

②蒸馏前若加碱量不足，消化液呈蓝色不生成氢氧化铜沉淀，此时需再增加氢氧化钠用量。

③蒸馏完毕后，应先将冷凝管下端提离液面清洗管口，再蒸1min后关掉热源，否则可能造成吸收液倒吸。

④硼酸吸收液的温度不应超过40℃，否则对氨的吸收作用减弱而造成损失，此时可置于冷水浴中使用。

⑤当取样量较大，如干试样超过5g，可按每克试样5mL的比例增加硫酸用量。

⑥混合指示剂在碱性溶液中呈绿色，在中性溶液中呈灰色，在酸性溶液中呈红色。

## 二、酱油中氨基酸态氮的测定

氨基酸态氮指的是以氨基酸形式存在的氮，其含量是酱油产品分级的重要指标。

本实训采用甲醛值法，依据GB 5009.235—2016《食品安全国家标准　食品中氨基酸态氮的测定》。

### 1. 目的要求

（1）了解氨基酸和氨基酸态氮的概念。

（2）明确甲醛值法的基本原理与计算方法。

（3）掌握甲醛值法测定酱油中氨基酸态氮的操作要领。

（4）能熟练使用酸度计、磁力搅拌器、微量滴定管等仪器设备。

### 2. 操作原理

氨基酸具有酸性的—COOH 和碱性的—$NH_2$，它们相互作用而使氨基酸成为中性的内盐。当加入甲醛溶液时，—$NH_2$ 与甲醛结合使其碱性消失。然后以强碱标准溶液来滴定—COOH，用酸度计确定终点，用间接的方法确定氨基酸总量。

### 3. 用品准备

（1）酸度计。

（2）磁力搅拌器。

（3）微量滴定管（10mL）。

（4）甲醛溶液（36%）：不含聚合物。

（5）氢氧化钠标准溶液（0.0500mol/L）。

### 4. 安全提醒

甲醛有毒易挥发，实验时要佩戴口罩，在通风橱中操作，保持实验室通风良好。

### 5. 操作步骤

（1）采样及样品处理

①采样

瓶装酱油：随机抽取 1 瓶。

散装酱油：混匀后抽取约 500mL 于洁净、干燥的密封容器中。

②试样稀释。吸取 5.0mL 试样，置于 100mL 容量瓶中，加水至刻度，混匀定容待用。

（2）装置准备　按要求安装好滴定装置并校正酸度计。

（3）测定

①试样滴定：吸取 20.0mL 试样稀释液，置于 200mL 烧杯中，加水 60mL，放入搅拌棒，置于磁力搅拌器上，插入电极，开动磁力搅拌器。用 0.0500mol/L NaOH 标准溶液滴定至酸度计指示 pH 8.2，记下消耗氢氧化钠标准溶液的体积（据此可计算总酸含量）。再加入 10.0mL 甲醛溶液，混匀，用 0.0500mol/L 氢氧化钠标准溶液继续滴定至 pH 9.2，记下消耗氢氧化钠标准溶液的毫升数。

②空白滴定：取 80mL 水，用 0.0500mol/L NaOH 标准溶液滴定至酸度计指示 pH 8.2，再加入 10.0mL 甲醛溶液，混匀，用 0.0500mol/L NaOH 标准溶液继续滴定至 pH 9.2，记下消耗氢氧化钠标准溶液的体积。

### 6. 结果计算

$$x=\frac{(V_2-V_1)\times c\times 0.014}{5\times V_3/100}\times 100$$

式中　$x$——试样中氨基酸态氮的含量，g/100mL；

$c$——氢氧化钠标准溶液的浓度，mol/L；

$V_1$——测定用试样稀释液加入甲醛后消耗氢氧化钠标准溶液体积，mL；

$V_2$——空白实验加入甲醛后消耗氢氧化钠标准溶液体积，mL；

$V_3$——试样稀释液取用量，mL；

0.014——$\frac{1}{2}N_2$的毫摩尔质量，g/mmol。

计算结果保留2位有效数字。

在重复条件下获得的两次独立测定结果绝对差值不超过算术平均值的10%。

**7. 要点提示**

（1）酱油中氨基酸态氮的测定也可用比色法，见GB 5009.235—2016。

（2）要控制适当的滴定速度。因为酸度计检测速度比较慢，因而不能连续滴定。尤其是快接近终点的时候。此外，在接近终点附近时，每次的滴入量应减少。

（3）插入酸度计电极时不要触及磁力搅拌器的搅拌棒，以免碰坏。

**任务拓展**

## 一、蛋白质的快速检测法

蛋白质的快速检测法有双缩脲分光光度比色法、染料结合分光光度比色法、水杨酸比色法、折射仪法、旋光法及近红外光谱法等。新一代微电脑的智能化分光光度计具有浓度直读功能及数据处理能力，能自动地将检测样品与标准进行比较，并直接给出样品的浓度。下面介绍双缩脲分光光度比色法。

**1. 原理**

当脲被小心地加热至150～160℃时，可由两个分子间脱去一个氨分子而生成二缩脲（也称双缩脲），双缩脲与碱及少量硫酸铜溶液作用生成紫红色的配合物，此反应称为双缩脲反应。由于蛋白质分子中含有肽键（—CO—NH—），与双缩脲结构相似，故也能呈现此反应而生成紫红色配合物，在一定条件下其颜色深浅与蛋白质含量成正比，据此可用吸收光度法来测定蛋白质含量，该配合物的最大吸收波长为560nm。

**2. 试剂**

（1）碱性硫酸铜溶液。

①以甘油为稳定剂：将10mL 10mol/L KOH和3.0mL甘油加到937mL蒸馏水中，剧烈搅拌，同时慢慢加入50mL 40g/L硫酸铜（$CuSO_4 \cdot 5H_2O$）溶液。

②以酒石酸钾钠作稳定剂：将10mL 10mol/L KOH和20mL 250g/L酒石酸钾钠溶液加到930mL蒸馏水中，剧烈搅拌，同时慢慢加入40mL 40g/L硫酸铜溶液。

配制试剂加入硫酸铜溶液时，必须剧烈搅拌，否则将生成氢氧化铜沉淀。

（2）四氯化碳（$CCl_4$）。

**3. 仪器**

（1）分光光度计。

（2）离心机（4000r/min）。

**4. 操作步骤**

（1）标准曲线的绘制　以采用凯氏定氮法测出蛋白质含量的样品作为标准蛋白质样。按蛋白质含量40，50，60，70，80，90，100，110mg分别称取混合均匀的标准蛋白质样于8支50mL纳氏比色管中，然后各加入1mL四氯化碳，再用碱性硫酸铜溶液（①或②）准确稀释50mL，振摇10min，静置1h，取上层清液离心5min。取离心分离后的透明液于比色皿中，在560nm波长下以蒸馏水作参比液调节仪器零点并测定各溶液的吸光度$A$，以蛋白质的含量为横坐标，吸光度$A$为纵坐标绘制标准曲线。

（2）样品的测定　准确称取样品适量（使得蛋白质含量在40~110mg）于50mL纳氏比色管中，加1mL四氯化碳，按上述步骤显色后，在相同条件下测其吸光度$A$。用测得的$A$值在标准曲线上即可查得蛋白质质量，进而由此求得蛋白质含量。

**5. 结果计算**

$$X = \frac{m_1 \times 100}{m}$$

式中　$X$——蛋白质含量，mg/100g；

$m_1$——由标准曲线上查得的蛋白质质量，mg；

$m$——样品质量，g。

**6. 要点提示**

（1）本法灵敏度较低，但比凯氏定氮法费用低、速度快，可在不到30min的时间内完成（凯氏定氮法至少需要2h才能完成），是分析蛋白质最简单的方法。本法亦适用于豆类、油料、米谷等作物种子及肉类等样品测定。

（2）蛋白质的种类不同，对发色程度的影响不大。

（3）标准曲线做完整之后，无须每次再做标准曲线。

（4）含脂肪高的样品应预先用醚抽出弃去。

（5）样品中有不溶性成分存在时，会给比色测定带来困难，此时可预先将蛋白质抽出后再进行测定。

（6）当肽链中含有脯氨酸时，若有大量糖类共存，则显色不好，会使测定值偏低。

## 二、双指示剂甲醛滴定法测定氨基酸态氮

**1. 原理**

氨基酸因含—COOH与—$NH_2$而具有两性。当加入甲醛溶液时，—$NH_2$与甲醛结合，而使其碱性消失，这样就可以用强碱标准溶液来滴定—COOH，并用间接的方法测定氨基酸总量。因采用两种指示剂，故称为双指示剂甲醛滴定法。

**2. 试剂**

（1）中性甲醛溶液（40%）：以百里酚酞作指示剂，用氢氧化钠将40%甲醛中和至淡蓝色。

（2）百里酚酞指示剂：百里酚酞乙醇溶液（1g/L）。

（3）中性红指示剂：中性红50%乙醇溶液（1g/L）。

（4）NaOH标准溶液（0.1mol/L）。

**3. 仪器**

实验室常用仪器。

**4. 操作方法**

移取含氨基酸20~30mg的样品溶液2份，分别置于250mL锥形瓶中，各加50mL蒸馏

水，其中1份加入3滴中性红指示剂，用0.1mol/L NaOH标准溶液滴定至由红变为琥珀色为终点；另1份加入3滴百里酚酞指示剂及中性甲醛溶液20mL，摇匀，静置1min，用0.1mol/L NaOH标准溶液滴定至淡蓝色为终点。分别记录两次所消耗的碱液体积。

**5. 结果计算**

$$w = \frac{(V_2 - V_1) \times c \times 0.014}{m} \times 100$$

式中 $w$——氨基酸态氮的质量分数,%；

$c$——氢氧化钠标准溶液的浓度，mol/L；

$V_1$——用中性红作指示剂滴定时消耗氢氧化钠标准溶液体积，mL；

$V_2$——用百里酚酞作指示剂滴定时消耗氢氧化钠标准溶液体积，mL；

$m$——测定用样品溶液相当于样品的质量，g；

0.014——$\frac{1}{2}N_2$的毫摩尔质量，g/mmol。

**6. 要点提示**

（1）此法适用于食品中的游离氨基酸的测定。

（2）固体样品应先进行粉碎，准确称样后用水萃取，然后测定萃取液。液体试样如酱油、饮料等可直接吸取试样进行测定。萃取可在50℃水浴中进行0.5h即可。

（3）若样品颜色较深，可加适量活性炭脱色后再测定，或用电位滴定法进行测定。

（4）与本法类似的还有单指示剂（百里酚酞）甲醛滴定法，此法用标准碱完全中和—COOH时的pH为8.5~9.5，但分析结果稍偏低，即双指示剂法的结果更准确。

### 交流讨论

1. 消化过程中加入硫酸铜、硫酸钾有什么作用？怎样控制消化过程中产生的泡沫？

2. 试结合2008年的三聚氰胺案件，分析凯氏定氮法测定蛋白质存在哪些不足？请提出凯氏定氮法的改进建议。

任务十二　达标自测

## 任务十三

## 食品中维生素的测定

### 任务目标

#### 知识目标

了解维生素的分类、来源及测定意义；掌握几种维生素的测定原理、方法和注意事项。

#### 技能目标

能运用不同分析方法对食品中常见维生素的含量进行测定。

## 素质目标

掌握专业技能，提升自主探究和团队合作的学习能力，培养精益求精的科学态度和爱岗敬业的工作作风，遵守国家法律法规及企业的各项规章制度，提高岗位自豪感与责任心。

## 任务导入

维生素是人和动物为维持正常的生理功能，而必须从食物中获得的一类微量的有机物质，在人体生长、代谢、发育过程中发挥着重要的作用。虽然维生素在人体内的含量很少，但是不可或缺，并且这类物质由于体内不能合成或合成量不足，大部分必须经由食物供给才能满足机体的需要，这就对我们的合理膳食安排、均衡营养提出了很大的要求。

## 相关知识

### 一、食品中的维生素及其作用

食品中维生素的种类很多，已发现的就有几十种。根据维生素溶解性的不同，将其分为脂溶性维生素（如维生素 A、维生素 D、维生素 E、维生素 K 等）和水溶性维生素（B 族维生素和维生素 C）两大类。在这些维生素中，对人体有重要作用但又较易缺乏的是维生素 A、维生素 D、维生素 E、维生素 $B_1$、维生素 $B_2$、烟酸、维生素 $B_6$ 和维生素 C。

食品中维生素的测定（部分相关标准）

维生素不是构成组织细胞的原料，也不是人体的能源物质，维生素大部分是人体各种酶的辅酶辅基，通过酶的作用来调控人体的物质代谢和能量代谢。各种维生素都有其不同的生理生化功能，如维生素 C 是一种已糖醛基酸，具有抗坏血病的作用，又称抗坏血酸，包括还原型抗坏血酸和脱氢抗坏血酸。维生素 C 具有较强的还原性，对光敏感，氧化后的产物（脱氢型抗坏血酸）仍然具有生理活性，在碱性条件下进一步水解则生成 2,3-二酮古洛糖酸，失去生理作用。在食品中，这三种形式均有存在，但主要是前两者。维生素 C 广泛存在于新鲜的植物组织中。人体所需维生素 C 的主要来源是新鲜蔬菜与水果。维生素 C 含量较高的鲜果之一是刺梨，比被称“维 C 之王”的猕猴桃高得多。蔬菜类中含维生素 C 突出的是红尖辣椒。酸枣及其他枣类、山楂、柠檬、草莓、橙子、蒜苗、青辣椒、香椿、苦瓜、番茄、菠菜等都是常见的维生素 C 含量较多的果蔬。维生素 D 主要存在于海鱼等动物性食物，植物性食物几乎不含有维生素 D。人体中的维生素 D，除了来源于食物之外，还来源于自身的合成制造，即在阳光的照射下由存在于皮肤下的 7-脱氢胆固醇直接合成。所以维生素 D 又被称为“阳光维生素”。维生素 D 具抗佝偻病作用，对人体骨骼生长、矿物质的新陈代谢及钙磷吸收等方面的生理活性作用已被科学研究所证实。人们对其重要性的认识，促使食品工业中出现了越来越多的维生素 D 强化食品，比较多见的是添加于牛乳、乳制品、饮料、饼干、糖果中。但维生素 D 的强化若过量，则会出现中毒症状，如食欲下降、恶心和消瘦等。

## 二、测定食品中维生素的意义和方法

维生素是维持人体正常生理功能所必需的一类有机化合物，是生物体新陈代谢过程中必不可少的微量物质。人体需要的维生素只有少数几种可在人体内合成，大多数都需从食物中摄取。如摄取维生素不足，就会出现营养缺乏症状或某些疾病，但摄入过多也会引起中毒。由于没有任何一种食品含有可以满足人体所需的全部维生素，故人们必须靠合理搭配日常饮食，来获取适量的各种维生素。测定食品中维生素的含量，对于评价食品营养价值、寻找富含维生素的食品资源、监督和指导维生素强化剂量以及指导人们合理调整膳食结构，从而防止维生素缺乏症或维生素中毒等都具有十分重要的意义。

维生素含量的测定方法有化学法、仪器法、微生物法和生物鉴定法。其中比色法、荧光光度法、紫外可见分光光度法等是多种维生素的标准分析方法。

### 任务实施

### 不同果蔬中维生素 C 含量的测定

果蔬及其制品中维生素 C 含量的测定方法主要有 2,4-二硝基苯肼比色法、2,6-二氯靛酚滴定法、高效液相色谱法和荧光法。其中高效液相色谱法可以同时测定还原抗坏血酸和脱氢抗坏血酸的含量，干扰少，准确度高，选择性好，操作简单快速，是目前方法中最先进和可靠的方法，但需要大型仪器；荧光法和 2,6-二氯靛酚滴定法只能测定还原型抗坏血酸的含量。

本实训采用 2,6-二氯靛酚滴定法，依据 GB 5009.86—2016《食品安全国家标准　食品中抗坏血酸的测定》第三法。

1. 目的要求

（1）掌握 2,6-二氯靛酚滴定法测定还原型抗坏血酸的原理和方法。

（2）掌握滴定法测定果蔬中维生素 C 含量的操作要领。

（3）了解不同水果和蔬菜中维生素 C 的含量。

2. 操作原理

用蓝色的碱性染料 2,6-二氯靛酚标准溶液对含还原型抗坏血酸的试样酸性浸出液进行氧化还原滴定，2,6-二氯靛酚被还原为无色，当到达滴定终点时，多余的 2,6-二氯靛酚在酸性介质中显浅红色，由 2,6-二氯靛酚的消耗量计算样品中还原型抗坏血酸的含量。

3. 用品准备

（1）粉碎机。

（2）偏磷酸（20g/L）：称取 20g 偏磷酸，用水溶解并定容至 1L。

（3）草酸溶液（20g/L）：溶解 20g 草酸（$H_2C_2O_4$）于 700mL 水中，稀释至 1000mL。

（4）2,6-二氯靛酚（2,6-二氯靛酚钠盐）溶液：称取碳酸氢钠 52mg 溶解在 200mL 热蒸馏水中，然后称取 2,6-二氯靛酚 50mg 溶解在上述碳酸氢钠溶液中。冷却并用水定容至 250mL，过滤至棕色瓶内，于 4~8℃环境中保存。每次使用前，用标准抗坏血酸溶液标定其滴定度。

（5）抗坏血酸标准溶液：称取100mg（精确至0.1mg）抗坏血酸标准品，溶于偏磷酸溶液或草酸溶液并定容至100mL。该储备液在2~8℃避光条件下可保存一周。

（6）不同的果蔬鲜样。

### 4. 安全提醒

粉碎机是具有安全隐患的设备，在使用过程中应注意安全防护。

### 5. 操作步骤

（1）2,6-二氯靛酚（2,6-二氯靛酚钠盐）溶液的标定　准确吸取1mL抗坏血酸标准溶液于50mL锥形瓶中，加入10mL偏磷酸溶液或草酸溶液，摇匀，用2,6-二氯靛酚溶液滴定至粉红色15s不褪色。同时另取10mL偏磷酸溶液或草酸溶液做空白试验。2,6-二氯靛酚溶液的滴定度按下式计算：

$$T = \frac{\rho \times V}{V_1 - V_0}$$

式中　$T$——2,6-二氯靛酚溶液的滴定度，即每毫升2,6-二氯靛酚溶液相当于抗坏血酸的毫克数，mg/mL；

$\rho$——抗坏血酸标准溶液的质量浓度，mg/mL；

$V$——吸取抗坏血酸标准溶液的体积，mL；

$V_1$——滴定抗坏血酸标准溶液所消耗2,6-二氯靛酚溶液的体积，mL；

$V_0$——滴定空白所消耗2,6-二氯靛酚溶液的体积，mL。

（2）样品的制备　全部操作过程应避光。称取具有代表性样品的可食部分100g，放入粉碎机中，加入100g偏磷酸溶液或草酸溶液，迅速捣成匀浆。准确称取10~40g匀浆样品（精确至0.01g）于烧杯中，用偏磷酸溶液或草酸溶液将样品转移至100mL容量瓶，并稀释至刻度，摇匀后过滤。若滤液有颜色，可按每克样品加0.4g白陶土脱色后再过滤。

（3）样品测定　准确吸取10mL滤液于50mL锥形瓶中，用标定过的2,6-二氯靛酚溶液滴定，直至溶液呈粉红色15s不褪色。同时做空白试验。

### 6. 结果计算

（1）数据记录

**理化检测原始记录**

| | | | |
|---|---|---|---|
| 报检号 | | 品名 | |
| 样品数量 | | 验迄日期 | |
| 检验项目 | | 检验依据 | |
| 主要仪器 | | 试验环境 | ℃　　　%RH |
| 标准品名称、编号及有效期 | | | |

检测：　　　　　　　　　　　　　　复核：

（2）计算公式

①维生素 C 的含量按下式计算：

$$X = \frac{(V - V_0) \times T \times A}{m} \times 100$$

式中 $X$——试样中还原型抗坏血酸含量，mg/100g；

$V$——滴定试样所消耗 2,6-二氯靛酚溶液的体积，mL；

$V_0$——滴定空白所消耗 2,6-二氯靛酚溶液的体积，mL；

$T$——2,6-二氯靛酚溶液的滴定度，即每毫升 2,6-二氯靛酚溶液相当于抗坏血酸的毫克数，mg/mL；

$A$——稀释倍数；

$m$——试样质量，g。

计算结果以重复性条件下获得的两次独立测定结果的算术平均值表示，结果保留 3 位有效数字。

②进行不同果蔬中维生素 C 含量的比较。

**7. 要点提示**

（1）在操作过程中样品处理步骤一定要快，避免维生素 C 的氧化，因为维生素 C 具有还原性，还要向样品中加入草酸溶液，保护维生素 C。

（2）对于抗坏血酸标准溶液要现用现配，尽量精确，避免维生素 C 氧化，避免因为标准溶液的误差造成的误差。

（3）整个操作过程要迅速，防止还原型抗坏血酸被氧化。滴定过程一般不超过 2min。滴定所用的 2,6-二氯靛酚不应小于 1mL 或多于 4mL，如果样品含维生素 C 太高或太低时，可酌情增减样液用量或改变提取液稀释度。

（4）本实验必须在酸性条件下进行。在此条件下，干扰物反应进行得很慢，减少了测定误差。

## 任务拓展

## 一、食品中胡萝卜素的测定

胡萝卜素是人体所需的重要营养素，因其能在体内转化为维生素 A，发挥维生素 A 的作用，所以又称其为维生素 A 原。天然胡萝卜素主要来源于深绿色或红黄色的蔬菜和水果中，有 $\alpha$，$\beta$，$\gamma$ 等多种异构体，以 $\beta$-胡萝卜素含量最高，活性最强。$\beta$-胡萝卜素本身也是一种色素，在 450nm 波长处有最大吸收，据此可对其定性和定量。但由于植物体内的胡萝卜素常与叶绿素、叶黄素等共存，在提取 $\beta$-胡萝卜素时，这些色素也能被有机溶剂提取，因此，测定前必须先将胡萝卜素与其他色素完全分离。常用的测定 $\beta$-胡萝卜素的方法有高效液相色谱法，依据 GB 5009.83—2016《食品安全国家标准　食品中胡萝卜素的测定》。

**1. 原理**

试样经皂化使胡萝卜素释放为游离态，用石油醚萃取二氯甲烷定容后，采用反相色谱法分离，外标法定量。

**2. 试剂**

（1）α-淀粉酶：酶活力≥1.5U/mg。

（2）木瓜蛋白酶：酶活力≥5U/mg。

（3）氢氧化钾（KOH）。

（4）无水硫酸钠（$Na_2SO_4$）。

（5）抗坏血酸（$C_6H_8O_6$）。

（6）石油醚：沸程30~60℃。

（7）甲醇（$CH_4O$）：色谱纯。

（8）乙腈（$C_2H_3N$）：色谱纯。

（9）甲基叔丁基醚［$CH_3OC(CH_3)_3$］：色谱纯。

（10）三氯甲烷（$CHCl_3$）：色谱纯。

（11）二氯甲烷（$CH_2Cl_2$）：色谱纯。

（12）无水乙醇（$C_2H_6O$）：优级纯。

（13）正己烷（$C_6H_{14}$）：色谱纯。

（14）2,6-二叔丁基-4-甲基苯酚（$C_{15}H_{24}O$，BHT）。

（15）β-胡萝卜素标准储备液（500μg/mL）：准确称取β-胡萝卜素标准品50mg（精确到0.1mg），加入0.25g BHT，用二氯甲烷溶解，转移至100mL棕色容量瓶中定容至刻度。准确测定其浓度，标定如下：

取标准储备液10.0μL，加正己烷3.00mL，混匀。以正己烷为空白调吸光度零点，比色杯厚度为1cm，在450nm波长处测吸光度，平行测定三次，取平均值。按下式计算浓度：

$$\rho = \frac{A}{E} \times \frac{3.01}{0.01}$$

式中　ρ——β-胡萝卜素标准溶液浓度，μg/mL；

A——平均吸光度；

E——β-胡萝卜素在正己烷溶液中，入射光波长450nm，比色杯厚度1cm，溶液浓度为1μg/L的吸光系数，为0.2638；

3.01/0.01——测定过程中稀释倍数的换算。

（16）β-胡萝卜素标准中间液（100μg/mL）：从β-胡萝卜素标准储备液中准确移取10.0mL溶液于50mL棕色容量瓶中，用二氯甲烷定容至刻度。

（17）β-胡萝卜素标准工作液：从β-胡萝卜素标准中间液中分别准确移取0.50，1.00，2.00，3.00，4.00，10.00mL溶液至6个100mL棕色容量瓶。用二氯甲烷定容至刻度，得到浓度为0.5，1.0，2.0，3.0，4.0，10μg/mL的系列标准工作液。

**3. 仪器**

（1）匀浆机。

（2）高速粉碎机。

（3）恒温振荡水浴箱：控温精度±1℃。

（4）氮吹仪。

（5）紫外可见分光光度计。

（6）高效液相色谱仪：带紫外检测器。

**4. 操作步骤**

以下步骤需在避光条件下进行。

（1）样品预处理

①普通食品试样准确称取混合均匀的试样 1～5g（精确至 0.001g），油类准确称取 0.2～2g（精确至 0.001g），转至 250mL 锥形瓶中，加入 1g 抗坏血酸、75mL 无水乙醇，于（60±1）℃水浴振荡 30min。

②皂化：加入 25mL 氢氧化钾溶液，盖上瓶塞。置于已预热至（53±2）℃恒温振荡水浴箱中，皂化 30min，取出，静置，冷却到室温。

③试样萃取：将皂化液转入 500mL 分液漏斗中，加入 100mL 石油醚，轻轻摇动，排气，盖好瓶塞，室温下振荡 10min 后静置分层，将水相转入另一分液漏斗中按上述方法进行第二次提取。合并有机相，用水洗至近中性。弃水相，有机相通过无水硫酸钠过滤脱水。滤液收入 500mL 蒸发瓶中，于旋转蒸发器上（40±2）℃减压浓缩，近干。用氮气吹干，用移液管准确加入 5.0mL 二氯甲烷，盖上瓶塞，充分溶解提取物。经 0.45μm 膜过滤后，弃出初始约 1mL 滤液后收集至进样瓶中，备用。

（2）高效液相色谱条件设定　参考色谱条件如下。

①色谱柱：$C_{18}$ 柱，柱长 250mm，，内径 4.6mm，粒径 5μm，或等效柱。

②流动相：三氯甲烷：乙腈：甲醇＝3：12：85，含抗坏血酸 0.4g/L，经 0.45μm 膜过滤后备用。

③流速：2.0mL/min。

④检测波长：450nm。

⑤柱温：（35±1）℃。

⑥进样体积：20μL。

（3）标准曲线绘制　将 β-胡萝卜素标准工作液注入 HPLC 仪中，以保留时间定性，测定峰面积。以标准系列工作液浓度为横坐标，峰面积为纵坐标绘制标准曲线，计算回归方程。β-胡萝卜素标准品液相色谱图如图 3-9 所示。

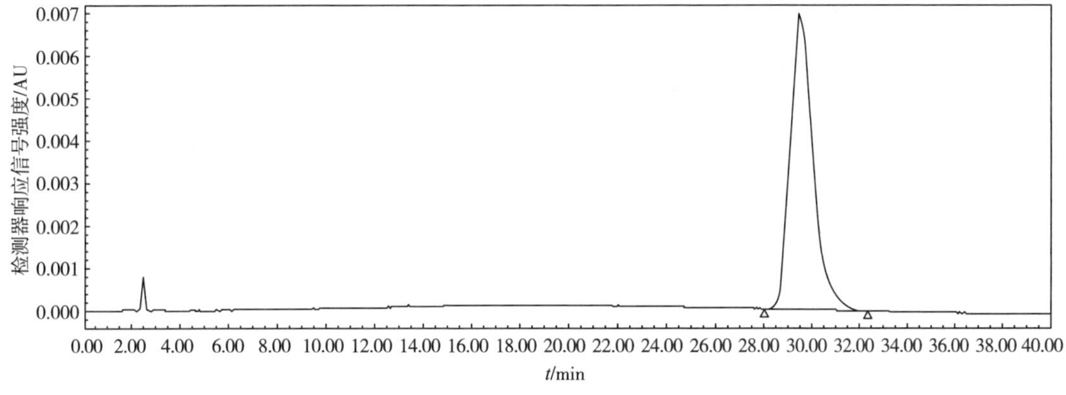


图 3-9　β-胡萝卜素标准品液相色谱图

（4）测定　在相同色谱条件下，将待测试样液分别注入液相色谱仪中，进行 HPLC 分析，以保留时间定性，根据峰面积外标法定量，根据标准曲线回归方程计算待测液中 $\beta$-胡萝卜素的浓度。

**5. 结果计算**

$$X_\beta = \frac{\rho_\beta \times V \times 100}{m}$$

式中　$X_\beta$——试样中 $\beta$-胡萝卜素的含量，μg/100g；

$\rho_\beta$——从标准曲线得到的待测液中 $\beta$-胡萝卜素浓度，μg/mL；

$V$——试样液定容体积，mL；

100——换算系数；

$m$——试样质量，g。

计算结果保留 3 位有效数字，在重复性条件下获得的两次独立测定结果的绝对差值不得超过算术平均值的 10%。

**6. 要点提示**

（1）本法适用于所有食品中胡萝卜素的测定。试样称样量为 5g 时，$\alpha$-胡萝卜素、$\beta$-胡萝卜素检出限均为 0.5μg/100g，定量限均为 1.5μg/100g。

（2）通常 $\beta$-胡萝卜素标准品不能完全溶解于有机溶剂中，必要时应先将标准品皂化，再用有机溶剂提取，用蒸馏水洗涤至中性后，浓缩定容，再进行标定。由于胡萝卜素很容易分解，所以每次使用前，所用标准品均需标定，在测定样品时连同标准品同步操作。

（3）浓缩提取液时，一定要防止蒸干，避免胡萝卜素在空气中氧化或因高温、紫外线直射等破坏。定容、进样等操作环节也一定要迅速。

## 二、食品中维生素 A 的测定

维生素 A 存在于动物性脂肪中，维生素 A 的测定采用反相高效液相色谱法，依据 GB 5009.82—2016《食品安全国家标准　食品中维生素 A、D、E 的测定》。

**1. 原理**

试样中的维生素 A 经皂化（含淀粉先用淀粉酶酶解）、提取、净化、浓缩后，$C_{30}$ 或 PFP 反相液相色谱柱分离，紫外检测器或荧光检测器检测，外标法定量。

**2. 试剂**

（1）无水乙醇（$C_2H_5OH$）：经检查不含醛类物质。

（2）氢氧化钾（KOH：50g/100g）：称取 50g 氢氧化钾，加入 50mL 水溶解，冷却后，储存于聚乙烯瓶中。

（3）抗坏血酸（$C_6H_8O_6$）。

（4）乙醚：经检查不含过氧化物。

（5）石油醚：沸程 30～60℃。

（6）无水硫酸钠（$Na_2SO_4$）。

（7）甲醇（$CH_3OH$）：色谱纯。

（8）淀粉酶：活力单位≥100U/mg。

（9）2,6-二叔丁基-4-甲基苯酚（$C_{15}H_{24}O$，BHT）。

（10）维生素 A 标准储备溶液（0.5mg/mL）：准确称取 25.0mg 维生素 A 标准品，用无水乙醇溶解后，转移入 50mL 容量瓶中，定容至刻度，此溶液浓度约为 0.500mg/mL。将溶液转移至棕色试剂瓶中。

（11）维生素 A 标准溶液中间液：准确吸取维生素 A 标准储备溶液 1.00mL 于 50mL 容量瓶中，用甲醇定容至刻度，此溶液中维生素 A 浓度为 10.0μg/mL。

（12）维生素 A 标准系列工作溶液：准确吸取维生素 A 标准溶液中间液 0.20，0.50，1.00，2.00，4.00，6.00mL 于 10mL 棕色容量瓶中，用甲醇定容至刻度，该标准系列中维生素 A 浓度为 0.20，0.50，1.00，2.00，4.00，6.00μg/mL，临用前配制。

**3. 仪器**

（1）分析天平：感量为 0.01mg。

（2）恒温水浴振荡器。

（3）旋转蒸发仪。

（4）氮吹仪。

（5）紫外可见分光光度计。

（6）分液漏斗萃取净化振荡器。

（7）高效液相色谱仪：带紫外检测器。

**4. 操作步骤**

（1）样品制备　将一定数量的样品按要求经过缩分、粉碎均质后，储存于样品瓶中，避光冷藏，尽快测定。

（2）样品处理

①皂化：称取 2~5g（精确至 0.01g）经均质处理的固体试样或 50g（精确至 0.01g）液体试样于 150mL 平底烧瓶中，固体试样需加入约 20mL 温水，混匀，再加入 1.0g 抗坏血酸和 0.1g BHT，混匀，加入 30mL 无水乙醇，加入 10~20mL 氢氧化钾溶液，边加边振摇，混匀后于 80℃恒温水浴振荡皂化 30min，皂化后立即用冷水冷却至室温。若样品中含有淀粉，则于温水混匀后加入 0.5~1g 淀粉酶，放入 60℃水浴避光恒温振荡 30min 后再同上操作。

②提取：将皂化液用 30mL 水转入 250mL 的分液漏斗中，加入 50mL 石油醚-乙醚混合液，振荡萃取 5min，将下层溶液转移至另一个 250mL 的分液漏斗中，加入 50mL 的混合醚液再次萃取，合并醚层。

③洗涤：用约 100mL 水洗涤醚层，约需重复三次，直至将醚层洗至中性（可用 pH 试纸检测下层溶液 pH），去除下层水相。

④浓缩：将洗涤后的醚层经无水硫酸钠（约 3g）滤入 250mL 旋转蒸发瓶或氮气浓缩管中，用约 15mL 石油醚冲洗分液漏斗及无水硫酸钠两次，并入蒸发瓶内，并将其接在旋转蒸发仪或气体浓缩仪上，于 40℃水浴中减压蒸馏或气流浓缩，待瓶中醚液剩下约 2mL 时，取下蒸发瓶，立即用氮气吹至近干。用甲醇分次将蒸发瓶中残留物溶解并转移至 10mL 容量瓶中，定容至刻度。溶液过 0.22μm 有机系滤膜后供高效液相色谱测定。

（3）高效液相色谱条件设定　参考色谱条件如下。

①色谱柱：$C_{30}$ 柱，柱长 250mm，内径 4.6mm，粒径 3μm，或等效柱。

②流动相：水：甲醇=4：96，梯度洗脱。

③流速：0.8mL/min。

④检测波长：325nm。

⑤柱温：20℃。

⑥进样体积：10μL。

（4）标准曲线绘制 本法采用外标法定量。将维生素 A 标准系列工作溶液分别注入高效液相色谱仪中，测定相应的峰面积，以峰面积为纵坐标，以标准测定液浓度为横坐标绘制标准曲线，计算直线回归方程。

（5）测定 试样液经高效液相色谱仪分析，测得峰面积，采用外标法通过上述标准曲线计算其浓度。在测定过程中，建议每测定 10 个样品用同一份标准溶液或标准物质检查仪器的稳定性。

**5. 结果计算**

试样中维生素 A 的含量按下式计算：

$$X = \frac{\rho \times V \times 100}{m}$$

式中 $X$——试样中维生素 A 的含量，μg/100g；

$\rho$——从标准曲线得到的试样中维生素 A 的浓度，μg/mL；

$V$——试样液定容体积，mL；

100——换算系数；

$m$——试样质量，g。

**6. 要点提示**

（1）由于维生素 A 极易被光破坏，测定过程应尽量避免强烈光照或采用棕色玻璃器皿。

（2）无水乙醇中不得含有醛类物质，检验方法和脱醛方法如下。

①检验方法：采用银镜反应法检验，即加浓氨水于 5%硝酸银液中，直至氧化银沉淀溶解，加入 2.5mol/L 氢氧化钠溶液数滴，如发生沉淀，再加浓氨水使之溶解。然后加 2mL 银氨液于试管内，加入几滴乙醇摇匀，加入少许 2.5mol/L 氢氧化钠溶液加热，如乙醇中无醛，则没有银沉淀，否则有银镜反应。

②脱醛方法：取 2g 硝酸银溶于少量水中，取 4g 氢氧化钠溶于温乙醇中，将两者倾入 1L 乙醇中，暗处放置两天（不时摇动，促进反应），过滤，滤液倾入蒸馏瓶中蒸馏，弃去初蒸的 50mL。乙醇中含醛较多时，硝酸银用量可适当增加。

（3）样品处理时要用到乙醚或其他醚，使用前要先检查醚中是否含有因存放时间长而与空气接触或经光照后生成的过氧化物，避免蒸馏时发生爆炸。

①检查方法：加入等体积的 2%碘化钾醋酸溶液，如果含有过氧乙醚，会游离出碘，使淀粉溶液变成紫色或蓝色。

②处理方法：瓶中放入少量纯铁丝或铁屑，重蒸乙醚，弃去 10%初馏液和 10%残馏液。

另外应注意，乙醚作为萃取剂，易发生乳化现象，在提取前，洗涤操作不要用力过猛，若发生乳化，可加几滴乙醇消除乳化。

## 三、食品中硫胺素（维生素 $B_1$）的测定

维生素 $B_1$ 又名硫胺素，天然维生素 $B_1$ 多存在于麸皮及胚芽中、谷类、豆类、坚果类、瘦猪肉等食物中，通常以游离态或以焦磷酸酯的形式存在于自然界中。食品中维生素 $B_1$ 的定量分析，可利用游离型维生素 $B_1$ 可与多种重氮盐偶合呈各种不同的颜色而进行分光光度测定。这种方法适用于测定维生素 $B_1$ 含量较高的食品。此外，也可将游离型维生素 $B_1$ 氧化成硫色素，测定其荧光强度。此荧光法和高效液相色谱法均适用于微量测定，其中荧光分光光度法应用最为普遍，也是 GB 5009.84—2016《食品安全国家标准　食品中维生素 $B_1$ 的测定》中的经典方法。

**1. 原理**

样品经热的稀酸处理后，提取维生素 $B_1$。如果样品中所含维生素 $B_1$ 均为游离态，可在碱性铁氰化钾溶液中直接将硫胺素氧化成噻嘧色素，在紫外线照射下，噻嘧色素发出荧光。在给定的条件下，以及没有其他荧光物质干扰时，此荧光强度与噻嘧色素量成正比，即与溶液中硫胺素量成正比。按下式计算：

$$X = (U - U_b) \times \frac{\rho \cdot V}{S - S_b} \times \frac{V_1}{V_2} \times \frac{1}{m} \times \frac{100}{1000}$$

式中　$X$——样品中硫胺素含量，mg/100g；

$U$——试样荧光强度；

$U_b$——试样空白荧光强度；

$S$——标准荧光强度；

$S_b$——标准空白荧光强度；

$\rho$——硫胺素标准使用液浓度，μg/mL；

$V$——用于净化的硫胺素标准使用液体积，mL；

$V_1$——试样水解后定容之体积，mL；

$V_2$——试样用于净化的提取液体积，mL；

$m$——试样质量，g；

$\frac{100}{1000}$——试样含量由微克每克（μg/g）换算成毫克每百克（mg/100g）的系数。

计算结果保留 2 位有效数字。在重复性条件下获得的两次独立测定结果的绝对差值不得超过算术平均值的 10%。

**2. 要点提示**

（1）一般样品中的维生素 $B_1$ 有游离型的，也有结合型的，需要用酸和酶水解，使结合型转化为游离型的，然后再用本法测定。如样品中含杂质过多，应经过离子交换剂处理，使硫胺素与杂质分离，然后以所得溶液作测定。

（2）样品净化时需用人造浮石，其用量要视取样量而定。一般每克人造浮石能吸附 30μg 硫胺素，硫胺素量过大，回收率下降。食品中的杂质也会降低人造浮石对硫胺素的吸附力，所以人造浮石用量也不能过少。

（3）样品与铁氰化钾溶液混合后，所呈现的黄色应至少保持 15s 以证明铁氰化钾用量充足，否则应再滴加 1~2 滴铁氰化钾。因为样品中如含有还原性物质，而铁氰化钾用量

不足时，硫胺素氧化不完全，使得测定结果偏低。但过多的铁氰化钾会破坏硫色素，因此应恰当控制其用量。

（4）紫外线破坏硫色素，所以硫色素形成后要迅速测定，并力求避光操作。

（5）硫色素能溶于正丁醇，在正丁醇中比在水中稳定，故用正丁醇等提取硫色素。萃取时振摇不宜过猛，以免乳化，不易分层。

## 四、食品中维生素D的测定

维生素D的测定方法主要有比色法、紫外可见分光光度法、气相色谱法、高效液相色谱法及薄层层析法等。被AOAC选为正式方法的是比色法和高效液相色谱法。这里介绍用高效液相色谱法测定食品中的维生素D，依据GB 5009.82—2016《食品安全国家标准　食品中维生素A、D、E的测定》。

**1. 原理**

试样经皂化后，用苯提取不皂化物，馏去苯后，使用第一阶段的分取型HPLC，分取维生素D组分，以去除大部分干扰物质。得到的维生素D组分，用于第二阶段分析型HPLC，得样品色谱图，与按同样操作条件得到的维生素D标准品的色谱图比较进行定量。

**2. 操作步骤**

（1）样品的皂化及不皂化物的提取　称取粉碎的样品1~10g（维生素D含量在2IU以下）置于皂化瓶中，加入40mL 10%焦性没食子酸-乙醇溶液及10mL 90%KOH溶液，装上回流装置，在沸水浴上皂化30min，然后用流动冷水冷却至室温，准确加入100mL苯，塞上瓶塞，激烈振混15s，然后移入200~250mL分液漏斗中（如有沉淀物就留在烧瓶中，此时不需要用苯洗皂化瓶），加入1mol/L KOH溶液50mL，振混后静置，弃去水层。再加0.5mol/L KOH溶液50mL，振混后静置，弃去水层。再每次用50mL水洗涤苯层数次。直至用酚酞检验时洗液不呈碱性为止。分液漏斗静止几分钟，直至最后一滴水分离，弃去水。

（2）维生素D的分取　准确吸取上述苯溶液80mL于圆底烧瓶内，在40℃以下的温度减压蒸去苯，所得残留物中准确加入5mL正己烷使之溶解，取4.5mL置于10mL具塞试管内，减压蒸去溶剂，残留物中准确加入乙腈-甲醇（1∶1）溶液500μL使之溶解。准确吸取该溶液200μL注入分取用色谱柱中。事先用标准维生素D确定其溶出位置，用馏分收集器收集维生素D组分（本试验色谱条件下维生素D保留时间为17~18min，收集其16~19min溶出的组分）。

（3）维生素D的定量　减压蒸馏维生素D组分中的溶剂，残留物溶解在200μL的0.4%异丙酮-正己烷溶液中，取其中100μL注入分析用色谱柱中，得样品色谱图。

取维生素D标准液1mL，按步骤（1）~（3）操作，得标准维生素D色谱图。

**3. 结果计算**

$$X = \frac{h_{sa}}{h_{st}} \times \frac{c}{m} \times 100$$

式中　$X$——维生素D的含量，IU/100g；

$h_{sa}$——样品色谱图中维生素D的峰高或面积；

$h_{st}$——标准溶液色谱图中维生素 D 的峰高或面积；

$c$——维生素 D 标准溶液的浓度，IU/mL；

$m$——样品质量，g。

**4. 要点提示**

（1）分取的维生素 D 应在半日内更换柱子后测定，如超过半日应封入惰性气体冷冻保存、再改换柱子测定。本法对维生素 $D_2$ 和 $D_3$ 不加区别，两者混合存在时，以总维生素 D 定量。

（2）水洗苯提取的不皂化物时，为防止因形成胶粒而在水中损失，用 1mol/L KOH 溶液、0.5mol/L KOH 溶液及水洗，使碱的浓度逐渐降低。

（3）加入焦性没食子酸是作为抗氧化剂。

### 交流讨论

1. 除 2,6-二氯靛酚滴定法外，抗坏血酸还有哪些测定方法？试对不同方法进行比较。
2. 测定维生素 A 时，为什么要先用皂化法处理样品？
3. 胡萝卜素提取液浓缩条件是什么，为什么？
4. 维生素 A 和维生素 C 的测定中，样品处理及提取有何不同之处，为什么？

任务十三 达标自测

## 任务十四

## 食品中矿物质元素的测定

食品中矿物质元素的测定（部分相关标准）

### 任务目标

#### 知识目标

了解钙、磷等常量元素对人体的作用；掌握其测定原理和方法。

#### 技能目标

熟练配制 EDTA 等各种溶液，熟练样品的预处理操作；能运用 EDTA 法测定食品中的钙含量。

矿物质测定基础知识（微课视频）

#### 素质目标

掌握专业技能和实验室安全知识，培养实事求是、精益求精的科学态度和爱岗敬业、保护环境的工作作风；遵守国家法律、法规和企业的各项规章制度。

### 任务导入

目前，超市中不少食品上标有“高钙”字样，以博得消费者的喜爱。而经测定发现，一些号称高钙的食品，钙含量并不比同类的产品高多少，有些甚至还不如没有标高钙的食品多。因此，测定食品中的钙含量，是食品检测人员必须掌握的技能。

## 相关知识

### 一、矿物质元素概述

食品中所含元素已知有50多种，除去构成水分和有机物质的C、H、O、N 4种元素外，其他元素统称为矿物质元素。其中含量较多的有Ca、Mg、P、Na、K、Cl、S 7种，含量都在0.01%以上，称为常量元素。另外还有Fe、Cu、Zn、I、Mn、Mo、Co、Se、Ni、Sn、Si、F、V、Cr等元素，含量都在0.01%以下，称为微量元素或痕量元素。其中一些元素在生物体内起着构成生物体大分子、参与体内生物化学反应、调节体液的物理化学特性等重要作用，是生物体所必需的元素。

### 二、钙、磷等常量元素对人体的作用

测定食品中矿物质元素的含量，对于评价食品的营养价值、开发和生产强化食品具有指导意义；有利于食品加工工艺的改进和食品质量的提高。

钙是构成人体骨骼和牙齿的主要成分，钙还可以促进凝血，在维持心脏正常收缩、神经肌肉兴奋性等方面起重要作用。食物中钙的最好来源是牛乳、新鲜蔬菜、豆类和水产品等。磷是细胞中不可缺少的成分，可调节体液的酸碱平衡。磷多来源于豆类及动物性食品。镁也是骨骼的组成元素之一，具有抑制神经兴奋的作用。镁在谷物、豆类等食品中含量丰富。钠、钾、氯具有维持体液的正常渗透压、控制体液的电解质平衡的作用，钾、钠还参与神经信息的传递过程。钾来源于谷类、蔬菜和肉类等，钠和氯主要来源于食盐。硫是组成蛋白质等体内重要物质的成分，主要来源于蛋类、肉类和谷物等。

### 三、食品中常量元素的测定方法

食品中常量元素的测定方法有滴定法、比色法、分光光度法、原子吸收光谱法等。

## 任务实施

### 食品中钙的测定

GB 5009.92—2016《食品安全国家标准　食品中钙的测定》中规定了火焰原子吸收光谱法、EDTA滴定法、电感耦合等离子体发射光谱法和电感耦合等离子体质谱法四种方法。本实训采用EDTA滴定法，依据GB 5009.92—2016《食品安全国家标准　食品中钙的测定》第二法。

#### 1. 目的要求

掌握EDTA滴定法测定食品中钙含量的原理和方法。

#### 2. 操作原理

钙与氨羧络合剂能定量的形成金属络合物，其稳定性较钙与指示剂所形成的络合物

强。在适当的 pH 范围内，以氨羧络合剂 EDTA 滴定，在达到当量点时，EDTA 就从指示剂络合物中夺取钙离子，使溶液呈现游离指示剂的颜色（终点）。根据 EDTA 用量，可计算钙的含量。

### 3. 用品准备

（1）实验室常用玻璃仪器：高型烧杯（250mL）、微量滴定管（1mL 或 2mL）、碱式滴定管（50mL）、刻度吸管（0.5~1mL）等。

（2）电热板：1000~3000W。

（3）1.25mol/L KOH 溶液：精确称取 70.13g 氢氧化钾，用水稀释至 1000mL。

（4）10g/L 氰化钠溶液：称取 1.0g 氰化钠，用水稀释至 100mL。

（5）0.05mol/L 柠檬酸钠溶液：称取 14.7g 柠檬酸钠（$Na_3C_6H_5O_7 \cdot 2H_2O$），用水稀释至 1000mL。

（6）混合酸消化液：硝酸+高氯酸=4+1。

（7）20g/L 氧化镧溶液：称取 23.45g 氧化镧（纯度大于 99.99%），先用少量水润湿再加 75mL 盐酸于 1000mL 容量瓶中，加去离子水稀释至刻度。

（8）EDTA 溶液：准确称取 4.50g EDTA（乙二胺四乙酸二钠），用水稀释至 1000mL，贮存于聚乙烯瓶中，4℃保存。使用时稀释 10 倍即可。

（9）钙标准溶液：准确称取 0.1248g 碳酸钙（纯度大于 99.99%，105~110℃烘干 2h），加 20mL 水及 3mL 0.5mol/L 盐酸溶解，移入 500mL 容量瓶中，加水稀释至刻度，储存于聚乙烯瓶中，4℃保存。此溶液每毫升相当于 100μg 钙。

（10）钙红指示剂：称取 0.1g 钙红指示剂（$C_{21}O_7N_2SH_{14}$），用水稀释至 100mL，溶解后即可使用。贮存于冰箱中保质期一个半月以上。

注：所有玻璃仪器均以硫酸-重铬酸钾洗液浸泡数小时，再用洗衣粉洗刷后，用水反复冲洗，最后用去离子水冲洗，自然干燥或烘干，方可使用。

### 4. 安全提醒

（1）氰化物是剧毒物质，必须在碱性条件下使用，以防止在酸性条件下生成 HCN 逸出。测定完成的废液要加氢氧化钠和硫酸亚铁处理，使生成亚铁氰化钾后才能倒掉。

（2）试样消化时，会产生大量有害气体，应在通风橱中进行；操作初期会产生大量的泡沫外溢，需要随时照管；操作中注意控制火力，不要将酸烧干，以免发生危险。

### 5. 操作步骤

（1）试样处理

①试样制备：鲜样（如蔬菜、水果、鲜鱼、鲜肉等）先用自来水冲洗干净后，再用去离子水充分洗净。干粉类试样（如面粉、乳粉等）取样后立即装入容器密封保存，防止被空气中的灰尘和水分污染。

②试样消化：精确称取均匀干试样 0.5~1.5g（湿样 2.0~4.0g，饮料等液体试样 5.0~10.0g）于 250mL 高型烧杯，加混合酸消化液 20~30mL，上盖表面皿，置于电热板或沙浴上加热消化。如未消化好而酸液过少时，再补加几毫升混合酸消化液，继续加热消化，直至无色透明为止。加几毫升水，加热以除去多余的硝酸。待烧杯中液体接近 2~3mL，取下冷却。用 20g/L 的氧化镧溶液洗并转移至 10mL 刻度试管中，定容至

刻度。

取与消化试样相同量的混合酸消化液，按上述操作做试剂空白试验。

（2）测定

①标定 EDTA 溶液：吸取 0.5mL 钙标准溶液，以 EDTA 滴定，标定其 EDTA 的浓度，根据滴定结果计算出每毫升 EDTA 相当于钙的毫克数，即滴定度（$T$）。

②试样及空白滴定：分别吸取 0.1～0.5mL（根据钙的含量而定）试样消化液及空白于试管中，加 1 滴氰化钠溶液和 0.1mL 柠檬酸钠溶液，用滴定管加 1.5mL 1.25mol/L KOH 溶液，加 3 滴钙红指示剂，立即以稀释 10 倍的 EDTA 溶液滴定，至指示剂由紫红色变蓝为止。

### 6. 结果计算

（1）数据记录

**理化检测原始记录**

| | | | |
|---|---|---|---|
| 报检号 | | 品名 | |
| 样品数量 | | 验迄日期 | |
| 检验项目 | | 检验依据 | |
| 主要仪器 | | 试验环境 | ℃　　　%RH |
| 标准品名称、编号及有效期 | | | |

检测：　　　　　　　　　　　　　　复核：

（2）计算公式

$$X = \frac{T \times (V - V_0) \times f \times 100}{m}$$

式中　$X$——试样中钙的含量，mg/100g；

$T$——EDTA 滴定度，mg/mL；

$V$——滴定试样时所用 EDTA 量，mL；

$V_0$——滴定空白时所用 EDTA 量，mL；

$f$——试样稀释倍数；

$m$——试样质量，g。

计算结果保留至小数点后 2 位。

在重复性条件下获得的两次独立测定结果的绝对差值不得超过算术平均值的10%。

**7. 要点提示**

（1）本方法的线性范围为5~50μg。

（2）试样制备过程中应特别注意防止各种污染。所用设备如电磨、绞肉机、匀浆机、粉碎机等必须是不锈钢制品。所用容器必须使用玻璃或聚乙烯制品，做钙测定的试样不得用石磨研碎。

（3）实验中加入氰化钠作为络合滴定中的掩蔽剂，在pH>8的溶液中，氰化物可以掩蔽$Cu^{2+}$、$Ni^{2+}$、$Co^{2+}$、$Hg^{2+}$、$Cd^{2+}$、$Ag^{+}$、$Fe^{2+}$、$Zn^{2+}$等离子的干扰。加入柠檬酸钠可以掩蔽$Fe^{3+}$，并防止钙和磷结合形成磷酸钙沉淀。

（4）滴定时pH应为12~14，过高或过低会使指示剂变红，可能滴不出终点。

（5）加钙红指示剂后，不能放置过久，否则终点发灰，不明显。

（6）配位滴定终点颜色变化较慢，若直接滴定至纯蓝色EDTA易过量。应先滴定至蓝紫色，然后滴加半滴并摇动至溶液变为纯蓝。

## 任务拓展

### 一、食品中铁的测定

铁是人体不可缺少的微量元素。在十多种人体必需的微量元素中，铁无论在重要性上还是在含量上，都属于首位，被称为微量元素里的“铁老大”。

食品中铁的测定不仅有营养学意义，也为食品质量优化提供依据。因为一方面食品需含相当量的铁，另一方面过多的铁存在能引起食品中某些成分的氧化和维生素的分解，严重影响食品的品质。下面介绍火焰原子吸收光谱法测定食品中的铁，依据GB 5009.90—2016《食品安全国家标准　食品中铁的测定》。

**1. 原理**

试样经湿法消化后，导入原子吸收分光光度计中，经火焰原子化后，铁吸收248.3nm的共振线，其吸收量与其含量成正比，与标准系列比较定量。按下式计算：

$$X=\frac{(\rho-\rho_0)\times V\times f\times 100}{m\times 1000}$$

式中　$X$——试样中铁元素的含量，mg/100g；

$\rho$——测定用样液中铁元素的浓度（由标准曲线查出），μg/mL；

$\rho_0$——试剂空白液中铁元素的浓度（由标准曲线查出），μg/mL；

$m$——样品的质量，g；

$V$——样品处理液总体积，mL；

$f$——稀释倍数。

计算结果保留至小数点后2位。

在重复性条件下获得的两次独立测定结果的绝对差值不得超过算术平均值的10%。

**2. 要点提示**

本法适用于各种食品中铁、镁及锰的测定，方法检出限：铁为0.2μg/mL。

## 二、食品中铬的测定

铬是维持人体生命活动的必需元素，能帮助胰岛素促进葡萄糖进入细胞内的效率，是重要的血糖调节剂，具有促进生长发育的功能。此外，铬是糖尿病的“克星”，在日常生活中可以适当摄取富含铬的食物。铬含量不足会使胰岛素调节血糖功能出现问题，最终导致人的视力下降。因此，测定食品中铬含量具有极其重要的意义。

下面介绍石墨炉原子吸收光谱法测定食品中的铬（依据 GB 5009.123—2023《食品安全国家标准　食品中铬的测定》）。

**1. 原理**

试样经消解处理后，采用石墨炉原子吸收光谱法，在 357.9nm 处测定吸收值，在一定浓度范围内其吸收值与标准系列溶液比较定量。结果按下式计算：

$$X = \frac{(\rho - \rho_0) \times V}{m \times 1000}$$

式中　$X$——试样中铬的含量，mg/kg；

$\rho$——测定样液中铬的含量，ng/mL；

$\rho_0$——空白液中铬的含量，ng/mL；

$V$——试样消化液的定容体积，mL；

$m$——试样称样量，g；

1000——换算系数。

当分析结果≥1mg/kg 时，保留 3 位有效数字；当分析结果<1mg/kg 时，保留 2 位有效数字。在重复性条件下获得的两次独立测定结果的绝对差值不得超过算术平均值的 20%。

**2. 要点提示**

本法适用于各种食品中铬的测定，以取样量 0.5g，定容至 10mL 计，本方法铬的检出限为 0.01mg/kg，定量限为 0.03mg/kg。

## 三、其他方法测定食品中矿物质元素

测定矿物质元素的方法有很多，常见的有原子吸收光谱法、电感耦合等离子体发射光谱法、分光光度法等。下面以锌的测定为例，介绍二硫腙比色法，依据 GB 5009.14—2017《食品安全国家标准　食品中锌的测定》第四法。

**1. 原理**

试样经消化后，在 pH 4.0~5.5 时，锌离子与二硫腙形成紫红色络合物，溶于四氯化碳，加入硫代硫酸钠，防止铜、汞、铅、铋、银和镉等离子干扰。于 530nm 处测定吸光度与标准系列比较定量。

**2. 试剂**

（1）硝酸溶液（5+95）：量取 50mL 硝酸，缓慢加入 950mL 水中，混匀。

（2）硝酸溶液（1+9）：量取 50mL 硝酸，缓慢加入 450mL 水中，混匀。

（3）氨水溶液（1+1）：量取 100mL 氨水，加入 100mL 水中，混匀。

（4）氨水溶液（1+99）：量取 10mL 氨水，加入 990mL 水中，混匀。

（5）盐酸溶液（2mol/L）：量取10mL盐酸，加水稀释至60mL，混匀。

（6）盐酸溶液（0.02mol/L）：吸取1mL盐酸溶液（2mol/L），加水稀释至100mL，混匀。

（7）盐酸溶液（1+1）：量取100mL盐酸，加入100mL水中，混匀。

（8）乙酸钠溶液（2mol/L）：称取68g三水合乙酸钠，加水溶解后稀释至250mL，混匀。

（9）乙酸溶液（2mol/L）：量取10mL冰乙酸，加水稀释至85mL，混匀。

（10）二硫腙-四氯化碳溶液（0.1g/L）：称取0.1g二硫腙，用四氯化碳溶解，定容至1000mL，混匀，保存于-5℃下。

（11）乙酸-乙酸盐缓冲液：乙酸钠溶液（2mol/L）与乙酸溶液（2mol/L）等体积混合，此溶液pH为4.7左右。

（12）盐酸羟胺溶液（200g/L）：称取20g盐酸羟胺，加60mL水，滴加氨水溶液（1+1），调节pH至4.0~5.5，加水至100mL。

（13）硫代硫酸钠溶液（250g/L）：称取25g硫代硫酸钠，加60mL水，用乙酸溶液（2mol/L）调节pH至4.0~5.5，加水至100mL。

（14）二硫腙使用液：吸取1.0mL二硫腙-四氯化碳溶液（0.1g/L），加四氯化碳至10.0mL，混匀。用1cm比色杯，以四氯化碳调节零点，于波长530nm处测吸光度。用下式计算出配制100mL二硫腙使用液（57%透光率）所需的二硫腙-四氯化碳溶液（0.1g/L）毫升数（$V$）。

$$V = \frac{10 \times (2 - \lg 57)}{A} = \frac{2.44}{A}$$

（15）酚红指示剂（1g/L）：称取0.1g酚红，用乙醇溶解并定容至100mL，混匀。

（16）锌标准储备液（1000mg/L）：准确称取1.2447g（精确至0.0001g）氧化锌，加少量硝酸溶液（1+1），加热溶解，冷却后移入1000mL容量瓶，加水至刻度，混匀。

（17）锌标准使用液（1.00mg/L）：准确吸取锌标准储备液（1000mg/L）1.00mL于1000mL容量瓶中，加硝酸溶液（5+95）至刻度，混匀。

**3. 仪器**

（1）分光光度计。

（2）分析天平：感量0.1mg和1mg。

（3）可调式电热炉。

（4）可调式电热板。

（5）马弗炉。

**4. 操作步骤**

（1）试样制备

①粮食、豆类样品：样品去除杂物后，粉碎，储于塑料瓶中。

②蔬菜、水果、鱼类、肉类等样品：样品用水洗净，晾干，取可食部分，制成匀浆，储于塑料瓶中。

③饮料、酒、醋、酱油、食用植物油、液态乳等液体样品：将样品摇匀。

（2）试样前处理　准确称取固体试样0.2~3g（精确至0.001g）或准确移取液体试样

0.500~5.00mL 于带刻度消化管中，加入 10mL 硝酸、0.5mL 高氯酸，在可调式电热炉上消解（参考条件：120℃/0.5~1h、升至 180℃/2~4h、升至 200~220℃）。若消化液呈棕褐色，再加少量硝酸，消解至冒白烟，消化液呈无色透明或略带黄色，取出消化管，冷却后用水定容至 25mL 或 50mL，混匀备用。同时做试剂空白试验。亦可采用锥形瓶，于可调式电热板上，按上述操作方法进行湿法消解。

（3）标准曲线绘制　准确吸取 0，1.00，2.00，3.00，4.00 和 5.00mL 锌标准使用液（相当 0，1.00，2.00，3.00，4.00 和 5.00μg 锌），分别置于 125mL 分液漏斗中，各加盐酸溶液（0.02mol/L）至 20mL。于各分液漏斗中，各加 10mL 乙酸-乙酸盐缓冲液、1mL 硫代硫酸钠溶液（250g/L），摇匀，再各加入 10mL 二硫腙使用液，剧烈振摇 2min。静置分层后，经脱脂棉将四氯化碳层滤入 1cm 比色杯中，以四氯化碳调节零点，于波长 530nm 处测吸光度，以质量为横坐标，吸光度为纵坐标，制作标准曲线。

（4）试样测定　准确吸取 5.00~10.0mL 试样消化液和相同体积的空白消化液，分别置于 125mL 分液漏斗中，加 5mL 水、0.5mL 盐酸羟胺溶液（200g/L），摇匀，再加 2 滴酚红指示剂（1g/L），用氨水溶液（1+1）调节至红色，再多加 2 滴。再加 5mL 二硫腙-四氯化碳溶液（0.1g/L），剧烈振摇 2min，静置分层。将四氯化碳层移入另一分液漏斗中，水层再用少量二硫腙-四氯化碳溶液（0.1g/L）振摇提取，每次 2~3mL，直至二硫腙-四氯化碳溶液（0.1g/L）绿色不变为止。合并提取液，用 5mL 水洗涤，四氯化碳层用盐酸溶液（0.02mol/L）提取两次，每次 10mL，提取时剧烈振摇 2min，合并盐酸溶液（0.02mol/L）提取液，并用少量四氯化碳洗去残留的二硫腙。

将上述试样提取液和空白提取液移入 125mL 分液漏斗中，各加 10mL 乙酸-乙酸盐缓冲液、1mL 硫代硫酸钠溶液（250g/L），摇匀，再各加入 10mL 二硫腙使用液，剧烈振摇 2min。静置分层后，经脱脂棉将四氯化碳层滤入 1cm 比色杯中，以四氯化碳调节零点，于波长 530nm 处测定吸光度，与标准曲线比较定量。

**5. 结果计算**

$$X = \frac{(m_1 - m_0) \times V_1}{m_2 \times V_2}$$

式中　$X$——试品中锌的含量，mg/kg 或 mg/L；

$m_1$——测定用试样溶液中锌的质量，μg；

$m_0$——空白溶液中锌的质量，μg；

$m_2$——试样称样量或移取体积，g 或 mL；

$V_1$——试样消化液的定容体积，mL；

$V_2$——测定用试样消化液的体积，mL。

在重复性条件下获得的两次独立测定结果的绝对差不得超过算术平均值的 10%。当称样量为 1g（或 1mL），定容体积为 25mL 时，方法的检出限为 7mg/kg（或 7mg/L），定量限为 21mg/kg（或 21mg/L）。

**6. 要点提示**

（1）本法测锌要特别注意防止外界污染，同时还要避免在直射阳光下操作。

（2）所用玻璃仪器均须用硝酸溶液（1+1）洗涤，然后再用不含锌的纯水冲洗干净。不得用自来水冲洗。

## 交流讨论

1. 除了本实训中的方法外，钙的测定还有哪些方法？试进行不同测定方法的比较。

2. 比较原子吸收光谱法测定铁、锰、铬的异同。

任务十四 达标自测

# 项目四

# 食品中食品添加剂的测定

食品添加剂是指为改善食品品质和色、香、味，以及为防腐、保鲜和加工工艺的需要而加入食品中的人工合成或者天然物质。目前我国食品添加剂有酸度调节剂（用以维持或改变食品酸碱度的物质）、抗结剂（用于防止颗粒或粉状食品聚集结块，保持其松散或自由流动的物质）、抗氧化剂（能防止或延缓油脂或食品成分氧化分解、变质，提高食品稳定性的物质）、漂白剂（能够破坏、抑制食品的发色因素，使其褪色或使食品免于褐变的物质）、膨松剂（在食品加工过程中加入的，能使产品发起形成致密多孔组织，从而使制品具有膨松、柔软或酥脆的物质）、着色剂（使食品赋予色泽和改善食品色泽的物质）、护色剂（能与肉及肉制品中呈色物质作用，使之在食品加工、保藏等过程中不致分解、破坏，呈现良好色泽的物质）、增味剂（补充或增强食品原有风味的物质）、营养强化剂（为增强营养成分而加入食品中的天然的或者人工合成的属于天然营养素范围的物质）、防腐剂（防止食品腐败变质、延长食品储存期的物质）、甜味剂（赋予食品以甜味的物质）、香料（能够用于调配食品香精，并使食品增香的物质）等 23 个功能类别，2000 多个品种。

食品添加剂的使用促进了食品工业的发展，如咸式食品从食盐呈味发展到味精呈鲜，以至现在鸡精等的复合调味的出现，正是食品添加剂的应用结果。如果没有食品添加剂，就不会有种类繁多、琳琅满目的食品。因此食品添加剂被誉为现代食品工业的灵魂。当然食品添加剂也是一把“双刃剑”，若按照国家标准正确规范使用食品添加剂，是对食品美味的“锦上添花”，但若超限量或超范围使用，则可能给消费者带来伤害，使公众的生命财产受到损失。

为了保证食品添加剂安全、正确、合理、有效的使用，我国在 GB 2760—2024《食品安全国家标准　食品添加剂使用标准》、GB 14880—2012《食品安全国家标准　食品营养强化剂使用标准》中规定了食品添加剂的使用原则、允许使用的品种、使用范围及最大使用量。

本项目主要介绍防腐剂、护色剂、甜味剂、着色剂的测定。

# 任务十五

# 防腐剂的测定

## 任务目标

### 知识目标

了解防腐剂的作用及其分类；熟悉关于防腐剂的相关国家标准。

### 技能目标

掌握液相色谱法测定山梨酸、苯甲酸含量的方法和技能；熟悉气相色谱法测定山梨酸、苯甲酸含量的方法和技能。

### 素质目标

谨记食品安全重于泰山，夯实专业理论，规范实验室安全操作，规范抽检食品中的防腐剂含量，监督管理食品安全性，把好食品检测安全关。

## 任务导入

山梨酸及其钾盐为酸性防腐剂，具有较好的抑菌效果，对霉菌、酵母菌和好气性细菌的生长发育均有抑制作用。但长期食用山梨酸超标的食品，可能会对人体的骨骼生长、肾脏、肝脏健康造成一定影响。某市场监管局开展肉制品、保健食品、乳制品、速冻食品、糖果制品、饮料 6 大类食品的抽检。抽检样品共计 787 批次，不合格 6 批次，其中某食品工业有限公司生产并销售的鲍柠凤爪不合格项目：山梨酸及其钾盐（以山梨酸计）。防腐剂测定的常用方法有哪些？防腐剂测定现行标准有哪些？

## 相关知识

### 一、防腐剂的定义和分类

食品防腐剂是指能防止由微生物引起的腐败变质、具有延长食品保藏期作用的食品添加剂。食品防腐剂按作用分为杀菌剂和抑菌剂，按来源分为化学防腐剂和天然防腐剂两大类。化学防腐剂又分为有机防腐剂与无机防腐剂。有机防腐剂主要包括苯甲酸、山梨酸等，无机防腐剂主要包括亚硫酸盐和亚硝酸盐等。天然防腐剂通常是从动物、植物和微生物的代谢产物中提取。目前世界各国允许使用的食品防腐剂种类很多。我国允许在一定量内使用的防腐剂有 30 多种，其中使用较多的是山梨酸和苯甲酸及其盐类。

防腐剂的测定（部分相关标准）

食品防腐剂可以有效地解决食品在加工、储存过程中因微生物“侵袭”而变质的问题，使食品在一般的自然环境中具有相对更长的保存期。防腐剂作为重要的食品添加剂之一，在食品工业中被广泛使用。如酱油中一般含有防腐剂苯甲酸钠，面包和豆制品中常常添加防腐剂丙酸钙，酱菜、果酱、调味品和饮料中常加入山梨酸钾，葡萄酒等果酒的防腐传统上用亚硫酸盐等。可见，防腐剂在日常食品中广泛存在。

## 二、防腐剂的测定方法

当前，国内外测定防腐剂的方法主要有高效液相色谱法、气相色谱法、分光光度法、毛细管电色谱法、胶束毛细管色谱法等。

从恐慌到理性
食品添加剂认知的
进阶之路
（思政微课）

### 任务实施

## 巧克力中苯甲酸、山梨酸含量的测定

山梨酸、苯甲酸和糖精钠作为国家允许使用的防腐剂，被广泛应用于食品、饮料等，但过量使用对人体健康是有危害的。长期食用山梨酸超标严重的食品，在一定程度上会抑制骨骼生长，危害肾、肝脏的健康。因此，我国食品添加剂使用标准对山梨酸、苯甲酸和糖精钠的使用量有严格的规定。

食品中山梨酸、苯甲酸的测定方法有液相色谱法、气相色谱法两种国标法。本实训采用液相色谱法，依据 GB 5009.28—2016《食品安全国家标准　食品中苯甲酸、山梨酸和糖精钠的测定》。

### 1. 目的要求

（1）了解液相色谱仪的主要组成部分、各主要部分的作用和工作条件的选择方法；理解液相色谱法的原理。

（2）学会样品的制备和处理方法。

（3）学会使用液相色谱仪，掌握方法的操作流程和注意要点。了解日常维护和常见故障排除方法，明确在液相色谱分析中操作条件对分离的影响。

### 2. 操作原理

样品经水提取，高脂肪样品经正己烷脱脂、高蛋白样品经蛋白沉淀剂沉淀蛋白，采用液相色谱分离、紫外检测器检测，外标法定量。

### 3. 用品准备

除非另有说明，本方法所用试剂均为分析纯，水为 GB/T 6682—2008《分析实验室用水规格和试验方法》规定的一级水。

（1）试剂

①氨水（$NH_3 \cdot H_2O$）。

②亚铁氰化钾［$K_4Fe(CN)_6 \cdot 3H_2O$］。

③乙酸锌［$Zn(CH_3COO)_2 \cdot 2H_2O$］。

④无水乙醇（$CH_3CH_2OH$）。

⑤正己烷（$C_6H_{14}$）。

⑥甲醇（$CH_3OH$）：色谱纯。

⑦乙酸铵（$CH_3COONH_4$）：色谱纯。

⑧甲酸（HCOOH）：色谱纯。

（2）试剂配制

①氨水溶液（1+99）：取氨水 1mL，加到 99mL 水中，混匀。

②亚铁氰化钾溶液（92g/L）：称取 106g 亚铁氰化钾，加入适量水溶解，用水定容至 1000mL。

③乙酸锌溶液（183g/L）：称取 220g 乙酸锌溶于少量水中，加入 30mL 冰乙酸，用水定容至 1000mL。

④乙酸铵溶液（20mmol/L）：称取 1.54g 乙酸铵，加入适量水溶解，用水定容至 1000mL，经 0.22μm 水相微孔滤膜过滤后备用。

⑤甲酸-乙酸铵溶液（2mmol/L 甲酸+20mmol/L 乙酸铵）：称取 1.54g 乙酸铵，加入适量水溶解，再加入 75.2μL 甲酸，用水定容至 1000mL，经 0.22μm 水相微孔滤膜过滤后备用。

（3）标准品　山梨酸钾（$C_6H_7KO_2$，CAS 号：590-00-1），纯度≥99.0%；或山梨酸（$C_6H_8O_2$，CAS 号：110-44-1），纯度≥99.0%，或经国家认证并授予标准物质证书的标准物质。

（4）标准溶液配制

①苯甲酸、山梨酸和糖精钠（以糖精计）标准储备溶液（1000mg/L）：分别准确称取苯甲酸钠、山梨酸钾和糖精钠 0.118g、0.134g 和 0.117g（精确到 0.0001g），用水溶解并分别定容至 100mL。于 4℃贮存，保存期为 6 个月。当使用苯甲酸和山梨酸标准品时，需要用甲醇溶解并定容。

注：糖精钠含结晶水，使用前需在 120℃烘 4h，干燥器中冷却至室温后备用。

②苯甲酸、山梨酸和糖精钠（以糖精计）混合标准中间溶液（200mg/L）：分别准确吸取苯甲酸、山梨酸和糖精钠标准储备溶液各 10.0mL 于 50mL 容量瓶中，用水定容。于 4℃贮存，保存期为 3 个月。

③苯甲酸、山梨酸和糖精钠（以糖精计）混合标准系列工作溶液：分别准确吸取苯甲酸、山梨酸和糖精钠混合标准中间溶液 0，0.05，0.25，0.50，1.00，2.50，5.00 和 10.0mL，用水定容至 10mL，配制成质量浓度分别为 0，1.00，5.00，10.0，20.0，50.0，100 和 200mg/L 的混合标准系列工作溶液。临用现配。

（5）材料　水相微孔滤膜（0.22μm）、塑料离心管（50mL）。

（6）仪器和设备

①高效液相色谱仪：配紫外检测器。

②分析天平：感量为 0.001g 和 0.0001g。

③涡旋振荡器。

④离心机：转速>8000r/min。

⑤匀浆机。

⑥恒温水浴锅。

⑦超声波发生器。

**4. 安全提醒**

（1）在使用实验室正己烷时，应该佩戴防护手套和防护眼镜，保护好自己的皮肤和眼睛。

（2）正己烷和其他有机溶剂一样，可以穿透皮肤，所以在使用过程中需要避免接触皮肤和呼吸道。

（3）实验室正己烷的挥发性很强，所以要注意在密闭容器里的正己烷需要密封好，以免挥发出来引起火灾和爆炸。

（4）任何时候都不要将正己烷直接与火源或火焰接触，以免引起火灾或爆炸。

（5）使用正己烷要严格按照实验室的规定和要求，不能私自调整试验条件和方法。

**5. 操作步骤**

（1）试样制备　固体样品用研磨机充分粉碎并搅拌均匀；取其中的200g装入玻璃容器中，密封；其他试样于-18℃保存。

（2）试样提取

①准确称取约2g（精确到0.001g）待测巧克力于试样于50mL具塞离心管中，加正己烷10mL，于60℃水浴加热约5min，并不时轻摇以溶解脂肪，然后加氨水溶液（1+99）25mL，乙醇1mL，涡旋混匀，于50℃水浴超声20min，冷却至室温后，加亚铁氰化钾溶液2mL和乙酸锌溶液2mL，混匀，8000r/min离心5min，弃去有机相，水相转移至50mL容量瓶中。

②残渣试样置于50mL具塞离心管中，加水约25mL，涡旋混匀，于50℃水浴超声20min，冷却至室温后加亚铁氰化钾溶液2mL和乙酸锌溶液2mL，混匀，8000r/min离心5min，将水相转移至50mL容量瓶中，残渣中加水20mL，涡旋混匀后超声5min，8000r/min离心5min，将水相转移到同一50mL容量瓶中，并用水定容至刻度，混匀。取适量上清液过0.22μm滤膜，待液相色谱测定。

（3）仪器参考条件

①色谱柱：$C_{18}$柱，柱长250mm，内径4.6mm，粒径5μm，或等效柱。

②流动相：甲醇+乙酸铵溶液=5+95。

③流速：1mL/min。

④检测波长：230nm。

⑤进样量：10μL。

当存在干扰峰或需要辅助定性时，可以采用加入甲酸的流动相来测定，例如流动相：甲醇+甲酸-乙酸铵溶液=8+92，参考色谱图见图4-1、图4-2。

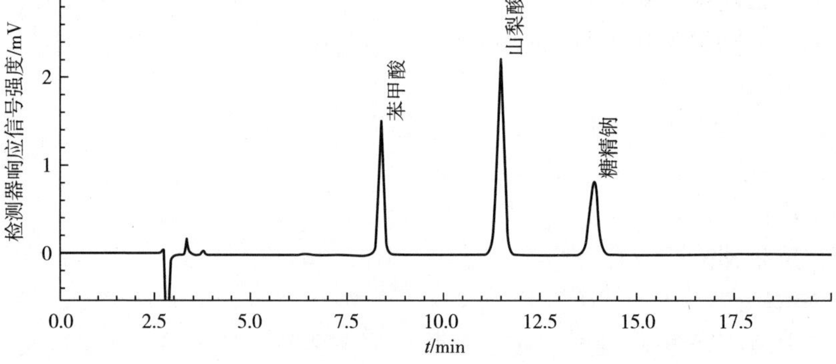


图4-1　1mg/L苯甲酸、山梨酸和糖精钠标准溶液液相色谱图（一）

（流动相：甲醇+乙酸铵溶液=5+95）

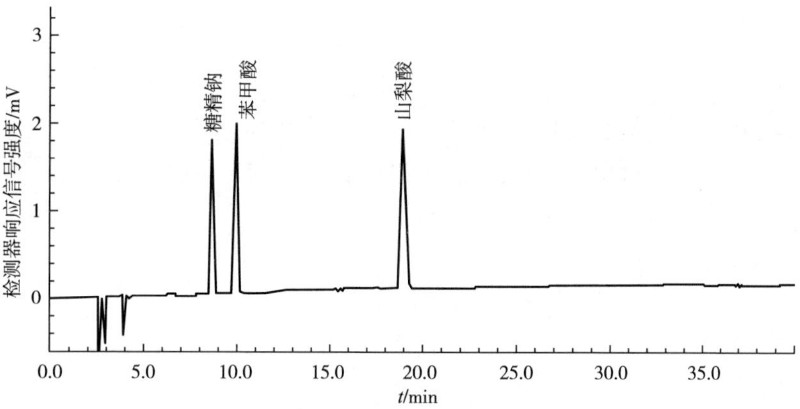


图 4-2　1mg/L 苯甲酸、山梨酸和糖精钠标准溶液液相色谱图（二）

（流动相：甲醇+甲酸-乙酸铵溶液＝8+92）

（4）标准曲线的制作　将混合标准系列工作溶液分别注入液相色谱仪中，测定相应的峰面积，以混合标准系列工作溶液的质量浓度为横坐标，峰面积为纵坐标，绘制标准曲线。

（5）试样溶液的测定　将试样溶液注入液相色谱仪中，得到峰面积，根据标准曲线得到待测液中苯甲酸的质量浓度。

### 6. 结果计算

（1）数据记录

**液相色谱检验原始记录**

<table>
<tr><td>样品名称</td><td colspan="2"></td><td>报验编号</td><td></td></tr>
<tr><td rowspan="2">检测项目</td><td colspan="2" rowspan="2"></td><td>验讫日期</td><td></td></tr>
<tr><td>温度</td><td></td></tr>
<tr><td>检测依据</td><td colspan="2"></td><td>相对湿度</td><td></td></tr>
<tr><td>仪器型号（编号）</td><td colspan="2"></td><td>天平编号</td><td></td></tr>
<tr><td rowspan="4">检测条件</td><td>检测器</td><td></td><td>色谱柱</td><td></td></tr>
<tr><td>波长</td><td></td><td>进样量</td><td></td></tr>
<tr><td>柱温</td><td></td><td>流速</td><td></td></tr>
<tr><td>流动相</td><td colspan="3"></td></tr>
<tr><td>标准物质及编号</td><td colspan="4"></td></tr>
<tr><td colspan="5">操作步骤（详见：　　）</td></tr>
</table>

<table>
<tr><td rowspan="2">检测结果信息</td><td>定量方法</td><td></td><td>结果计算</td><td></td></tr>
<tr><td>检测结果</td><td colspan="3"></td></tr>
<tr><td colspan="5">精密度：</td></tr>
<tr><td colspan="5">标准曲线见：</td></tr>
</table>

检测：　　　　　　　　复核：

（2）计算公式

$$X=\frac{\rho\times V}{m\times 1000}$$

式中　$X$——试样中待测组分含量，g/kg；

$\rho$——由标准曲线得出的试样液中待测物的质量浓度，mg/L；

$V$——试样定容体积，mL；

$m$——试样质量，g；

1000——由 mg/kg 转换为 g/kg 的换算因子。

结果保留 3 位有效数字。

山梨酸的测定（实操视频）

7. 要点提示

（1）在测量精密度方面，要求在重复性条件下获得的两次独立测定结果的绝对差值不得超过算术平均值的 10%。

（2）按取样量 2g，定容 50mL 时，苯甲酸、山梨酸和糖精钠（以糖精计）的检出限均为 0.005g/kg，定量限均为 0.01g/kg。

烟熏鸭肉中山梨酸的测定（实操视频）

**任务拓展**

## 食品中苯甲酸、山梨酸的测定——气相色谱法

**1. 原理**

试样经盐酸酸化后，用乙醚提取苯甲酸、山梨酸，采用气相色谱-氢火焰离子化检测器进行分离测定，外标法定量。

**2. 试剂和材料**

除非另有说明，本方法所用试剂均为分析纯，水为 GB/T 6682—2008《分析实验室用水规格和试验方法》规定的一级水。

（1）试剂

①乙醚（$C_2H_5OC_2H_5$）。

②乙醇（$C_2H_5OH$）。

③正己烷（$C_6H_{14}$）。

④乙酸乙酯（$CH_3CO_2C_2H_5$）：色谱纯。

⑤盐酸（HCl）。

⑥氯化钠（NaCl）。

⑦无水硫酸钠（$Na_2SO_4$）：500℃烘 8h，于干燥器中冷却至室温后备用。

（2）试剂配制

①盐酸溶液（1+1）：取 50mL 盐酸，边搅拌边慢慢加入 50mL 水中，混匀。

②氯化钠溶液（40g/L）：称取 40g 氯化钠，用适量水溶解，加盐酸溶液 2mL，加水定容至 1L。

③正己烷-乙酸乙酯混合溶液（1+1）：取 100mL 正己烷和 100mL 乙酸乙酯，混匀。

（3）标准品

①苯甲酸（$C_6H_5COOH$，CAS 号：65-85-0），纯度≥99.0%，或经国家认证并授予标

准物质证书的标准物质。

②山梨酸（$C_6H_8O_2$，CAS 号：110-44-1），纯度≥99.0%，或经国家认证并授予标准物质证书的标准物质。

（4）标准溶液配制

①苯甲酸、山梨酸标准储备溶液（1000mg/L）：分别准确称取苯甲酸、山梨酸各 0.1g（精确到 0.0001g），用甲醇溶解并分别定容至 100mL。转移至密闭容器中，于-18℃贮存，保存期为 6 个月。

②苯甲酸、山梨酸混合标准中间溶液（200mg/L）：分别准确吸取苯甲酸、山梨酸标准储备溶液各 10.0mL 于 50mL 容量瓶中，用乙酸乙酯定容。转移至密闭容器中，于-18℃贮存，保存期为 3 个月。

③苯甲酸、山梨酸混合标准系列工作溶液：分别准确吸取苯甲酸、山梨酸混合标准中间溶液 0，0.05，0.25，0.50，1.00，2.50，5.00 和 10.0mL，用正己烷-乙酸乙酯混合溶剂（1+1）定容至 10mL，配制成质量浓度分别为 0，1.00，5.00，10.0，20.0，50.0，100 和 200mg/L 的混合标准系列工作溶液。临用现配。

（5）材料　塑料离心管（50mL）。

**3. 仪器和设备**

（1）气相色谱仪：带氢火焰离子化检测器（FID）。

（2）分析天平：感量为 0.001g 和 0.0001g。

（3）涡旋振荡器。

（4）离心机：转速>8000r/min。

（5）匀浆机。

（6）氮吹仪。

**4. 操作步骤**

（1）试样制备　取多个预包装的样品，其中均匀样品直接混合，非均匀样品用组织匀浆机充分搅拌均匀，取其中的 200g 装入洁净的玻璃容器中，密封，水溶液于 4℃保存，其他试样于-18℃保存。

（2）试样提取　准确称取约 2.5g（精确至 0.001g）试样于 50mL 离心管中，加 0.5g 氯化钠、0.5mL 盐酸溶液（1+1）和 0.5mL 乙醇，用 15mL 和 10mL 乙醚提取两次，每次振摇 1min，于 8000r/min 离心 3min。每次均将上层乙醚提取液通过无水硫酸钠滤入 25mL 容量瓶中。加乙醚清洗无水硫酸钠层并收集至约 25mL 刻度，最后用乙醚定容，混匀。准确吸取 5mL 乙醚提取液于 5mL 具塞刻度试管中，于 35℃氮吹至干，加入 2mL 正己烷-乙酸乙酯（1+1）混合溶液溶解残渣，待气相色谱测定。

（3）仪器参考条件

①色谱柱：聚乙二醇毛细管气相色谱柱，内径 320μm，长 30m，膜厚度 0.25μm，或等效柱。

②载气：氮气 3mL/min，空气 400L/min，氢气 40L/min。

③进样口温度：250℃。

④检测器温度：250℃。

⑤柱温程序：初始温度 80℃，保持 2min，以 15℃/min 的速率升温至 250℃，保

持 5min。

⑥进样量：2μL。

⑦分流比：10∶1。

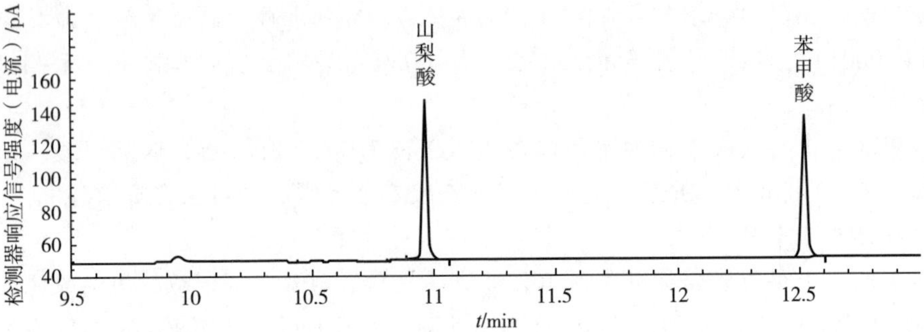


图 4-3 100mg/L 苯甲酸、山梨酸标准溶液气相色谱图

（4）标准曲线的制作 将混合标准系列工作溶液分别注入气相色谱仪中，以质量浓度为横坐标，以峰面积为纵坐标，绘制标准曲线。

（5）试样溶液的测定 将试样溶液注入气相色谱仪中，得到峰面积，根据标准曲线得到待测液中苯甲酸、山梨酸的质量浓度。参考色谱图见图 4-3。

**5. 结果计算**

试样中苯甲酸、山梨酸含量按下式计算：

$$X=\frac{\rho\times V\times 25}{m\times 5\times 1000}$$

式中 $X$——试样中待测组分含量，g/kg；

$\rho$——由标准曲线得出的样液中待测物的质量浓度，mg/L；

$V$——加入正己烷-乙酸乙酯（1+1）混合溶剂的体积，mL；

25——试样乙醚提取液的总体积，mL；

$m$——试样的质量，g；

5——测定时吸取乙醚提取液的体积，mL；

1000——由 mg/kg 转换为 g/kg 的换算因子。

结果保留 3 位有效数字。

**6. 要点提示**

（1）在精密度方面，要求在重复性条件下获得的两次独立测定结果的绝对差值不得超过算术平均值的 10%。

（2）取样量 2.5g，按试样前处理方法操作，最后定容到 2mL 时，苯甲酸、山梨酸的检出限均为 0.005g/kg，定量限均为 0.01g/kg。

**交流讨论**

试归纳液相色谱仪的操作要点。

任务十五 达标自测

# 任务十六

## 护色剂的测定

### 任务目标

#### 知识目标

了解护色剂和漂白剂的作用；掌握食品中亚硝酸盐的测定原理和方法；熟悉二氧化硫的测定原理和方法。

#### 技能目标

能运用盐酸萘乙二胺比色法完成肉制品中亚硝酸盐含量的测定；能规范使用检测所用的仪器设备；能完成测试样品的预处理操作。

#### 素质目标

熟知专业理论和实验室安全知识，掌握专业技能，科学抽检食品中的护色剂含量，对检测数据负责。

### 任务导入

GB 2760—2024《食品安全国家标准　食品添加剂使用标准》中规定，酱卤肉制品中亚硝酸盐最大残留量（以亚硝酸钠计）不得超过 30mg/kg。酱卤肉制品中亚硝酸盐超标的原因可能是生产企业在食品加工过程中超量添加，或生产工艺缺陷、保存条件不当等导致食物中的硝酸盐被还原为亚硝酸盐。

中国质量新闻 2021 年 7 月报道，山东省市场监督管理局对保健食品、饼干、餐饮食品、茶叶及相关制品、炒货食品及坚果制品、蛋制品、淀粉及淀粉制品、豆制品、方便食品、蜂产品、糕点、罐头、肉制品、食用农产品和调味品共 15 大类食品 1321 批次样品进行了监督抽检，其中有 7 大类食品 15 批次不合格样品，包含 2 批次亚硝酸盐（以亚硝酸钠计）不合格的肉制品。作为检测技术人员，在检测工作中，如何开展亚硝酸盐的测定？

### 相关知识

#### 一、护色剂的定义和种类

护色剂是指本身不具有颜色，但能与食品中某些成分作用，使食品色泽稳定或得到改善（如加强或保护）的一类食品添加剂。护色剂也称发色剂或呈色剂。

护色剂的测定（部分相关标准）

我国允许使用的护色剂有硝酸钠、硝酸钾、亚硝酸钠、亚硝酸钾和异抗坏血酸及其钠盐等。

硝酸盐和亚硝酸盐主要用于动物性食品中，异抗坏血酸及其钠盐多用于果蔬制品中。

## 二、护色剂的作用原理

以亚硝酸钠为例。在肉制品加工过程中添加亚硝酸钠作护色剂，其在酸性条件下会产生游离的亚硝酸，并进一步分解产生亚硝基。亚硝基与肉类中的肌红蛋白反应，生成稳定的、鲜艳亮红色的亚硝基肌红蛋白，从而赋予肉制品鲜艳的红色。

亚硝酸钠不仅是良好的发色剂，还具有较好的防腐作用（尤对肉毒梭状芽孢杆菌有特殊抑制作用）以及增强肉制品风味的作用。但亚硝酸钠作为食品添加剂，过量使用会对人体产生毒害作用，其原理是人体摄入的亚硝酸盐会将正常的血红蛋白氧化为高铁血红蛋白，从而失去携氧功能，导致组织缺氧。另外亚硝酸盐还是形成亚硝胺的前体物，研究证明人体内和食物中的亚硝酸盐只要与胺类或酰胺类物质同时存在，就可能形成致癌性物质。硝酸盐在胃肠里会被还原为亚硝酸盐继而产生上述作用。

亚硝酸钠的这种集多个作用于一身的特性决定了很难找到其他替代品。因此，各国都只能在保证安全和产品质量的前提下严格控制使用。如 GB 2760—2024《食品安全国家标准　食品添加剂使用标准》规定 $NaNO_3$ 的最大用量为 0.5g/kg，$NaNO_2$ 的最大用量为 0.15g/kg。肉制品中的残留量，以 $NaNO_2$ 计不得超过 30mg/kg。

## 三、护色剂的测定方法

亚硝酸盐的测定有盐酸萘乙二胺比色法和示波极谱法等国家标准方法；硝酸盐测定的国家标准方法是镉柱法，即先将硝酸盐还原为亚硝酸盐，再按亚硝酸盐的测定方法进行测定。

## 任务实施

### 肉制品中亚硝酸盐的测定

肉制品中亚硝酸盐的测定有离子色谱法和盐酸萘乙二胺比色法两种国家标准方法。本实训采用盐酸萘乙二胺比色法，依据 GB 5009.33—2016《食品安全国家标准　食品中亚硝酸盐与硝酸盐的测定》第二法。

#### 1. 目的要求

（1）学习盐酸萘乙二胺比色法测定肉制品中亚硝酸盐含量的原理和操作方法。

（2）掌握样品的制备、提取等基本操作技能。

（3）掌握分光光度计的使用方法和操作技能。

#### 2. 操作原理

试样经沉淀蛋白质和除脂后，在弱酸条件下亚硝酸盐与对氨基苯磺酸重氮化，然后再与盐酸萘乙二胺偶合形成紫红色染料，外标法测得亚硝酸盐含量。

#### 3. 用品准备

（1）分析天平。

（2）食物粉碎机。

（3）分光光度计。

（4）亚铁氰化钾溶液（106g/L）：称取 106.0g 亚铁氰化钾［$K_4Fe(CN)_6 \cdot 3H_2O$］，用

水溶解，并稀释至1000mL。

(5) 乙酸锌溶液 (220g/L)：称取220.0g乙酸锌 [$Zn(CH_3COO)_2$]，先加30mL冰醋酸溶解，用水稀释至1000mL。

(6) 饱和硼砂溶液 (50g/L)：称取5.0g硼酸钠 ($Na_2B_4O_7 \cdot 10H_2O$)，溶于100mL热水中，冷却后备用。

(7) 对氨基苯磺酸溶液 (4g/L)：称取0.4g对氨基苯磺酸 ($C_6H_7NO_3S$)，溶于100mL 20% (体积比) 盐酸中，置棕色瓶中混匀，避光保存。

(8) 盐酸萘乙二胺溶液 (2g/L)：称取0.2g盐酸萘乙二胺 ($C_{12}H_{14}N_2 \cdot 2HCl$)，溶于100mL水中，混匀后，置棕色瓶中，避光保存。

(9) 亚硝酸钠标准溶液 (200μg/mL)：准确称取0.1000g于110~120℃干燥恒重的亚硝酸钠，加水溶解移入500mL容量瓶中，加水稀释至刻度，混匀。

(10) 亚硝酸钠标准使用液 (5.0μg/mL)：临用前，吸取亚硝酸钠标准溶液5.00mL，置于200mL容量瓶中，加水稀释至刻度。

除非另有规定，本方法所用试剂均为分析纯。水为GB/T 6682—2008《分析实验室用水规格和试验方法》规定的一级水。

### 4. 安全提醒

盐酸萘乙二胺具有致癌作用，使用时要注意安全。

### 5. 操作步骤

(1) 试样的处理

①试样预处理：按照四分法取适量肉制品，用食物粉碎机制成匀浆备用。

②提取：称取5g (精确至0.01g) 制成匀浆的试样 (如制备过程中加水，应按加水量折算)，置于50mL烧杯中，加12.5mL饱和硼砂溶液，搅拌均匀，以70℃左右的水约300mL，将试样洗入500mL容量瓶中，于沸水浴中加热15min，取出置冷水浴中冷却，并放置至室温。

③提取液净化：在振荡上述提取液时加入5mL亚铁氰化钾溶液，摇匀，再加入5mL乙酸锌溶液，以沉淀蛋白质。加水至刻度，摇匀，放置30min，除去上层脂肪，上清液用滤纸过滤，弃去初滤液30mL，滤液备用。

(2) 亚硝酸盐的测定　吸取40.0mL上述滤液于50mL于具塞比色管中，另吸取0.00，0.20，0.40，0.60，0.80，1.00，1.50，2.00，2.50mL亚硝酸钠标准使用液 (相当于0.0，1.0，2.0，3.0，4.0，5.0，7.5，10.0，12.5μg亚硝酸钠)，分别置于50mL具塞比色管中。于标准管与试样管中分别加入2mL对氨基苯磺酸溶液，混匀，静置3~5min后各加入1mL盐酸萘乙二胺溶液，加水至刻度，混匀，静置15min，用2cm比色皿，以零管调节零点，于波长538nm处测吸光度，绘制标准曲线比较。同时做试剂空白。

### 6. 结果计算

(1) 数据记录

**亚硝酸盐测定原始记录**

| 比色管号 | 亚硝酸标准液量/mL | 亚硝酸钠含量/(μg/50mL) | 吸光度 | | |
|---|---|---|---|---|---|
| | | | 1 | 2 | 平均值 |
| 0 | 0.00 | 0.0 | | | |

续表

| 比色管号 | 亚硝酸标准液量/mL | 亚硝酸钠含量/(μg/50mL) | 吸光度 | | |
|---|---|---|---|---|---|
| | | | 1 | 2 | 平均值 |
| 1 | 0.20 | 1.0 | | | |
| 2 | 0.40 | 2.0 | | | |
| 3 | 0.60 | 3.0 | | | |
| 4 | 0.80 | 4.0 | | | |
| 5 | 1.00 | 5.0 | | | |
| 6 | 1.50 | 7.5 | | | |
| 7 | 2.00 | 10.0 | | | |
| 8 | 2.50 | 12.5 | | | |
| 样液 | | | | | |

（2）计算公式

$$X=\frac{m_1\times 1000}{m_2\times\frac{V_2}{V_1}\times 1000}$$

式中 $X$——试样中亚硝酸钠（以亚硝酸钠计）的含量，mg/kg；

$m_1$——测定用样液中亚硝酸钠的质量，μg；

$m_2$——试样质量，g；

$V_1$——试样处理液总体积，mL；

$V_2$——测定用样液体积，mL。

以重复性条件下获得的两次独立测定结果的算术平均值表示，结果保留 2 位有效数字。在重复性条件下获得的两次独立测定结果的绝对差值不得超过算术平均值的 10%。

7. 要点提示

（1）当亚硝酸盐含量高时，过量的亚硝酸盐可以将偶氮化合物氧化，变成黄色，而使红色消失，这时可以采取先加入试剂，然后滴加试液，从而避免亚硝酸盐过量。

（2）油脂含量高的样品需除去脂肪。可通过加热后冷却使脂肪凝固后再过滤除去，或用撇去法分开萃取上层脂肪；对有色的样品，如红烧的肉类，因其色素影响比色测定，应在硫酸锌沉淀蛋白质后，取其滤液 60mL 于 100mL 容量瓶中，加氢氧化铝乳液定容，然后过滤取其无色透明滤液进行比色测定。若一次加氢氧化铝乳液脱色效果不好，可进行两次或三次脱色过程，直至萃取液为无色透明滤液再进行比色测定。

鸭肉中亚硝酸盐的测定（实操视频）

（3）样品在沉淀蛋白质时，所用乙酸锌溶液不宜过多，否则会生成白色沉淀影响测定。

（4）滤液不宜放置过久，以免亚硝酸盐发生氧化作用影响测定结果。

紫外分光光度计（实操视频）

## 任务拓展

# 食品中二氧化硫的测定

漂白剂是指破坏或抑制食品发色因素，使其褪色或使免于褐变的食品添加剂。食品中常用的漂白剂大都属于亚硫酸及其盐类，通过其所产生的二氧化硫的还原作用而使食品漂白，同时还有抑菌防腐和抗氧化等作用。使用亚硫酸及其盐漂白，难免会在食品中留有二氧化硫残存。食用二氧化硫残存量过高的食品会对人体产生不良影响，因而须对亚硫酸及其盐类漂白剂的使用量加以严格控制。以下介绍分光光度法测定食品中的二氧化硫，依据 GB 5009.34—2022《食品安全国家标准　食品中二氧化硫的测定》第二法。

**1. 原理**

样品直接用甲醛缓冲吸收液浸泡或加酸充氮蒸馏，释放的二氧化硫被甲醛溶液吸收，生成稳定的羟甲基磺酸加成化合物，酸性条件下与盐酸副玫瑰苯胺，生成蓝紫色络合物，该络合物的吸光度与二氧化硫的浓度成正比。

**2. 试剂和材料**

除非另有说明，本方法所用试剂均为分析纯，水为 GB/T 6682—2008《分析实验室用水规格和试验方法》规定的三级水。

（1）试剂和原料

①氨基磺酸铵（$H_6N_2O_3S$）。

②乙二胺四乙酸二钠（$C_{10}H_{14}N_2Na_2O_3$）。

③甲醛（$CH_2O$）：36%～38%，应不含有聚合物（没有沉淀且溶液不分层）。

④邻苯二甲酸氢钾（$KHC_8H_4O_4$）。

⑤2%盐酸副玫瑰苯胺溶液。

⑥冰乙酸（$C_2H_4O_2$）。

⑦磷酸（$H_3PO_4$）。

（2）试剂配制

①氢氧化钠溶液（1.5mol/L）：称取 6.0g NaOH，溶于水并稀释至 100mL。

②乙二胺四乙酸二钠溶液（0.05mol/L）：称取 1.86g 乙二胺四乙酸二钠（简称 EDTA-2Na），溶于水并稀释至 100mL。

③甲醛缓冲吸收储备液：称取 2.04g 邻苯二甲酸氢钾，溶于少量水中，加入 36%～38%的甲醛溶液 5.5mL，0.05mol/L EDTA-2Na 溶液 20.0mL。混匀，加水稀释并定容至 100mL，贮存于冰箱中冷藏保存。

④甲醛缓冲吸收液：量取甲醛缓冲吸收储备液适量，用水稀释 100 倍。临用现配。

⑤盐酸副玫瑰苯胺溶液（0.5g/L）：量取 2%盐酸副玫瑰苯胺溶液 25.0mL，分别加入磷酸 30mL 和盐酸 12mL，用水稀释至 100mL，摇匀，放置 24h，备用（避光密封保存）。

⑥氨基磺酸铵溶液（3g/L）：称取 0.30g 氨基磺酸铵（$H_6N_2O_3S$）溶于水并稀释至 100mL。

⑦盐酸溶液（6mol/L）：量取盐酸 50mL，缓缓倾入 50mL 水中边加边搅拌。

（3）标准品　二氧化硫标准溶液（100μg/mL）：具有国家认证并授予标准物质证书。

（4）标准溶液配制　二氧化硫标准使用液（10μg/mL）：准确吸取二氧化硫标准溶液（100μg/mL）5.0mL，用甲醛缓冲吸收液定容至50mL。临用现配。

**3. 仪器和设备**

（1）玻璃充氮蒸馏器：500mL或1000mL或等效的蒸馏设备，装置原理图见图4-4。

（2）紫外可见分光光度计。

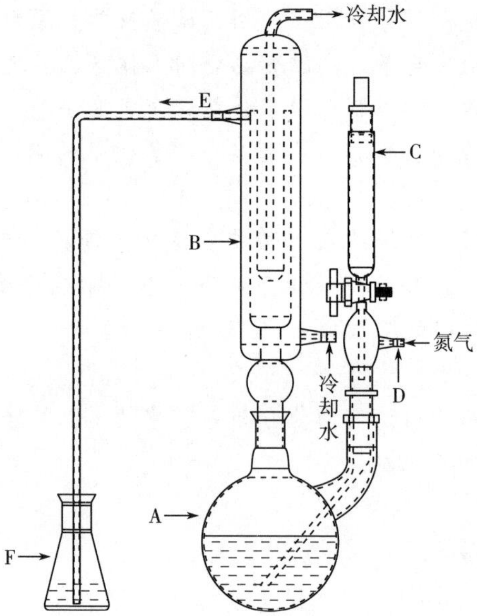


图4-4　玻璃充氮蒸馏器装置原理图

A—圆底烧瓶　B—竖式回流冷凝管　C—（带刻度）分液漏斗

D—连接氮气流入口　E—$SO_2$ 导气口　F—接收瓶

**4. 操作步骤**

（1）试样制备

①液体试样：取啤酒、葡萄酒、果酒、其他发酵酒、配制酒、饮料类试样，采样量应大于1L。对于袋装、瓶装等包装试样需至少采集3个包装（同一批次或号），将所有液体在一个容器中混合均匀后，密闭并标识，供检测用。

②固体试样：取粮食加工品、固体调味品、饼干、薯类食品、糖果制品（含巧克力及制品）、代用茶、酱腌菜、蔬菜干制品、食用菌制品、其他蔬菜制品、蜜饯、水果干制品、炒货食品及坚果制品（烘炒类、油炸类、其他类）、食糖、干制水产品、熟制动物性水产制品、食用淀粉、淀粉制品、淀粉糖、非发酵性豆制品、蔬菜、水果、海水制品、生干坚果与籽类食品等试样，采样量应大于600g。根据具体产品的不同性质和特点，直接取样，充分混合均匀，或者将可食用的部分，采用粉碎机等合适的粉碎手段进行粉碎，充分混合均匀，贮存于洁净盛样袋内，密闭并标识，供检测用。

③半流体试样：对于袋装、瓶装等包装试样需至少采集3个包装（同一批次或号）；对于酱、果蔬罐头及其他半流体试样，采样量均应大于600g，采用组织捣碎机捣碎混匀后，贮存于洁净盛样袋内，密闭并标识，供检测用。

（2）试样处理

①直接提取法：称取固体试样约10g（精确至0.01g），加甲醛缓冲吸收液100mL，振荡浸泡2h，过滤，取续滤液，待测。同时做空白试验。

②充氮蒸馏法：称取固体或半流体试样10~50g（精确至0.01g，取样量可视含量高低而定）；量取液体试样50~100mL，置于图4-4中圆底烧瓶A中，加水250~300mL。打开回流冷凝管开关给水（冷凝水温度<15℃），将冷凝管的上端E口处连接的玻璃导管置于100mL锥形瓶底部。锥形瓶内加入甲醛缓冲吸收液30mL作为吸收液（玻璃导管的末端应在吸收液液面以下）。开通氮气，使其流量计调节气体流量至1.0~2.0L/min，打开分液漏斗C的活塞，使6mol/L盐酸溶液10mL快速流入蒸馏瓶，立刻加热烧瓶内的溶液至沸，并保持微沸1.5h，停止加热。取下吸收瓶，以少量水冲洗导管尖嘴，并入吸收瓶中。将瓶内吸收液转入100mL容量瓶中，甲醛缓冲吸收液定容。待测。

（3）标准曲线的制作　分别准确量取0.00，0.20，0.50，1.00，2.00，3.00mL二氧化硫标准使用液（相当于0.0，2.0，5.0，10.0，20.0，30.0μg二氧化硫），置于25mL具塞试管中，加入甲醛缓冲吸收液至10.00mL，再依次加入3g/L氨基磺酸铵溶液0.5mL、1.5mol/L氢氧化钠溶液0.5mL、0.5g/L盐酸副玫瑰苯胺溶液1.0mL，摇匀，放置20min后，用紫外可见分光光度计在波长579nm处测定标准溶液吸光度，并以质量为横坐标，吸光度为纵坐标绘制标准曲线。

（4）试样溶液的测定　根据试样中二氧化硫含量吸取试样溶液0.50~10.00mL置于25mL具塞试管中，按上述（3）“加入甲醛缓冲吸收液至10.00mL……”进行操作，同时做空白试验。

**5. 结果计算**

试样中二氧化硫的含量按下式计算：

$$X=\frac{(m_1-m_0)\times V_1\times 1000}{m_2\times V_2\times 1000}$$

式中　$X$——试样中二氧化硫含量（以$SO_2$计），mg/kg或mg/L；

$m_1$——由标准曲线中查得的测定用试液中二氧化硫的质量，μg；

$m_0$——由标准曲线中查得的测定用空白溶液中二氧化硫的质量，μg；

$V_1$——试样提取液/试样蒸馏液定容体积，mL；

$m_2$——试样的质量或体积，g或mL；

$V_2$——测定用试样提取液/试样蒸馏液的体积，mL。

计算结果保留3位有效数字。

**6. 要点提示**

（1）精密度　在重复性条件下获得的两次独立测试结果的绝对差值不得超过算术平均值的10%。

（2）检出限与定量限　当固体或半流体称样量为10g，定容体积为100mL，取样体积为10mL时，本方法检出限为1mg/kg，定量限为6mg/kg；液体取样量为10mL时，定容体积为100mL，取样体积为10mL时，本方法检出限为1mg/L，定量限为6mg/L。

## 交流讨论

1. 既然亚硝酸盐对人体健康有害，为什么还要往肉制品中添加呢？

2. 常见食品包装袋的醒目位置标上了“不含任何添加剂”字样，你对此有何看法？

任务十六　达标自测

# 任务十七

## 甜味剂的测定

### 任务目标

#### 知识目标

了解甜味剂的作用及其分类；熟悉关于甜味剂的相关国家标准。

#### 技能目标

能掌握液相色谱-质谱/质谱法测定环己基氨基磺酸钠含量的方法和技能；熟悉气相色谱法测定环己基氨基磺酸钠的方法和技能。

#### 素质目标

遵守国家食品安全法规，合理抽检食品，规范检测，对检测过程和检测结果负责，及时发现甜味剂是否违规使用，共筑食品安全防线。

### 任务导入

山东省食药监局 2015 年第二期食品安全监督抽检涵盖 5 大类产品，合计 1175 批次，其中 23 批次抽检样品不合格，不合格样品中存在超范围超限量使用食品添加剂、存在违法添加非食用物质等问题。抽检发现部分白酒存在超范围、超限量使用甜蜜素、糖精钠等食品添加剂问题。针对抽检中发现的问题，山东省食品药品监督管理局已要求相关市级食品药品监管部门按照有关法律法规，对不合格产品及其生产经营企业依法查处，并采取针对性措施，防控食品安全风险。

请调查近 3 年市场抽查中甜味剂抽检是否有不合格情况，主要集中在哪些甜味剂上？以及甜味剂测定的常用方法有哪些？

### 相关知识

#### 一、甜味剂的定义和种类

甜味剂是赋予食品甜味的食品添加剂。按来源可分为天然甜味剂和合成甜味剂。按化学结构可分为糖与糖的衍生物、非糖天然甜味剂。葡萄糖、果糖、蔗糖、麦芽糖和乳糖等物质，虽然也是天然甜味剂，但因长期被人食用，且是重要的营养素，在我国不作为食品添加剂管理。通常所说的甜味剂包括人工合成的非营养甜味剂、非糖天然甜味剂与糖醇类甜味剂三类。

合成甜味剂主要包括糖精钠、环己基氨基磺酸钠、环己基氨基磺酸钙、天门冬酰苯丙氨酸甲酯、三氯蔗糖、乙酰磺胺酸钾、*N*-［*N*-（3,3-二甲基丁基）］-*L*-α-天门冬氨-*L*-苯丙氨酸-1-甲酯和 *L*-α-天冬氨酰-*N*-（2,2,4,4-四甲基-3-硫化三亚甲基）-*D*-丙氨酰胺。糖精钠（CNS 号：19.001；INS 号：954）是糖精的钠盐，又称可溶性糖精、水溶性糖精。环己基氨基磺酸钠（CNS 号：19.002；INS 号：952）又称甜蜜素。环己基氨基磺酸钠分为 A 型和 B 型（含两个结晶水），分别称为环己基氨基磺酸钠 A 型和环己基氨基磺酸钠 B 型，A 型为白色结晶粉末、针状结晶，B 型为白色针状、片状结晶；无臭，有甜味。天门冬酰苯丙氨酸甲酯（CNS 号：19.004；INS 号：951）又名阿斯巴甜。三氯蔗糖（CNS 号：19.016；INS 号：955）又名蔗糖素，是蔗糖的衍生物。乙酰磺胺酸钾（CNS 号：19.011；INS 号：950）又名安赛蜜、AK 糖。*N*-［*N*-（3,3-二甲基丁基）］-*L*-α-天门冬氨-*L*-苯丙氨酸-1-甲酯（CNS 号：19.019；INS 号：961）又名纽甜，是阿斯巴甜的衍生物。*L*-α-天冬氨酰-*N*-（2,2,4,4-四甲基-3-硫化三亚甲基）-*D*-丙氨酰胺（CNS 号：19.013；INS 号：956）又称阿力甜。

甜味剂的测定（部分相关标准）

天然甜味剂主要有甘草、甘草酸铵、甘草酸一钾及三钾（CNS 号：19.009，19.012，19.010；INS 号：958）、甜菊糖苷和罗汉果甜苷。甘草是我国民间传统使用的一种非糖天然甜味剂，其甜味成分为甘草酸（甘草甜素）。甜菊糖苷（CNS 号：19.008；INS 号：960）又称甜菊苷、蛇菊苷，是一种纯天然的高倍甜味剂。

糖醇类甜味剂主要有山梨糖醇及山梨糖醇液［CNS 号：19.006；INS 号：420（i），420（ii）］，麦芽糖醇及麦芽糖醇液［CNS 号：19.005；INS 号：965（i），965（ii）］，木糖醇（CNS 号：19.007；INS 号：967），赤藓糖醇（CNS 号：19.018），乳糖醇（CNS 号：19.014；INS 号：966），*D*-甘露糖醇（CNS 号：19.017；INS 号：421），*D*-甘露糖醇（CNS 号：19.017；INS 号：421），异麦芽酮糖（CNS 号：19.003）。

## 二、甜味剂的测定方法

目前检测甜味剂的方法主要包括气相色谱法、液相色谱法、离子色谱法、紫外可见分光光度法、薄层色谱法、液质联用法。其中，高效液相色谱法不仅可以分析大多数甜味剂，而且可以将多种甜味剂同时分离，有利于检测工作的进行。

## 任务实施

### 食品中甜味剂的测定——以液相色谱-质谱/质谱法测定白酒中环己基氨基磺酸钠为例

#### 1. 目的要求

（1）了解液相色谱-质谱/质谱仪的主要组成部分、各主要部分的作用和工作条件的选择方法；理解液相色谱-质谱/质谱法的原理。

（2）学会样品的制备和处理方法。

（3）学会使用液相色谱-质谱/质谱仪，掌握方法的操作流程和注意要点。了解日常维护和常见故障排除方法，明确分析中操作条件对分离的影响。

2. 操作原理

试样中的环己基氨基磺酸盐经提取液提取后，采用液相色谱-质谱/质谱仪测定，用保留时间及相对离子丰度定性，同位素稀释内标法定量。

液相色谱-质谱/质谱法
测定白酒中的
环己基氨基磺酸钠
（实操视频）

3. 用品准备

除非另有说明，本方法所用试剂均为分析纯，水为 GB/T 6682—2008《分析实验室用水规格和试验方法》规定的一级水。

（1）试剂

①乙腈（$CH_3CN$）：色谱纯。

②甲酸（HCOOH）：色谱纯。

③甲醇（$CH_3OH$）：色谱纯。

④二氯甲烷（$CH_2Cl_2$）。

⑤含 0.1%甲酸的乙腈水溶液：吸取 1.0mL 甲酸，加入 300mL 乙腈，用水稀释至 1000mL，混匀。

⑥含 0.1%甲酸的水溶液：吸取 1.0mL 甲酸，用水稀释至 1000mL，混匀。

⑦含 0.1%甲酸的甲醇溶液：吸取 1.0mL 甲酸，用甲醇稀释至 1000mL，混匀。

（2）标准品

①环己基氨基磺酸钠标准品（$C_6H_{12}SO_3Na$）。

②环己基氨基磺酸钠-$D_4$（$C_6H_8D_4NSO_3Na$）同位素内标物：纯度 ≥98%，或经国家认证并授予标准物质证书的标准品。

（3）标准溶液配制

①环己基氨基磺酸标准储备液（5mg/mL）：准确称取适量环己基氨基磺酸钠标准品（精确至 0.1mg）于 100mL 容量瓶中，用水溶解并定容至刻度，混匀（环己基氨基磺酸钠折算为环己基氨基磺酸的换算系数为 0.8907）。将溶液转移至棕色玻璃容器中，4℃下避光保存，有效期 12 个月。

②环己基氨基磺酸同位素内标储备液（100μg/mL）：准确称取适量环己基氨基磺酸钠-$D_4$（精确至 0.1mg）于 100mL 容量瓶中，用水溶解并定容至刻度，混匀（环己基氨基磺酸钠-$D_4$ 折算为环己基氨基磺酸-$D_4$ 的换算系数为 0.8928）。将溶液转移至棕色玻璃容器中，4℃下避光保存，有效期 12 个月。

③环己基氨基磺酸标准中间液（10μg/mL）：准确吸取环己基氨基磺酸标准储备液 0.20mL 于 100mL 容量瓶中，用水定容至刻度，混匀。将溶液转移至棕色玻璃容器中，4℃下避光保存，有效期 1 个月。

④环己基氨基磺酸同位素内标中间液（5μg/mL）：准确吸取环己基氨基磺酸同位素内标储备液 5.0mL 于 100mL 容量瓶中，用水定容至刻度，混匀。将溶液转移至棕色玻璃容器中。4℃下避光保存，有效期 1 个月。

⑤环己基氨基磺酸标准系列工作液：分别准确吸取环己基氨基磺酸标准中间液 10，20，50，100，200，500，1000μL 于 10mL 容量瓶中，再分别加入环己基氨基磺酸同位素内标中间液 100μL，用含 0.1%甲酸的乙腈水溶液定容至刻度。环己基氨基磺酸浓度分别

为 10，20，50，100，200，500，1000ng/mL，标准系列工作液中环己基氨基磺酸同位素内标的浓度为 50ng/mL。临用现配。

（4）材料

①离心管：50mL 具螺纹盖刻度离心管。

②有机相微孔滤膜：0.22μm 孔径。

（5）仪器和设备

①液相色谱-质谱/质谱仪，配有电喷雾（ESI）离子源。

②分析天平：感量 1mg、0.1mg。

③涡旋振荡器。

④高速离心机。

⑤超声波发生器。

### 4. 安全提醒

（1）乙腈易挥发易燃，是一种刺激物和化学窒息剂，可因吸入、咽下或皮肤吸收而发挥其效应。操作时要戴合适的手套和安全眼镜。只能在通风橱、生物安全柜里使用，远离热、火花和明火。

（2）甲酸（HCOOH）毒性强，对黏膜组织、上呼吸道、眼睛和皮肤有害。可因吸入、咽下或皮肤吸收而危害健康。戴合适的手套和安全眼镜（或面具）并在化学通风橱、生物安全柜内使用。

### 5. 操作步骤

（1）试样溶液制备　称取 2g 试样（精确至 0.001g）于离心管中，准确加入 200μL 环己基氨基磺酸同位素内标中间液，用含 0.1%甲酸的乙腈水溶液稀释至 20mL 刻度，混匀，涡旋 5min，超声提取 10min，9000r/min 离心 5min，取样液过有机相微孔滤膜，供上机测定。

（2）设置仪器条件

①液相色谱参考条件。

色谱柱：表面多孔填料 $C_{18}$ 柱，3.0mm×100mm，2.7μm，或同等性能的色谱柱；

流动相：A 为含 0.1%甲酸的水溶液，B 为含 0.1%甲酸的甲醇溶液，梯度洗脱程序见表 4-1；

流速：0.4mL/min；

柱温：45℃；

进样量：2μL。

**表 4-1　梯度洗脱程序**

| 时间/min | A/% | B/% |
|---|---|---|
| 0.0 | 95 | 5 |
| 2.0 | 95 | 5 |
| 3.5 | 2 | 98 |
| 6.5 | 2 | 98 |

续表

| 时间/min | A/% | B/% |
|---|---|---|
| 7.0 | 95 | 5 |
| 10.0 | 95 | 5 |

②质谱参考条件。

离子源：电喷雾离子源（ESI）；

扫描方式：负离子扫描；

检测方式：多重反应监测模式（MRM）；

毛细管电压：-2000V；

干燥气温度：300℃；

干燥气流量：5L/min；

雾化气压力：241kPa；

鞘气温度：250℃；

鞘气流量：11L/min；

监测离子对和质谱参数参考值见表 4-2。

表 4-2 监测离子对和质谱参数参考值

| 名称 | 母离子 | 子离子 | 碎裂电压/V | 碰撞能/eV |
|---|---|---|---|---|
| 环己基氨基磺酸 | 178 | 80* | 150 | 30 |
| | 180 | 82 | 150 | 30 |
| 环己基氨基磺酸-$D_4$ | 182 | 80 | 150 | 30 |

注：（1）质谱条件仅供参考，当采用不同质谱仪器时，仪器参数可能存在差异，测定前应将质谱参数优化至最佳。

（2）*为定量离子。

（3）定性测定

①保留时间：试样中目标化合物色谱峰的保留时间与相应标准色谱峰的保留时间相比较，变化范围应在±2.5%。

②定量离子、定性离子及相对离子丰度比：环己基氨基磺酸 2 个子离子的相对丰度比（k）与浓度相当标准工作溶液的环己基氨基磺酸的 2 个子离子的相对丰度比相比，其最大允许偏差不超过表 4-3 规定的范围，则可判定为试样中存在环己基氨基磺酸。

表 4-3 定性确证时相对离子丰度的最大允许偏差

| 相对离子丰度/% | $k>50$ | $50\geqslant k>20$ | $20\geqslant k>10$ | $k\leqslant 10$ |
|---|---|---|---|---|
| 最大允许偏差/% | ±20 | ±25 | ±30 | ±50 |

（4）标准曲线的制作　将标准系列工作液注入液相色谱-质谱/质谱仪中，以被测组分浓度与内标浓度比值为横坐标，以被测组分色谱峰面积与内标色谱峰面积比值为纵坐标，绘制标准曲线。

环己基氨基磺酸标准溶液（100ng/mL）及环己基氨基磺酸-$D_4$ 内标溶液（50ng/mL）多反应监测（MRM）色谱图见图 4-5。

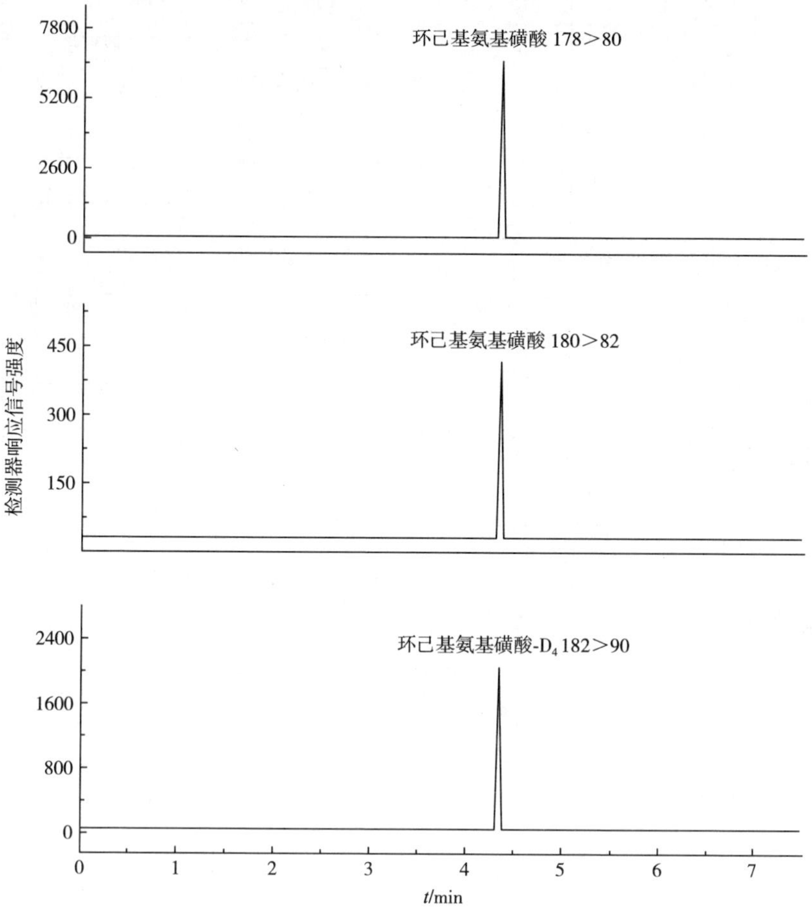


图 4-5　环己基氨基磺酸标准溶液（100ng/mL）及环己基氨基磺酸-$D_4$ 内标溶液（50ng/mL）多反应监测（MRM）色谱图

（5）定量测定　将试样溶液同标准曲线工作液进样测定，根据标准曲线得到试样溶液中待测物的浓度，计算样品中待测物的含量。

6. 结果计算

（1）数据记录

**液相色谱串联质谱检验原始记录**

| | | | |
|---|---|---|---|
| 样品名称 | | 样品编号 | |
| 检测项目 | | 验讫日期 | |
| | | 温度 | |
| 检测依据 | | 相对湿度 | |
| 仪器型号（编号） | | 天平编号 | |

续表

<table>
<tr><td rowspan="10">检测条件</td><td>色谱柱</td><td></td><td>柱温</td><td></td><td>进样量</td><td></td></tr>
<tr><td>流速</td><td>mL/min</td><td>离子源</td><td></td><td>扫描方式</td><td></td></tr>
<tr><td rowspan="8">流动相</td><td rowspan="8"></td><td colspan="4">梯度洗脱程序</td></tr>
<tr><td colspan="2">时间</td><td>A/%</td><td>B/%</td></tr>
<tr><td colspan="2"></td><td></td><td></td></tr>
<tr><td colspan="2"></td><td></td><td></td></tr>
<tr><td colspan="2"></td><td></td><td></td></tr>
<tr><td colspan="2"></td><td></td><td></td></tr>
<tr><td colspan="2"></td><td></td><td></td></tr>
<tr><td colspan="2"></td><td></td><td></td></tr>
<tr><td>标准物质及编号</td><td colspan="6"></td></tr>
<tr><td colspan="7">操作步骤（详见：　　）</td></tr>
</table>

<table>
<tr><td rowspan="2">检测结果信息</td><td>定量方法</td><td></td><td>结果计算</td><td></td></tr>
<tr><td>检测结果</td><td colspan="3">检测项目：　　　　　检测结果：（μg/kg）　　　　回收率（%）</td></tr>
<tr><td colspan="2">质控情况</td><td colspan="3">□质控样品　□样品加标（回收率：　%）□空白样品加标（回收率：　%）</td></tr>
<tr><td colspan="5">标准谱图见：</td></tr>
<tr><td colspan="5">备注：测量精密度小于　%</td></tr>
</table>

检测：　　　　　　　　　　　　复核：

（2）计算公式

$$X=\frac{\rho\times V\times 1000}{m\times 1000\times 1000}$$

式中　$X$——试样中环己基氨基磺酸的含量，mg/kg；

$\rho$——由标准曲线计算出待测溶液中环己基氨基磺酸的质量浓度，ng/mL；

$V$——试样中提取溶剂总体积或定容体积，mL；

$m$——试样质量，g。

计算结果以重复性条件下获得的两次独立测定结果的算术平均值表示，结果保留 3 位有效数字。

备注：①分子中的 1000：用于将试样质量 m 的单位从克（g）转换为毫克（mg），因为 1g=1000mg。这样做的目的是与最终结果单位 mg/kg 中的“mg”保持一致。②分母中的第一个 1000，用于将提取溶剂体积 V 的单位从毫升（mL）转换为升（L），因为 1L=1000mL；这是为了与质量浓度 $\rho$ 的单位 ng/mL 中的“mL”对应，确保单位的一致性。分母中的第二个 1000，用于将质量浓度 $\rho$ 的单位从纳克（ng）转换为毫克（mg），因为 1mg=1000000ng。但这里的分母中已经有一个 1000（将 mL 转换为 L），所以两个 1000 相乘（即 1000×1000）共同完成从 ng/mL 到 mg/L 的转换。③公式通过这三个“1000”的转换，确保所有单位统一为 mg/kg 从而正确计算出试样中环己基氨基磺酸的含量。

7. 要点提示

（1）精密度　在重复性条件下获得的两次独立测定结果的绝对差值不得超过算术平均值的 15%。

（2）其他　当取样量 2g 时，本方法检出限为 0.03mg/kg，定量限为 0.10mg/kg。

## 任务拓展

### 气相色谱法测定食品中的环己基氨基磺酸钠

食品中环己基氨基磺酸钠（甜蜜素）的三种常用测定方法有气相色谱法、液相色谱法和液相色谱-质谱/质谱法。气相色谱法适用于食品（蒸馏酒、发酵酒、配制酒、料酒及其他含乙醇的食品除外）中环己基氨基磺酸盐的测定。液相色谱法适用于食品中环己基氨基磺酸盐的测定。液相色谱-质谱/质谱法适用于食品中环己基氨基磺酸盐的测定。下面介绍气相色谱法测定食品中的环己基氨基磺酸钠。

**1. 原理**

试样中的环己基氨基磺酸盐经水提取，在硫酸介质中与亚硝酸钠反应，生成环己醇亚硝酸酯和环己醇，用正庚烷萃取后，用气相色谱-氢火焰离子化检测器测定，外标法定量。

**2. 试剂和材料**

除非另有说明，本方法所用试剂均为分析纯，水为 GB/T 6682—2008《分析实验室用水规格和试验方法》中规定的一级水。

（1）试剂

①正庚烷［$CH_3(CH_2)_5CH_3$］：色谱纯。

②石油醚：沸程为 30~60℃。

③硫酸（$H_2SO_4$）：95.0%~98.0%（质量分数），1.84g/mL。

④亚硝酸钠（$NaNO_2$）。

⑤淀粉酶：酶活力≥1500U/g。

⑥无水乙醇（$CH_3CH_2OH$）。

（2）试剂配制

①亚硝酸钠溶液（50g/L）：称取 50g 亚硝酸钠，溶于水并稀释至 1000mL，混匀。

②硫酸溶液（200g/L）：量取 108mL 硫酸，缓慢加入 800mL 水中，不断搅拌避免局部过热，冷却后加水稀释至 1000mL，混匀。

（3）标准品　环己基氨基磺酸钠标准品（$C_6H_{12}NSO_3Na$）：纯度 ≥99%，或经国家认证并授予标准物质证书的标准品。

（4）标准溶液的配制

①环己基氨基磺酸标准储备液（6mg/mL）：准确称取适量环己基氨基磺酸钠标准品（精确至0.1mg）于100mL容量瓶中，用水溶解并定容至刻度，混匀（环己基氨基磺酸钠折算为环己基氨基磺酸的换算系数为0.8907）。将溶液转移至棕色玻璃容器中，4℃下避光保存，有效期12个月。

②环己基氨基磺酸标准中间液（1200μg/mL）：准确吸取环己基氨基磺酸标准储备液10mL于50mL容量瓶中，用水定容至刻度，混匀。将溶液转移至棕色玻璃容器中，4℃下避光保存，有效期6个月。

（5）材料

①离心管：50mL具螺纹盖刻度离心管。

②有机相微孔滤膜：0.45μm孔径。

**3. 仪器与设备**

（1）气相色谱仪：配有氢火焰离子化检测器（FID）。

（2）分析天平：感量1mg，0.1mg。

（3）涡旋振荡器。

（4）高速离心机。

（5）超声波发生器。

（6）粉碎机。

（7）研磨机。

（8）匀浆机。

（9）恒温水浴装置。

**4. 操作步骤**

（1）试样制备

①液体试样：直接摇匀（含二氧化碳的试样，超声除去气泡后摇匀）。

②非均匀的液态、半固态试样：取适量试样，经匀浆机匀浆后混匀。

③巧克力、巧克力制品、奶酪、黄油等试样：取适量试样，-18℃冷冻后，粉碎机粉碎并搅拌均匀。

④固态试样：取适量试样，用研磨机或粉碎机粉碎并搅拌均匀。

（2）试样提取

①巧克力、奶油、奶酪、乳粉、调味面制品、油腐乳、油豆豉、肉及肉制品、水产品罐头等含较高油脂试样：称取2g试样（精确至0.001g）于离心管中，加入20mL石油醚，涡旋5min，超声10min，5000r/min离心3min，弃去石油醚层，再加入20mL石油醚提取1次，弃去石油醚层，（60±2）℃水浴挥去残留石油醚，加入20mL水［巧克力、奶油、奶酪、乳粉等试样需在水浴锅中（60±2）℃加热20min］，涡旋5min，超声提取30min，混匀后放至室温备用。

②果冻、糖果、米粉、淀粉制品等试样：称取2g试样（精确至0.001g）于离心管中，加入20mL水（米粉、淀粉制品等试样需再加入0.2g淀粉酶），混合均匀后，（60±2）℃水浴加热20min，涡旋5min，超声提取10min，混匀后放至室温备用。

③其他固体、半固体试样：称取2g试样（精确至0.001g）于离心管中，加入20mL

水，涡旋 5min，超声提取 30min，混匀后放至室温备用。

④液体试样：称取 2g 试样（精确至 0.001g）于离心管中，加水至 20mL，涡旋 5min，超声提取 10min，混匀后放至室温备用。

（3）衍生化　将装有试样提取液的离心管置于冰浴 10min 后，依次加入 10mL 正庚烷、5mL 亚硝酸钠溶液（50g/L）、5mL 硫酸溶液（200g/L），混匀，冰浴中放置 30min，其间振摇 3~5 次，取出后涡旋 3min，4℃下 9000r/min 离心 3min（如出现乳化现象，可缓慢滴加无水乙醇，同时轻摇离心管，直至破乳，4℃下 9000r/min 离心 3min），取上清液过有机相微孔滤膜，供上机测定。

（4）标准系列工作液的制备及衍生化　分别准确移取 0.05，0.10，0.25，0.50，1.00，2.50，5.00mL 环己基氨基磺酸标准中间液（1200μg/mL）于离心管中，用水稀释至 20mL，按 4.（3）测定步骤衍生化。此时正庚烷中待测物的浓度分别相当于 6，12，30，60，120，300，600μg/mL，临用现配。

（5）仪器参考条件

①色谱柱：内涂 50%苯基-50%甲基聚硅氧烷的中等极性毛细管柱，30m×0.32mm×0.25μm，或同等性能的色谱柱。

②柱温升温程序：初温 50℃保持 3min，10℃/min 升温至 70℃保持 0.5min，30℃/min 升温至 220℃保持 3min。

③进样口温度：230℃。

④进样量：1μL。

⑤进样方式：分流进样，分流比为 1∶5。

⑥检测器：氢火焰离子化检测器（FID），温度 260℃。

⑦载气：高纯氮气 2.0mL/min，氢气 32mL/min，空气 300mL/min。

（6）标准曲线的制作　经衍生化处理的标准系列工作液注入气相色谱仪中，测得相应衍生物的峰面积，以标准系列工作溶液中环己基氨基磺酸的浓度为横坐标，以环己基氨基磺酸衍生物环己醇亚硝酸酯和环己醇两峰面积之和为纵坐标，绘制标准曲线。

环己基氨基磺酸标准溶液（600μg/mL）衍生物气相色谱图见图 4-6。

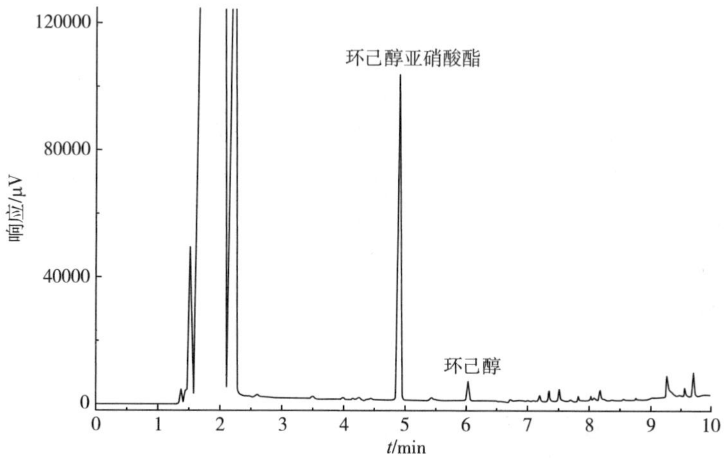


图 4-6　环己基氨基磺酸标准溶液（600μg/mL）衍生物气相色谱图

（7）试样溶液的测定　经衍生化处理的试样溶液注入气相色谱仪中，用环己基氨基磺酸衍生物环己醇亚硝酸酯和环己醇两峰保留时间定性，测得峰面积加和作为测定面积计算，根据标准曲线得到试样溶液中待测物的浓度，计算样品中待测物的含量。衍生化处理的试样溶液中待测物响应若超出线性范围，应用正庚烷稀释后再进样分析。

## 5. 结果计算

（1）数据记录

**气相色谱检验原始记录**

<table>
<tr><td>样品名称</td><td colspan="2" rowspan="1"></td><td colspan="2">样品编号</td><td colspan="2"></td></tr>
<tr><td rowspan="2">检测项目</td><td colspan="2" rowspan="2"></td><td colspan="2">验讫日期</td><td colspan="2"></td></tr>
<tr><td colspan="2">检测依据</td><td colspan="2"></td></tr>
<tr><td>温度</td><td colspan="2"></td><td colspan="2">相对湿度</td><td colspan="2"></td></tr>
<tr><td>仪器型号<br>（编号）</td><td colspan="2"></td><td colspan="2">天平编号</td><td colspan="2"></td></tr>
<tr><td rowspan="4">检测条件</td><td>色谱柱</td><td></td><td>载气</td><td></td><td>进样量</td><td></td></tr>
<tr><td>柱头压</td><td></td><td>氢气流量</td><td></td><td>空气流量</td><td></td></tr>
<tr><td>检测器温度</td><td></td><td>检测器</td><td></td><td>进样口温度</td><td></td></tr>
<tr><td>柱温度</td><td colspan="5"></td></tr>
<tr><td>标准溶液及编号</td><td colspan="6"></td></tr>
</table>

操作步骤（详见：　　）

<table>
<tr><td rowspan="2">检测结果信息</td><td>定量方法</td><td></td><td>结果计算</td><td></td></tr>
<tr><td>检测结果</td><td colspan="3"></td></tr>
</table>

标准谱图见　　/标样浓度及峰面积见谱图　　，精密度符合方法要求。

检测：　　　　　　　　　　　　复核：

（2）计算公式

$$X=\frac{\rho \times V \times 1000}{m \times 1000 \times 1000} \times f$$

式中　$X$——试样中环己基氨基磺酸的含量，g/kg；

$\rho$——由标准曲线计算出待测溶液中环己基氨基磺酸的质量浓度，μg/mL；

$V$——加入正庚烷体积，mL；

$m$——试样质量，g；

$f$——稀释倍数。

计算结果以重复性条件下获得的两次独立测定结果的算术平均值表示，结果保留3位有效数字。

备注：①分子1000：将$\rho$从μg/mL转换为mg/mL；②分母1000×1000：一个将g转换为kg（匹配最终单位的分母），另一个平衡分子中质量单位的转换（从μg到mg再到g）；③最终单位：通过所有转换，确保$X$为g/kg。

**6. 要点提示**

（1）空白试验：除不加试样外，其他步骤均按测定步骤进行。

（2）精密度：在重复性条件下获得的两次独立测定结果的绝对差值不得超过算术平均值的15%。

（3）当取样量为2g时，本方法检出限为0.01g/kg，定量限为0.03g/kg。

### 交流讨论

液相色谱-质谱/质谱仪常见的故障有哪些？如何排除？

任务十七　达标自测

## 任务十八

## 着色剂的测定

### 任务目标

#### 知识目标

了解着色剂的相关理论知识；熟悉着色剂测定的相关国家和行业标准。

着色剂的测定（部分相关标准）

#### 技能目标

掌握食品中合成着色剂柠檬黄、新红、苋菜红、胭脂红、日落黄、亮蓝、赤藓红测定中前处理的操作流程、细节、注意事项等；熟悉合成着色剂测定的操作流程、细节和注意事项等。

#### 素质目标

遵守国家食品安全法规，掌握专业技能，规范检测，及时发现着色剂是否违规使用，共筑食品安全防线，同时注意提高岗位环保意识。

### 任务导入

2022年4月，市场监管总局在关于10批次食品抽检不合格的通报中指出，某网售商品中的某品牌乌梅，其苋菜红检测值不符合食品安全国家标准规定。请对近3年市场抽查中着色剂的抽检情况进行调查，查明是否存在不合格情况，以及主要集中在哪些合成着色剂上？

## 相关知识

### 一、着色剂的定义和分类

色泽是衡量食品质量的重要指标之一，色泽优良的食品不仅可以提高其感官性状，给人以美的享受，而且还能增进食欲。天然食品一般都有美丽的色泽，但经过加工处理后，则会发生褪色或变色现象，为了保持或改善食品的色泽，在食品加工中往往需要对食品进行人工着色。着色剂就是赋予食品色泽和改善食品色泽的物质。

着色剂按其来源和性质可分为合成色素和天然色素两大类。

合成色素主要指用人工合成方法所制得的色素。按其来源可分为：①焦油色素，如苋菜红、胭脂红、赤藓红、诱惑红、偶氮玉红（酸性红）、柠檬黄、日落黄等及其同名色淀；②金属氧化物，如二氧化钛、氧化铁黑和氧化铁红；③其他，如人工合成β-胡萝卜素、叶绿素铜钠（钾）盐、人工合成番茄红素等。按化学结构不同可分成两类：偶氮类色素和非偶氮类色素。偶氮类色素按溶解性不同又分为油溶性和水溶性两类。油溶性偶氮类色素不溶于水，进入人体内不易排出体外，毒性较大，现在世界各国基本上不再使用这类色素对食品着色。水溶性偶氮类色素较容易排出体外，毒性较低，目前世界各国使用的合成色素有相当一部分是水溶性偶氮类色素及其色淀。色淀是由水溶性色素沉淀在许可使用的不溶性基质上所制备的特殊着色剂，其色素部分是许可使用的合成色素，基质部分多为氧化铝。

天然色素主要是天然存在的色素。按来源不同，主要有以下三类：①植物色素，如甜菜红、姜黄、β-胡萝卜素、叶绿素等；②动物色素，如紫胶红（虫胶红）、胭脂虫红等；③微生物色素，如红曲红等。按化学结构的不同，天然色素可分为：①花色苷类，如越橘红、萝卜红等；②黄酮类，如高粱红、红花黄等；③类胡萝卜素，如辣椒红、栀子黄、β-胡萝卜素等；④酮类衍生物，如红曲红、姜黄素等；⑤醌类衍生物，如紫胶红、胭脂虫红等；⑥其他，如焦糖色、植物炭黑等。

### 二、合成色素的应用和测定方法

近年来，由于合成色素的安全性问题，实际使用的品种正在逐渐减少。据统计，1958年世界各国曾作为食用色素使用的合成色素有近90种，而现在仍在使用的不到二分之一。

GB 2760—2024《食品安全国家标准　食品添加剂使用标准》目前允许使用的食用合成色素有赤藓红、喹啉黄、柠檬黄、日落黄、苋菜红、胭脂红、新红、诱惑红、偶氮玉红（酸性红）、亮蓝和靛蓝等。食用合成色素的测定方法主要有薄层层析法、气相色谱法、高效液相色谱法等。

## 任务实施

### 加工水果中合成着色剂的测定

#### 1. 目的要求

（1）明确液相色谱法中基本术语的含义；了解液相色谱仪的主要组成部分、各主要部分的作用和工作条件的选择方法；理解液相色谱法的原理。

（2）学会样品的制备和处理方法。

（3）学会使用液相色谱仪，掌握方法的操作流程和注意要点。了解日常维护和常见故障排除方法，明确在液相色谱分析中操作条件对分离的影响。

**2. 操作原理**

试样中的合成着色剂用乙醇氨水溶液提取，经固相萃取净化后，用配有二极管阵列检测器的高效液相色谱仪测定，外标法定量。

食品中合成着色剂的测定（实操视频）

**3. 用品准备**

除非另有说明，本方法所用试剂均为分析纯，水为 GB/T 6682—2008《分析实验室用水规格和试验方法》规定的一级水。

（1）试剂

①甲醇（$CH_4O$）：色谱纯。

②石油醚：沸程 30~60℃。

③无水乙醇（$C_2H_6O$）。

④氨水（$NH_3 \cdot H_2O$）：含量 20%~25%。

⑤乙酸铵（$C_2H_7O_2N$）：色谱纯。

⑥甲酸（$CH_2O_2$）：含量 98%。

（2）试剂配制

①乙醇氨水溶液：量取无水乙醇 700mL，加入 4mL 氨水，用水稀释至 1L，混匀。

②5%甲醇水溶液：移取（1）试剂中甲醇 5mL，用水稀释并定容至 100mL，混匀。

③2%氨水甲醇溶液：移取 2mL 氨水，用（1）试剂中的甲醇稀释至 100mL。

④乙酸铵溶液（20mmol/L）：称取 1.54g 乙酸铵，加水溶解并稀释至 1000mL。

⑤乙酸铵缓冲溶液，pH=9.0：乙酸铵溶液④加氨水调 pH 至 9.0。

⑥2%甲酸水溶液：移取甲酸 2mL，用水稀释至 100mL。

（3）标准品

①柠檬黄（CAS 号：1934-21-0）：纯度≥95.0%，或经国家认证并授予标准物质证书的标准品。

②新红（CAS 号：220658-76-4）：纯度≥95.0%，或经国家认证并授予标准物质证书的标准品。

③苋菜红（CAS 号：915-67-3）：纯度≥95.0%，或经国家认证并授予标准物质证书的标准品。

④靛蓝（CAS 号：860-22-0）：纯度≥90.0%，或经国家认证并授予标准物质证书的标准品。

⑤胭脂红（CAS 号：2611-82-7）：纯度≥95.0%，或经国家认证并授予标准物质证书的标准品。

⑥日落黄（CAS 号：2783-94-0）：纯度≥90.0%，或经国家认证并授予标准物质证书的标准品。

⑦诱惑红（CAS 号：25956-17-6）：纯度≥95.0%，或经国家认证并授予标准物质证书的标准品。

⑧亮蓝（CAS 号：3844-45-9）：纯度≥95.0%，或经国家认证并授予标准物质证书的标准品。

⑨喹啉黄（CAS 号：8004-92-0）：纯度≥95.0%，或经国家认证并授予标准物质证书的标准品。

（4）标准溶液配制

①标准储备液（1.0mg/mL）：准确称取按其纯度折算为 100% 质量的柠檬黄、新红、苋菜红、胭脂红、日落黄、诱惑红、亮蓝、酸性红、喹啉黄和赤藓红各 100mg（精确至 0.1mg），加水溶解并分别置于 100mL 容量瓶中，定容至刻度，摇匀，得到浓度为 1.0mg/mL 的标准储备液。标准储备液可于 4℃下避光保存 6 个月，靛蓝标准溶液临用现配。

②混合标准中间液（50.0μg/mL）：吸取上述标准储备液①和靛蓝标准溶液（1.0mg/mL）各 5.00mL 于 100mL 容量瓶中，用水稀释至刻度，摇匀，得到混合标准中间液（各合成着色剂浓度均为 50.0μg/mL），临用现配。

③标准系列工作液：吸取混合标准中间液②0.2，0.5，1.0，2.0，5.0，10.0mL 于 50mL 容量瓶中，用水稀释至刻度，摇匀，得到标准系列工作液。浓度分别为 0.2，0.5，1.0，2.0，5.0，10.0μg/mL。

（5）仪器和设备

①高效液相色谱仪：带二极管阵列检测器。

②天平：感量 1mg，0.1mg。

③酸度计：精度为 0.01。

④电动搅拌器：转速范围为 30~2000r/min。

⑤涡旋振荡器。

⑥超声波发生器或恒温摇床：超声功率不小于 700W，控温范围为 20~80℃；摇床转速范围为 10~500r/min。

⑦高速离心机：转速不小于 15000r/min。

⑧固相萃取装置。

⑨氮气浓缩装置。

⑩WAX 混合型弱阴离子交换反相吸附或等效固相萃取柱，150mg/6mL。

⑪针筒过滤器，PVDF（聚偏氟乙烯）或 PTFE（聚四氟乙烯）滤膜，孔径为 0.45μm。

**4. 安全提醒**

（1）甲酸、甲醇有毒性，可因吸入、咽下或皮肤吸收而危害健康。实验室使用时戴合适的手套和安全眼镜（或面具）并在化学通风橱或生物安全柜内使用。

（2）严格按照说明书操作高速离心机，避免发生危险。

**5. 操作步骤**

（1）样品前处理

①试样制备：液体试样和粉状固体试样应分别混合均匀，半固体试样取固液共存物进行匀浆，固体试样（带核蜜饯凉果需先去核，取可食部分）经电动搅拌器粉碎等方式混合均匀，密封，制备好的试样在-18℃以下避光保存，备用。

②试样提取：准确称取试样（加工水果）2g（精确至 0.001g），置于 50mL 具塞离心

管中，先加入适量水（2~5mL），50℃水浴加热混匀样品，加入25mL乙醇氨水溶液，涡旋1min，50℃超声或振摇（速率≥250r/min）提取20min，8000r/min离心5min，取上清液置于50mL容量瓶中，每次加入5~10mL乙醇氨水溶液重复提取操作至上清液无明显颜色，离心后合并上清液，用乙醇氨水溶液定容至50mL，即得提取液。准确吸取提取液10mL，50℃氮气浓缩至3mL左右，分2~3次共加入10mL 5%甲醇水溶液溶解，作为待净化液。

③试样净化。

Ⅰ活化：依次用6mL甲醇和6mL水活化固相萃取柱（4. 仪器设备中的WAX混合型弱阴离子交换反相吸附或等效固相萃取柱，150mg/6mL），保持柱体湿润。

Ⅱ上样：活化后立即将②中的待净化液以2~3s 1滴的流速加载到固相萃取柱。

Ⅲ淋洗：依次用6mL 2%甲酸水溶液和6mL甲醇淋洗固相萃取柱，弃去淋洗液，真空抽2min至柱体近干。

Ⅳ洗脱：用6mL 2%氨化甲醇溶液洗脱，分两次加入，每次3mL，流速低于2~3s 1滴，收集洗脱液，于50℃氮气浓缩至近干，准确加入2mL pH为9.0的乙酸铵缓冲溶液溶解，溶液用针筒过滤器，孔径0.45μm的滤膜过滤，弃去2~5滴初滤液，取续滤液作为待测液。

（2）仪器参考条件

①色谱柱：$C_{18}$柱，4.6mm×250mm，5μm，或同等性能色谱柱。

②进样量：10μL。

③柱温：30℃。

④二极管阵列检测器波长范围：400~800nm，检测波长：415nm（柠檬黄、喹啉黄），520nm（新红、苋菜红、胭脂红、日落黄、诱惑红、酸性红和赤藓红），610nm（靛蓝、亮蓝）。

参考洗脱梯度见表4-4，其中流动相A为20mmol/L乙酸铵溶液，流动相B为甲醇。

**表4-4 参考洗脱梯度**

| 时间/min | 流速/（mL/min） | A/% | B/% |
|---|---|---|---|
| 0.00 | 1.0 | 90 | 10 |
| 12.0 | 1.0 | 60 | 40 |
| 19.0 | 1.0 | 50 | 50 |
| 22.5 | 1.0 | 45 | 55 |
| 24.0 | 1.0 | 5 | 95 |
| 33.0 | 1.0 | 5 | 95 |
| 34.0 | 1.0 | 90 | 10 |
| 42.0 | 1.0 | 90 | 10 |

（3）标准曲线的制作　将标准系列工作液分别注入液相色谱仪中，测定相应物质的峰面积，以标准系列工作液中该物质的浓度为横坐标，以该物质峰面积的响应值为纵坐标，绘制标准曲线。11种合成着色剂标准溶液（10.0μg/mL）的高效液相色谱图见图4-7。

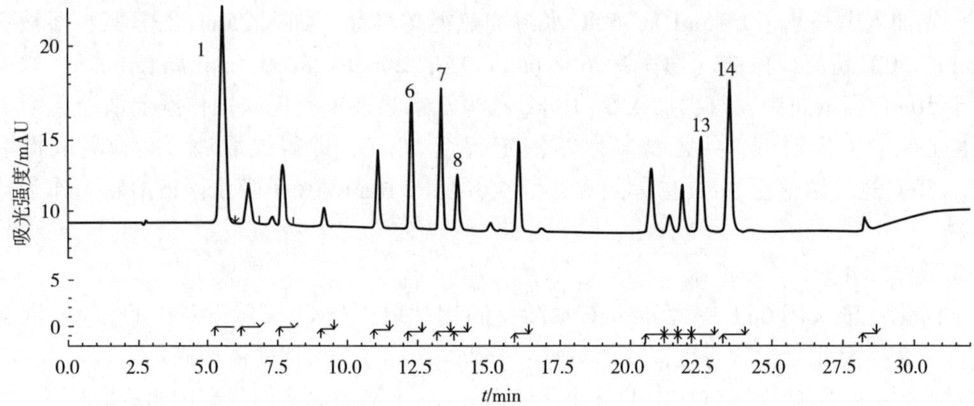


a）检测波长415 nm

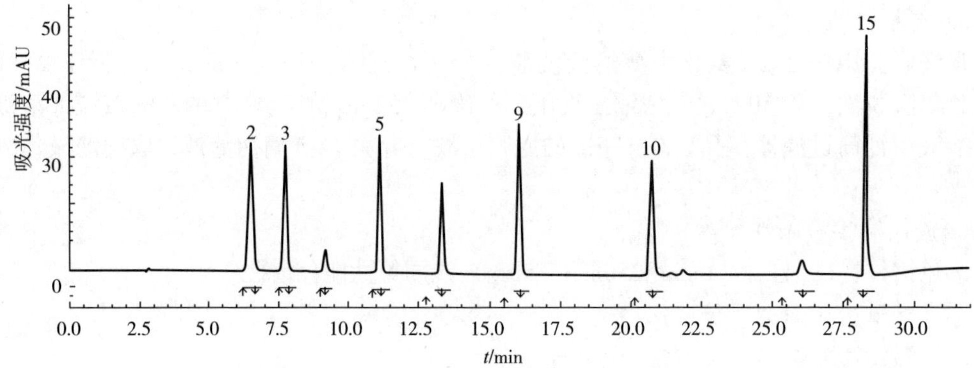


b）检测波长520 nm

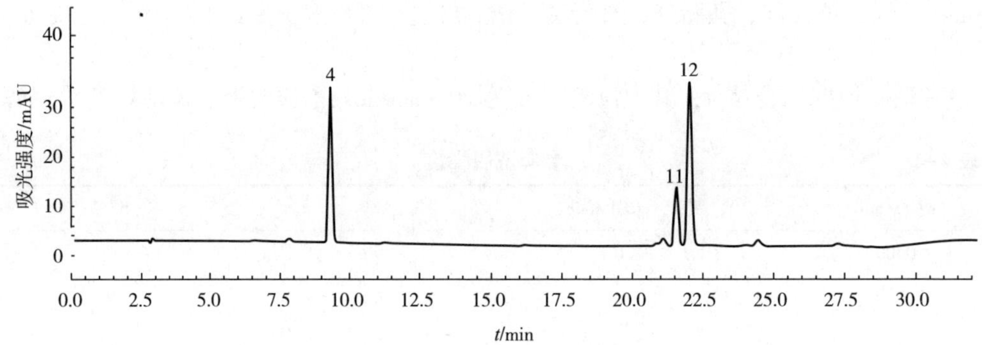


c）检测波长610 nm

图4-7　11种合成着色剂标准溶液（10.0μg/mL）高效液相色谱图

1—柠檬黄　2—新红　3—苋菜红　4—靛蓝　5—胭脂红　6—喹啉黄$_1$　7—日落黄　8—喹啉黄$_2$　9—诱惑红　10—酸性红　11—亮蓝$_1$　12—亮蓝$_2$　13—喹啉黄$_3$　14—喹啉黄$_4$　15—赤藓红

注：亮蓝通常呈现为两个峰，喹啉黄通常呈现为四个峰，应根据标准溶液出峰情况，以各色谱峰的峰面积之和计算含量。

（4）测定　将试样溶液注入液相色谱仪中，得到对应的峰面积，根据标准曲线计算得到待测液中的各物质浓度。

### 6. 结果计算

（1）数据记录

**液相色谱检验原始记录**

<table>
<tr><td>样品名称</td><td colspan="2"></td><td>报验编号</td><td></td></tr>
<tr><td rowspan="2">检测项目</td><td rowspan="2" colspan="2"></td><td>验讫日期</td><td></td></tr>
<tr><td>温度</td><td></td></tr>
<tr><td>检测依据</td><td colspan="2"></td><td>相对湿度</td><td></td></tr>
<tr><td>仪器型号（编号）</td><td colspan="2"></td><td>天平编号</td><td></td></tr>
<tr><td rowspan="4">检测条件</td><td>检测器</td><td></td><td>色谱柱</td><td></td></tr>
<tr><td>波长</td><td></td><td>进样量</td><td></td></tr>
<tr><td>柱温</td><td></td><td>流速</td><td></td></tr>
<tr><td>流动相</td><td colspan="3"></td></tr>
<tr><td>标准物质及编号</td><td colspan="4"></td></tr>
<tr><td colspan="5">操作步骤（详见：　　）</td></tr>
</table>

<table>
<tr><td rowspan="2">检测结果信息</td><td>定量方法</td><td></td><td>结果计算</td><td></td></tr>
<tr><td>检测结果</td><td colspan="3"></td></tr>
<tr><td colspan="5">精密度：</td></tr>
<tr><td colspan="5">标准曲线见：</td></tr>
</table>

检测：　　　　　　　　　　　　　　　　　　　　复核：

（2）计算公式

$$X=\frac{\rho\times V_1\times V_2}{V_3\times m\times 1000}$$

式中 $X$——试样中合成着色剂的含量，g/kg；

$\rho$——由标准曲线计算得到的待测液中合成着色剂浓度，μg/mL；

$V_1$——样品经净化洗脱后的最终定容体积，mL；

$V_2$——样品提取液体积，mL；

$V_3$——用于净化分取的样品提取液体积，mL；

$m$——试样的取样量，g；

1000——换算系数。

计算结果保留 3 位有效数字。

### 7. 要点提示

（1）精密度　在重复性条件下获得的两次独立测定结果的绝对差值不得超过算术平均

值的10%。

（2）方法检出限　柠檬黄、新红、苋菜红、胭脂红、日落黄均为0.5mg/kg，亮蓝、赤藓红均为0.2mg/kg（检测波长254nm时亮蓝检出限为1.0mg/kg，赤藓红检出限为0.5mg/kg）。

任务拓展

## 食品中抗氧化剂的测定

抗氧化剂是能防止或延缓食品成分的氧化变质，提高食品稳定性和延长储存期的一类食品添加剂。按其溶解性分为油溶性抗氧化剂与水溶性抗氧化剂。油溶性的有叔丁基羟基茴香醚（BHA）、2,6-二叔丁基对甲酚（BHT）、特丁基对苯二酚（TBHQ）、没食子酸丙酯（PG）等；水溶性的有异抗坏血酸及其盐类等。按其来源可分为天然和人工合成两类。天然的有 *DL*-*α*-生育酚（维生素E）、茶多酚等；人工合成的有BHA等。

抗氧化剂主要用于油脂及高油脂类食品，其作用机制是阻碍空气中的氧与油脂中的—C═C—反应形成过氧化链，从而防止油脂氧化酸败。

我国目前允许使用的抗氧化剂有BHA、BHT等14种。BHA和BHT的测定有气相色谱法、薄层色谱法和比色法三种国家标准法。在此介绍气相色谱法测定BHA（或BHT）含量（依据GB/T 5009.30—2003《食品中叔丁基羟基茴香醚（BHA）与2,6-二叔丁基对甲酚（BHT）的测定》第一法）。

**1. 原理**

试样中的叔丁基羟基茴香醚（BHA）和2,6-二叔丁基对甲酚（BHT）用石油醚提取，通过层析柱使BHA与BHT净化，浓缩后，经气相色谱分离后用氢火焰离子化检测器检测，根据试样峰高与标准峰高比较定量。

**2. 试剂**

（1）石油醚：沸程30~60℃。

（2）二氯甲烷：分析纯。

（3）二硫化碳：分析纯。

（4）无水硫酸钠：分析纯。

（5）硅胶G：60~80目于120℃活化4h放干燥器备用。

（6）弗罗里硅土（Florisil）：60~80目于120℃活化4h放干燥器中备用。

（7）BHA、BHT混合标准储备液：准确称取BHA、BHT（纯度为99.9%）各0.1g，混合后用二硫化碳溶解，定容至100mL容量瓶中，此溶液分别为每毫升含1.0mgBHA、BHT。置冰箱保存。

（8）BHA、BHT混合标准使用液：吸取标准储备液4.0mL于100mL容量瓶中，用二硫化碳定容至100mL，此溶液分别为每1mL含0.040mg BHA、BHT。置冰箱中保存。

**3. 仪器**

（1）气相色谱仪：附FID检测器。

（2）蒸发器：容积200mL。

（3）振荡器。

（4）层析柱：1cm×30cm 玻璃柱，带活塞。

（5）气相色谱柱：柱长 1.5m，内径 3mm 玻璃柱内装涂质量分数为 10%的 QF-1 Gas Chrom Q（80~100 目）。

**4. 操作步骤**

（1）试样的制备　称取 500g 含油脂较多的试样，含油脂少的试样取 1000g，然后用对角线取 1/2 或 1/3，或根据试样情况取有代表性试样，在玻璃乳钵中研碎，混合均匀后放置广口瓶内保存于冰箱中。

（2）脂肪的提取

①含油脂高的试样（如桃酥等）：称取 50g，混合均匀，置于 250mL 具塞锥形瓶中，加 50mL 石油醚（沸程为 30~60℃），放置过夜，用快速滤纸过滤后，减压回收溶剂，残留脂肪备用。

②含油脂中等的试样（如蛋糕、江米条等）：称取 100g 左右，混合均匀，置于 500mL 具塞锥形瓶中，加 100~200mL 石油醚（沸程为 30~60℃），放置过夜，用快速滤纸过滤后，减压回收溶剂，残留脂肪备用。

③含油脂少的试样（如面包、饼干等）：称取 250~300g 混合均匀后，于 500mL 具塞锥形瓶中，加入适量石油醚浸泡试样，放置过夜，用快速滤纸过滤后，减压回收溶剂残留脂肪备用。

（3）分析用试样的制备

①层析柱的制备：于层析柱底部加入少量玻璃棉，少量无水硫酸钠，将硅胶-弗罗里矽土（6+4）共 10g，用石油醚湿法混合装柱，柱顶部再加入少量无水硫酸钠。

②试样制备：称取（2）中制备的脂肪 0.50~1.00g，用 25mL 石油醚溶解移入（3）①的层析柱上，再以 100mL 二氯甲烷分 5 次淋洗，合并淋洗液，减压浓缩近干时，用二硫化碳定容至 2.0mL，该溶液为待测溶液。

③植物油试样的制备：称取混合均匀试样 2.00g 放入 50mL 烧杯中，加 30mL 石油醚溶解，转移到（3）①的层析柱上，再用 10mL 石油醚分数次洗涤烧杯中，并转移到层析柱，用 100mL 二氯甲烷分五次淋洗，合并淋洗液，减压浓缩近干，用二硫化碳定容至 2mL，该溶液为待测溶液。

（4）测定

①气相色谱参考条件。

色谱柱：柱长 1.5m，内径 3mm 玻璃柱，内装涂质量分数为 10%的 QF-1 Gas Chrom Q（80~100 目）。

温度：检测室 200℃，进样口 200℃，柱温 140℃。

载气流量：氮气 70mL/min，氢气 50mL/min，空气 500mL/min。

②色谱分析：注入气相色谱 3.0μL 标准使用液，绘制色谱图，分别量取各组分峰高或面积，进 3.0μL 试样待测溶液（应视试样含量而定），绘制色谱图，分别量取峰高或面积，与标准峰高或面积比较计算含量。

③色谱图：BHA、BHT 的气相色谱图见图 4-8。

**5. 结果计算**

待测溶液 BHA（或 BHT）的质量按下式计算：

$$m_1 = \frac{h_i}{h_s} \times \frac{V_m}{V_i} \times V_s \times \rho_s$$

式中 $m_1$——待测溶液中 BHA（或 BHT）的质量，mg；

$h_i$——注入色谱试样中 BHA（或 BHT）的峰高或面积；

$h_s$——标准使用液中 BHA（或 BHT）的峰高或面积；

$V_i$——注入色谱试样溶液的体积，mL；

$V_m$——待测试样定容的体积，mL；

$V_s$——注入色谱中标准使用液的体积，mL；

$\rho_s$——标准使用液的浓度，mg/mL。

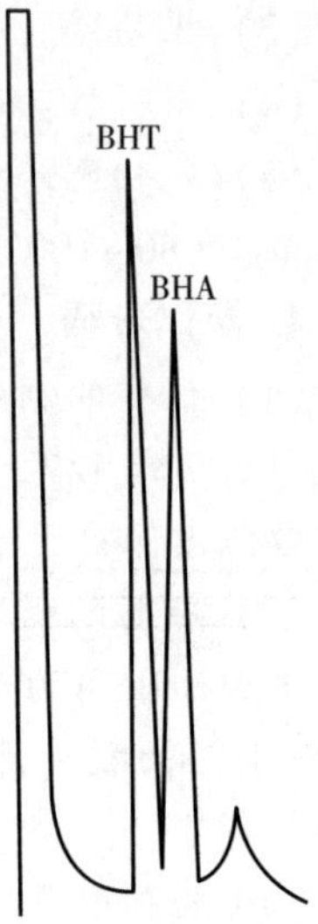


图 4-8 BHA、BHT 的气相色谱图

食品中以脂肪计 BHA（或 BHT）的含量按下式计算：

$$X_1 = \frac{m_1 \times 1000}{m_2 \times 1000}$$

式中 $X_1$——食品中以脂肪计 BHA（或 BHT）的含量，g/kg；

$m_1$——待测溶液中 BHA（或 BHT）的质量，mg；

$m_2$——油脂（或食品中脂肪）的质量，g。

计算结果保留 3 位有效数字。在重复性条件下获得的两次独立测定结果的绝对差值不得超过算术平均值的 15%。

**6. 要点提示**

本方法检出限：检出量为 2μg，油脂取样量为 0.5g 时，检出浓度为 4.0mg/kg，最佳线性范围 0.0～100.0μg。

## 交流讨论

高效液相色谱法的常见问题及解决方法。

任务十八 达标自测

# 项目五

# 食品中农药残留等有害物质的测定

食品中可能出现的有害物质包括植物性毒素、动物性毒素、微生物毒素、化学污染物质等。这些有害物质的主要来源有：农药、兽药的不当使用而造成的残留；烟熏、油炸、焙烤、腌制等食品加工过程中有害物质的产生；食品加工过程中的违规添加、违法掺入；不合格的食品容器、包装材料、运输工具等接触食品时有害物质的溶入；食品在贮藏、运输、销售等环节中被污染等。

食品中农药残留量的测定
（部分相关标准）

食品中有害物质的检测是食品检测中的一个重要内容。本项目主要介绍几种常见的农药残留量、兽药残留量、有毒有害元素、霉菌毒素和非法添加物的检测方法。

## 任务十九

## 食品中农药残留量的测定

### 任务目标

#### 知识目标

了解农药残留检测的相关理论知识。

#### 技能目标

掌握 GB/T 5009. 146—2008《植物性食品中有机氯和拟除虫菊酯类农药多种残留量的测定》第一法“粮食、蔬菜中 16 种有机氯和拟除虫菊酯类农药残留量的测定”中前处理的操作流程、细节、注意事项等；熟悉有机磷农药残留量测定的操作流程、细节和注意事项等。

#### 素质目标

熟知专业理论和实验室安全知识，扎实专业技能，谨记食品安全至上，严守国家食品安全法律法规。遵守国家食品安全法规，规范食品中农药残留的测定，做好测定的技术环节，同时注意提高岗位环保意识，共筑食品安全防线。

## 任务导入

某市市场监督管理局组织抽检食用农产品、调味品、饼干、糕点、餐饮食品等5类食品267批次样品。根据食品安全国家标准、产品明示标准和质量要求检验和判定，其中抽样检验项目合格样品266批次、不合格样品1批次，不合格样品涉及农药残留问题。农药残留问题为某菜市场销售的绿豆芽，4-氯苯氧乙酸钠（以4-氯苯氧乙酸计）不符合食品安全国家标准规定。那么，有机氯、有机磷农药残留检测的标准有哪些？农药残留的检测流程又是怎样的？

## 相关知识

### 一、农药残留及其来源

农药是指用于防治农作物的病虫害、杂草和其他有害生物，以及有目的地调节植物等生长的各种药物的统称。目前，全世界使用的农药品种有上千种，其中绝大部分为化学合成农药。化学农药是一类复杂的有机化合物，根据其用途可以分为杀虫剂、杀菌剂、除草剂、植物生长调节剂等。根据化学结构又可分为有机磷类、氨基甲酸酯类、有机氯类、拟除虫菊酯类、苯氧乙酸类、有机锡类等。

农药残留（Pesticide Residues）是指由于农药的应用而残存于生物体、农产品和环境中的农药亲体及其具有毒理学意义的杂质、代谢转化产物等所有衍生物的总称。最大残留限量（Maximum Residue Limit，简称MRL）是指在食品或农产品内部或表面法定允许的农药最大浓度，以每千克食品或农产品中农药残留的质量表示（mg/kg）。

食品中农药残留的来源主要有：①农药的不合理或不规范施用对作物或食品的直接污染。②农药对食品的间接污染。主要指农药的施用污染了大气、水、土壤等，作物从污染的环境中吸收农药，引起动植物食品中的农药残留。③通过食物链污染。农药残留被生物摄取或通过其他的方式吸入后累积于体内而造成农药的高浓度储存，通过食物链转移并经食物链的逐级富集，使进入人体的农药残留量呈现上万倍的增加，从而严重影响人体健康。④运输及贮存中由于和农药混放而造成食品污染。

### 二、农药残留的危害

农药残留问题是食品安全中的主要问题之一。农药残留引起的危害主要有以下几个方面。

（1）危及健康　农药对人体的危害主要表现为三种形式：急性中毒、慢性危害和“三致”（致癌、致畸、致突变）危害。长时间摄食含有残留农药的食品会影响人体的健康，导致疾病的发生，甚至影响下一代健康。

（2）影响农业生产　如土壤中残留的长残效除草剂会严重影响农业生产，造成大面积减产甚至绝产。

（3）影响进出口贸易　农药残留是世界各国高度重视的问题，越来越严格的规定了农药残留的限量标准。我国农业农村部、国家卫生健康委员会与国家市场监督管理总局联合发布的 GB 2763—2021《食品安全国家标准　食品中农药最大残留限量》于 2021 年 9 月 3 日起正式实施。该标准规定了食品中 564 种农药 10092 项最大残留限量，基本涵盖了我国居民日常消费的主要农产品，为食品安全增添了保障。

## 三、农药残留的检测

农药残留分析是一项对复杂混合物中痕量组分的分析技术，它要求灵敏度高、检测限低、准确性好的分析仪器和检测技术，同时要求精细的微量操作手段。由于农药的品种繁多，各种农药的化学结构各异，所以不同的农药需采用不同的检测方法。农药残留检测技术可分为化学检测、生化检测和生物检测三大类，目前研究应用较多的有仪器分析法、酶抑制法、生物传感器法、免疫分析法、活体检测法等。但是由于各类食品样品组成成分复杂，而且不同农药品种的理化性质存在较大差异，因而没有一种多组分残留分析方法能够覆盖所有的农药品种。现代农药残留分析要求多残留分析、回收率高、重现性好、低检出限以及操作简单易行。

农药残留的检测流程为：试样制备→提取→净化→浓缩→定容检测。

### 1. 试样制备

在样品分析之前或样品贮存之前，往往要对采集的样品进行缩分和前处理，制备实验室检测样品及备份，以满足进一步处理和分析的需要。

粉状物：混匀后按四分法取样。

粮谷物：研磨、混匀后按四分法进行。

小体积水果和蔬菜：混合前切开并捣碎。最方便的方法就是用连续捣碎机或匀浆器对整个样品进行处理，如用果汁机把番茄打碎成汁液状。

大体积水果和蔬菜：如果样品体积特别大（如甘蓝等），采用人工切碎。此时就要注意，农药残留并不是均匀分布在样品中，尤其是在切碎大样本制备分析样本时，更要注意农药残留分布的不均匀性。在处理时，必须保证分析样品的代表性。例如采集甘蓝样本时，不能去除外层叶子，也不能只采集外层叶子做样品，应从甘蓝球体顶部对角线切开，取其中对角部分，操作方法类似于四分法。最终取 600～800g 样品进行匀浆或捣碎处理，依照分析需要取出一定组分进行提取、净化等操作，以保证样品的代表性。

水和其他液体样品：充分混匀。过滤去除漂浮物、沉淀物和泥土。

样品的采集部位对于农药残留分析的结果影响很大，在国际贸易中，对于同一种农产品，由于不同的采样部位或处理方式，会使农药残留量在与 MRL（最大允许残留量）比较时造成混乱，如豆类品带豆荚与不带豆荚，杏带核与否所计算出的农药残留量有很大差异。表 5-1 所示为部分常见农产品样品的采集部位以及处理方式。

**表 5-1　重要粮谷及水果蔬菜农药残留分析样品采集部位和处理**

| 样品 | 采样部位和处理 |
|---|---|
| 根、茎类蔬菜<br>如甜菜、芜菁甘蓝、胡萝卜、糖用甜菜、块根芹、甘薯、马铃薯、芜菁、萝卜、山药 | 采集整个果实，去除顶部部分，用自来水洗涤茎或根，必要时用毛刷去除泥土及其他黏附物，然后用纸巾擦拭干净。对于胡萝卜，干燥后用刀切去与叶柄相连的部分。若根部切面中空，切除部分应重新取回，合并处理 |

续表

| 样品 | 采样部位和处理 |
|---|---|
| 鳞茎类蔬菜<br>如大蒜、洋葱、韭菜、葱 | 鳞茎/干洋葱和大蒜：去除根和外层<br>韭菜和葱：去除根和黏附物 |
| 叶类蔬菜（芸薹除外）<br>如甜菜叶、萝卜叶、玉米色拉、菠菜、菊苣、糖用甜菜叶、莴苣、唐莴苣 | 去除腐烂或枯萎部分 |
| 芸苔叶类蔬菜<br>如椰菜、球芽甘蓝、抱子甘蓝、大白菜、皱叶甘蓝、羽衣花椰菜、甘蓝、羽衣甘蓝、根芥菜 | 去除腐烂或枯萎部分。对于花椰菜和结球茎椰菜，分析其花的头部、茎部，去除叶部。对于抱子甘蓝，只分析“扣状部分” |
| 茎类蔬菜<br>如朝鲜蓟、菊苣、芹菜、大黄、芦笋 | 去除腐烂或枯萎部分<br>大黄和芦笋：只取茎部。芹菜和朝鲜蓟：去除黏附物（用自来水冲洗或毛刷刷除） |
| 豆类蔬菜<br>如蚕豆、菜豆、蚕豆、红花菜豆、法国菜豆、大豆、绿豆、豌豆、芸豆、利马豆 | 整个果实 |
| 果类蔬菜（果皮可食）<br>如黄瓜、胡椒、茄子、黄瓜、番茄、黄秋葵、蘑菇 | 去除茎部 |
| 果类蔬菜（不可食果皮）<br>如哈密瓜、南瓜、甜瓜、西瓜、冬瓜 | 去除茎部 |
| 柑橘类水果 | 整个果实 |
| 梨果<br>如苹果、梨 | 去除茎部 |
| 核果<br>如杏、油桃、樱桃、桃、酸樱桃、李子、甜樱桃 | 去除茎部和核，但计算残留量时应以去除茎部的果实部分计 |
| 小水果和浆果<br>如黑莓、醋栗、越橘、葡萄、罗甘莓、酸果蔓、草莓 | 去除顶部和茎部<br>黑醋莓：取含茎果实 |
| 其他水果（果皮不可食）<br>如鳄梨、芒果、香蕉、番木瓜果、番石榴、西番莲果、菠萝 | 除非特别说明，否则处理整个果实<br>菠萝：去除副花冠<br>鳄梨和芒果：去核，残留量以整个果实计<br>香蕉：去除冠状组织和茎部 |
| 谷物<br>如大麦、黑麦、玉米、高粱、燕麦、甜玉米、水稻、小麦 | 整个籽粒<br>鲜玉米和甜玉米：籽粒加玉米穗轴（去皮） |
| 豆类油料作物<br>如花生 | 去壳籽粒 |
| 豆类动物饲料<br>如紫花苜蓿饲料、花生饲料、大豆饲料、豌豆饲料 | 整体 |
| 坚果<br>如杏、澳洲坚果、栗子、核桃、榛子、胡桃 | 去壳<br>栗子：整体 |
| 油料<br>如棉籽、亚麻籽、葵花籽、油菜籽 | 整体 |
| 茶叶 | 整体 |

2. 提取

溶剂提取法（Solvent Extraction）是最常用、最经典的有机物提取方法，具有操作简单、不需要特殊或昂贵的仪器设备、适应范围广等优点。溶剂提取法是根据残留农药与样品组分在不同溶剂中的溶解性差异，选用对残留农药溶解度大的溶剂，通过振荡、捣碎、超声或回流等适当方式将分析物从样品基质中提取出来的一种方法。

溶剂提取法的关键是选择合适的提取溶剂，选用时应考虑以下因素。

（1）溶剂的极性　根据相似相溶原理，极性弱的农药（如有机氯类）用弱极性的溶剂（如己烷）提取，而极性较强的有机磷农药和强极性的苯氧羧酸类除草剂等则用较强极性的溶剂（如二氯甲烷、丙酮、乙腈等）提取。有时为达到合适的溶剂极性也使用两种溶剂混合进行提取。

（2）溶剂的纯度　农药残留分析中对所使用溶剂的纯度要求非常高，有时可能因为溶剂中存在的杂质使得检测结果发生错误，因此一般应用分析纯级溶剂。使用前要经过重蒸馏等净化处理。一般溶剂的纯度要达到在气相色谱的电子捕获检测器上不出现杂质峰（杂质含量在 ng/L 级以下）。

（3）溶剂的沸点　溶剂的沸点在 45~80℃ 为宜。沸点太低，容易挥发，而沸点太高，不利于提取液的浓缩，可能导致一些易挥发或热稳定性差的农药损失。

此外，如果使用电子捕获检测器，则不能使用含氯的有机溶剂。

常用的提取溶剂有石油醚、正己烷、乙酸乙酯、二氯甲烷、丙酮、乙腈、甲醇等。但根据蒙特利尔公约，在分析化学实验中要逐步取消含氯溶剂（如二氯甲烷、三氯甲烷和氯乙烷等）的使用，可用等量的二元混合溶剂代替，如用甲苯-甲醇、乙醚-丙酮、石油醚-丙酮、正己烷-丙酮、正戊烷-丙酮、环己烷-乙酸乙酯等，也可达到一样的提取效果。

3. 净化

净化（Cleanup）是指通过物理的或化学的方法去除提取物中对测定有干扰作用的杂质的过程。净化主要是利用分析物与基体中干扰物质的理化特性的差异，将干扰物质的量减少到能正常检测目标残留农药的水平。两相溶剂的分配和吸附层析是用得最多的净化方法。

（1）液-液萃取（Liquid-Liquid Extraction，简称 LLE）　液-液萃取是指根据分配定律，用与液体样品（一般是水）不混溶的溶剂与样品液体接触、分配、平衡，使溶于样品液相的化合物转入提取溶剂相的过程。根据下式，当两相的体积相等时（$V_1=V_2$），如果溶质（$m$）存在于非极性相中的份数为 $p$，存在于极性相中的份数为 $q$，则：

$$K_D=\frac{[A]_{\text{非极性相}}}{[A]_{\text{极性相}}}=\frac{m\cdot p/V_1}{m\cdot q/V_2}=\frac{p}{q}\text{，且 }p+q=1$$

由于 $p$ 值与 $K_D$ 值的变化趋势一致，有相同的特性，但比 $K_D$ 值更直观地表明了分配平衡后农药存在于非极性溶剂中的比例。例如当 $p=0.1$ 时，即表示经一次等体积液-液分配将会有 10%的农药存在于非极性溶剂中，而 90%的农药存在于极性溶剂中。

液-液萃取效率的高低取决于化合物与提取溶剂的亲和性（分配系数或 $p$ 值）、两相的体积比和提取次数三个因素。因此，对于水溶性大、分配系数小的农药，如选择不到适合的溶剂，可通过增加有机溶剂的体积或增加提取次数来提高提取效率。在液-液萃取时一般多选用非极性或弱极性溶剂。已烷和环已烷是典型的用于提取亲脂或非极性农药（如有机氯农药）的溶剂，二氯甲烷则是提取非极性至中等极性农药最常用的溶剂。对于强极性和水溶性较大的农药，用液-液萃取一般较为困难，回收率较低。

液-液萃取通常用分液漏斗进行，操作时选择容积较液体样品体积大 1 倍的分液漏斗。提取前将分液漏斗的活塞薄薄地涂上一层润滑脂，塞好后将活塞旋转几圈，使润滑脂均匀分布，关好活塞，将分液漏斗放在提取架上。提取溶剂体积一般约为样品体积的 10%～30%。提取时手持分液漏斗进行振摇。开始时摇晃几次要将分液漏斗下口向上倾斜（朝向无人处），打开活塞，使过量的气体放出。关闭活塞后再进行振摇。如此重复至放气时只有很小压力，再剧烈振摇 3～5min 后，将分液漏斗放回架上静置分层。

为避免在实际操作中使用太多溶剂和增加提取次数，液-液萃取要求有较大的分配系数。通过调节溶液的 pH 阻止酸性或碱性农药离子化，或通过加盐降低农药的水溶性，可以有效提高分配系数。

（2）柱层析法　柱层析法（Column Chromatography）也是一种应用很普遍的净化方法。柱层析法的基本原理是将提取液中的农药与杂质一起通过一根适宜的吸附柱，使它们被吸附在表面活性的吸附剂上，然后用适当极性的溶剂来淋洗，农药一般先被淋洗出来，而脂肪、蜡质和色素等杂质持留在吸附柱上，从而达到分离、净化的目的。

弗罗里硅土（Florisil）是农药残留分析净化中最常用的吸附剂，也称硅镁吸附剂，主要由硫酸镁与硅酸钠作用生成的沉淀物经过过滤、干燥而得。它是一个多孔性的并有很大比表面积的固体颗粒，比表面值达 $297m^2/g$。弗罗里硅土要经过 650℃的高温加热 1～3h 活化处理，才能提高对杂质的吸附能力，而不影响农药的淋洗率。普通商品仅通过 110℃或 260℃温度活化，故应先在 650℃温度下重新加热一次。处理后的弗罗里硅土贮放在干燥器中能维持 4d 活性，过期后应在使用前在 130℃加热过夜。国外不少实验室将弗罗里硅土一直保存在 130℃的烘箱中。

#### 4. 浓缩

由于农药残留分析中分析物在样品中的量非常少，而且常规溶剂提取法所用溶剂的量相对来说就非常大，从样品中提取出来的残留农药溶液，一般情况下浓度都是非常低的，在做净化和检测时，必须首先进行浓缩，使检测溶液中待测物达到分析仪器灵敏度以上的浓度。目前一些新的提取方法，如固相提取、吹扫捕集法等可同时实现样品浓缩。

常用的浓缩方法有减压旋转蒸发法、K-D 浓缩法、氮气吹干法等，可结合实际需要选择使用。

#### 5. 定容检测

农药残留测定方法主要是应用色谱法和质谱法。色谱法有很强的分离不同化合物组分的能力。色谱法分离混合组分的机制，主要是通过具有很大表面积的固定相和流动相实现的。各种组分在流动相的推动下，以不同的路线和分离方式，通过固定相向前运动。由于各种组分在两相间分配的差异，当依次运动到固定相另一端时，各组分迁移距离的差异使它们被顺序分离。流动相可以是气体也可以是液体。流动相为气体的，称为气相色谱；流动相为液体的，称为液相色谱。以下介绍气相色谱分析用的气相色谱仪。

气相色谱仪由供气系统、进样系统、分离系统、检测系统和记录系统五个部分组成。

供气系统包括高压钢瓶、减压阀、净化管、稳压阀、压力表、流量计等部件。进样系统包括进样器和气化室。气化室是一个加热器，它将液体样品瞬时气化并预热载气，载气将样品带入色谱柱。分离系统包括色谱柱和恒温箱。色谱柱是气相色谱仪的核心部分，样品的分离过程在色谱柱内进行，经分离的组分随载气进入检测器。恒温箱保持色谱柱的温度恒定或按一定程序升温。检测系统包括检测器和恒温室。检测器对从色谱柱流出的组分及其量的变化作出响应，并把这个变化转变成电信号送到放大器，记录成色谱图，它是气相色谱仪的关键部件。记录系统将放大器放大了的信号记录成色谱图或通过数据处理进行自动记录峰数、保留时间、峰面积并计算出结果。

如图 5-1 所示是典型的气相色谱仪结构示意图。

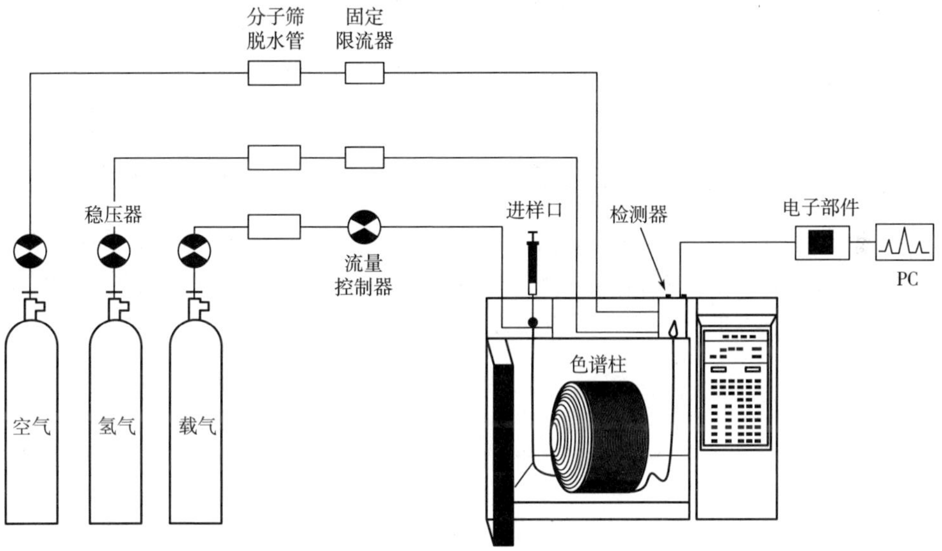


图 5-1　典型气相色谱仪结构示意图

气相色谱检测器根据其测定范围可分为通用型检测器和选择型检测器。通用型检测器对绝大多数物质都有响应，选择型检测器只对某些物质有响应，对其他物质无响应或很小。目前已有几十种检测器，其中最常用的是热导池检测器（TCD）、电子捕获检测器（Electron Capture Detector，简称 ECD）；火焰离子化检测器（FID）、火焰光度检测器（FPD）和氮磷检测器（NPD）等。

电子捕获检测器是一种高选择性检测器。高选择性是指只对含有电负性强的元素的物质，如含有卤素、S、P、N 等的化合物有响应，物质电负性越强，检测灵敏度越高。电子捕获检测器的结构如图 5-2 所示，在检测器池体内，装有一个不锈钢棒作为正极，一个圆筒状-放射源（$^{3}H$、$^{63}Ni$）作负极，两极间施加电流或脉冲电压。

当纯载气（通常用高纯 $N_2$）进入检测室时，受射线照射，电离产生正离子（$N^{2+}$）和电子 $e^-$，生成的正离子和电子在电场作用下分别向两极运动，形成约 $10^{-8}$A 的电流——基流。加入样品后，若样品中含有某种电负性强的元素即易于电子结合的分子时，就会捕获这些低能电子，产生带负电荷阴离子（电子捕获）。这些阴离子和载气电离生成的正离子结合生成中性化合物，被载气带出检测室外，从而使基流降低，产生负信号，形成倒峰。倒峰大小（高低）与组分浓度成正比，因此，电子捕获检测器是浓度型的检测器。

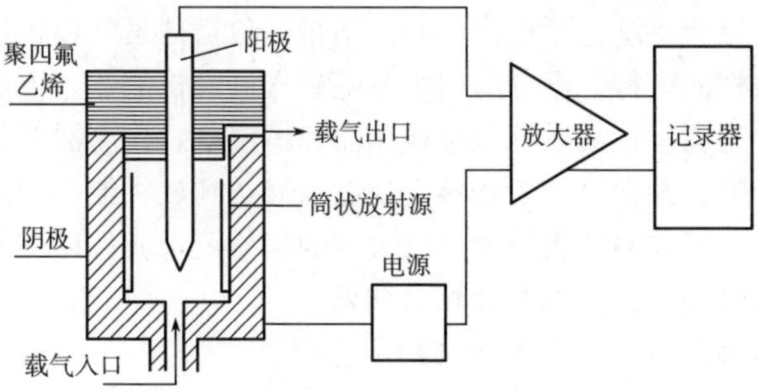


图 5-2 电子捕获检测器结构示意图

## 任务实施

### 食品中有机氯农药的测定（以六六六、滴滴涕测定为例）

依据 GB/T 5009.146—2008《植物性食品中有机氯和拟除虫菊酯类农药多种残留量的测定》规定的对蔬菜中 10 种有机氯农药和 6 种拟除虫菊酯类农药残留的气相色谱分析方法，是一种具有代表性的农药多残留检测方法。

**1. 目的要求**

（1）了解气相色谱仪的工作原理。

（2）掌握气相色谱法测定蔬菜中有机氯和拟除虫菊酯类农药多种残留量的原理、方法的操作流程和注意要点。

（3）了解气相色谱仪工作条件的选择方法。

**2. 操作原理**

试样中有机氯和拟除虫菊酯类农药用有机溶剂提取，经液-液分配及层析净化除去干扰物质，用电子捕获检测器检测，根据色谱峰的保留时间定性，外标法定量。

**3. 用品准备**

（1）气相色谱仪：附电子捕获检测器（ECD）。

（2）组织捣碎机。

（3）电动振荡器。

（4）旋转蒸发仪。

（5）常规器具：布氏漏斗（$\phi$80mm），抽滤瓶（20mL），具塞三角瓶（100mL），分液漏斗（250mL），量筒（100mL），烧杯（150mL），刻度吸管（5mL）。

（6）塑料注射器：2.5mL。

（7）石油醚：色谱纯。

（8）苯：色谱纯。

（9）丙酮：色谱纯。

（10）乙酸乙酯：色谱纯。

（11）2%的 $Na_2SO_4$ 水溶液：称取 20g 无水硫酸钠（分析纯），蒸馏水定容至 1L，溶解备用。

（12）弗罗里硅土（硅镁型吸附剂 60~100 目）：层析用，620℃灼烧 4h 后备用，用前 140℃烘 4h，趁热加 5%水灭活，振荡均匀，于磨口瓶中密封保存。

（13）农药标准品（纯度≥99%）：$\alpha$-六六六、$\beta$-六六六、$\gamma$-六六六、$\delta$-六六六、七氯、艾氏剂、$p,p'$-DDT、$p,p'$-DDD、$p,p'$-DDE、$O,p'$-DDT、甲氰菊酯、三氟氯氰菊酯（俗称功夫）、二氯苯醚菊酯（别名氯菊酯）、氯氰菊酯、氰戊菊酯、溴氰菊酯。

（14）标准溶液：分别准确称取（13）中农药标准品，用苯溶解并配成 1mg/mL 的储备液。使用时用石油醚稀释配成单品种的标准使用液。再根据各农药品种在仪器上的响应情况，吸取不同量的标准储备液，用石油醚稀释成混合标准使用液。

黄豆粉中六六六、滴滴涕的测定（实操视频）

（15）微孔滤膜：0.45μm（有机相）。

4. 安全提醒

乙酸乙酯易燃易爆、易挥发，具刺激性、致敏性；石油醚极度易燃，可引起周围神经炎，对皮肤有强烈刺激性；正己烷易燃易爆，有麻醉和刺激作用，长期接触可致周围神经炎；丙酮主要是对中枢神经系统的抑制、麻醉作用；前处理操作需在通风橱内进行，应避免明火，避免吸入，避免与皮肤接触。试验过程中应佩戴手套和护目镜。

试验产生的液体废液必须作为危险废弃物进行处理。

5. 操作步骤

（1）试样制备

①取样：取蔬菜试样擦净，去掉非可食部分后备用。

②提取：称取 20g 蔬菜试样于组织捣碎杯中，加入 30mL 丙酮和 30mL 石油醚，于捣碎机上捣碎 2min，捣碎液经抽滤，滤液移入 250mL 分液漏斗中，加入 100mL 2%硫酸钠水溶液，充分摇匀，静置分层，将下层溶液转移到另一个 250mL 分液漏斗中，用 2×20mL 石油醚萃取，合并三次萃取的石油醚层，过无水硫酸钠层，于旋转蒸发仪上浓缩至 10mL。

③净化。

层析柱制备：层析柱自下而上依次装入 1cm 高的无水 $Na_2SO_4$、5g 脱活的弗罗里硅土、1cm 高的无水 $Na_2SO_4$，轻轻敲实待用。

净化：取填充好的层析柱，用 20mL 石油醚淋洗净化柱，弃去淋洗液，当此 20mL 石油醚液面到达上层硫酸钠顶部时，迅速吸取试样提取液 2mL 上柱，用 100mL 石油醚-乙酸乙酯（95+5）洗脱，收集洗脱液于蒸馏瓶中。

④浓缩：将蒸馏瓶于旋转蒸发仪上浓缩至近干，用少量石油醚多次溶解残渣于刻度离心管中，最终定容至 1.0mL，供气相色谱分析。

（2）测定

①气相色谱参考条件。

色谱柱：石英弹性毛细管柱，0.25mm（内径）×15m，内涂有 OV-101 固定液。

温度：柱温自 180℃升至 230℃，保持 30min；检测器 250℃，进样口 250℃。

气流条件：氮气 40mL/min，尾吹气 60mL/min，分流比 1∶50。

②色谱分析：吸收 1μL 试样液注入气相色谱仪，记录色谱峰的保留时间和峰高。再吸取 1μL 混合标准使用液进样，记录色谱峰的保留时间和峰高。

根据组分在色谱上的出峰时间与标准组分定性：测得目标物的保留时间（RT）要与农药标准品扫描表保留时间（RT）相符（先出峰的 RT 误差≯0.005min，后出峰 RT 误差≯0.01min）。

用外标法与标准组分比较定量。

③色谱图：14 种有机氯和拟除虫菊酯类农药的色谱图见图 5-3。

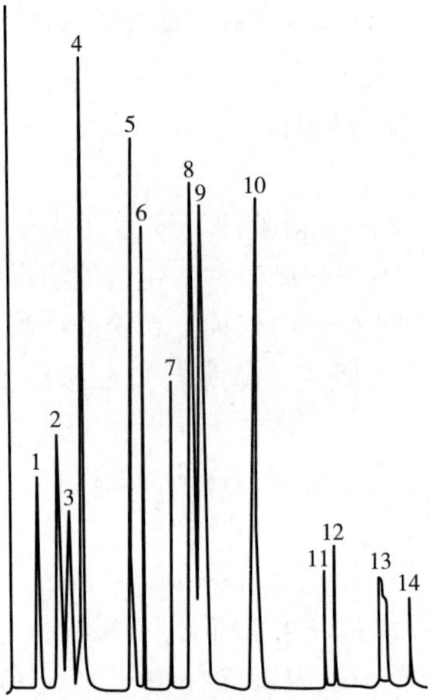


图 5-3　14 种有机氯和拟除虫菊酯类农药的色谱图

1—$\alpha$-六六六　2—$\beta$-六六六　3—$\gamma$-六六六　4—$\delta$-六六六　5—七氯　6—艾氏剂　7—$p,p'$-DDT　8—$p,p'$-DDD　9—$p,p'$-DDE　10—$O,p'$-DDT　11—氟氯氰菊酯（功夫）　12—二氯苯醚菊酯（氯菊酯）　13—氰戊菊酯　14—溴氰菊酯

## 6. 结果计算

（1）数据记录

**气相色谱检验原始记录**

| | | | |
|---|---|---|---|
| 样品名称 | | 样品编号 | |
| 检测项目 | | 验讫日期 | |
| | | 检测依据 | |
| 温度 | | 相对湿度 | |
| 仪器型号（编号） | | 天平编号 | |

续表

| | | | | | | |
|---|---|---|---|---|---|---|
| 检测条件 | 色谱柱 | | 载气 | | 进样量 | |
| | 柱头压 | | 氢气流量 | | 空气流量 | |
| | 检测器温度 | | 检测器 | | 进样口温度 | |
| | 柱温度 | | | | | |
| 标准溶液及编号 | | | | | | |
| 操作步骤（详见：　） | | | | | | |

| | | | | |
|---|---|---|---|---|
| 检测结果信息 | 定量方法 | | 结果计算 | |
| | 检测结果 | | | |
| 标准谱图见　　/标样浓度及峰面积见谱图　　；精密度符合方法要求。 | | | | |

检测：　　　　　　　　　　复核：

（2）计算公式

$$X_i=\frac{h_i\times V_2\times m_i}{h_{si}\times V_1\times m_2}\times K$$

式中　$X_i$——试样中农药的含量，mg/kg；

$m_i$——标准品中 $i$ 组分农药的含量，ng；

$V_1$——试样进样体积，μL；

$V_2$——最后定容体积，mL；

$h_{si}$——标准品中 $i$ 组分农药峰高，mm；

$h_i$——试样中 $i$ 组分农药峰高，mm；

$m_2$——试样的质量，g；

$K$——稀释倍数。

7. 要点提示

（1）试样制备：先将样品在食品粉碎机中打碎，均匀化，打碎过程中可加入适量干冰，用于抑制某些样品（葱、韭菜等）中酶的活性。

（2）试验中用到的所有玻璃器皿使用前都必须用适量丙酮淋洗，以去除可能存在的杂质，避免引入杂质，干扰检测结果。

（3）所有的转溶过程都必须用适量（5mL 左右）石油醚多次淋洗，以最大程度减少分析物的损失，比如“捣碎液经抽滤，滤液移入 250mL 分液漏斗中”，抽滤漏斗要用石油醚多次淋洗，淋洗液一并转入 250mL 分液漏斗中。

（4）分液漏斗使用前，活塞需薄薄地涂上一层润滑脂，塞好后将活塞旋转几圈，使润滑脂均匀分布，关好活塞，将分液漏斗放在提取架上。萃取时手持分液漏斗进行振摇，开始时摇晃几次要将分液漏斗下口向上倾斜（朝向无人处），打开活塞，使过量的气体放出，关闭活塞后再进行振摇，如此重复至放气时只有很小压力，再剧烈振摇 3~5min 后，将分液漏斗放回架上静置分层。

（5）某些样品在液-液萃取时可能会发生乳化现象，可以通过长时间静置，适当升高温度，加入适量氯化钠振摇，加入适量石油醚，离心，超声等方式破除乳化现象。

（6）如果样品为含油基质，如粮谷类样品，在液-液萃取蒸干后增加以下去油处理步骤：将浓缩残渣用 5mL 正己烷分次洗入 250mL 分液漏斗中。加入 50mL 正己烷饱和的乙腈，振荡 5min，静置分层，收集下层乙腈层，剩余正己烷层再次加入 50mL 正己烷饱和的乙腈，振荡 5min，静置分层。收集下层乙腈层，40℃下旋转浓缩至近干，进行下一步过层析柱步骤。

（7）净化时整个洗脱过程要保持层析柱不能干涸，否则会影响目标物的提取率。

（8）减压浓缩时石油醚易暴沸，浓缩瓶中可加入几个玻璃珠防沸，或实时观察，旋松放气口，稍微调整放气，达到增压止沸的目的。

（9）浓缩过程蒸至近干即可，否则可能导致某些挥发性强的化合物损失。

### 任务拓展

## 一、食品中有机磷农药的测定

GB/T 5009.20—2003《食品中有机磷农药残留量的测定》第一法适用于敌敌畏等 20 种农药制剂在水果、蔬菜、谷类等作物中的残留量测定。

守护舌尖安全再升级，农药残留国标构筑万道防线（思政微课）

**1. 操作原理**

含有机磷的试样在富氢焰上燃烧，以 HPO 碎片的形式放射出 526nm 的特性光。这种光经滤光片选择后，有光电倍增管接收，转换成电信号，经微电流放大器放大后被记录下来。试样的峰面积或峰高与标准品的峰面积和峰高进行比较定量。

**2. 用品准备**

（1）气相色谱仪：附有火焰光度检测器（FPD）。

（2）组织捣碎机。

（3）粉碎机。

（4）旋转蒸发仪。

（5）丙酮。

（6）二氯甲烷。

（7）氯化钠。

（8）无水硫酸钠。

（9）助滤剂 Celite 545。

（10）农药标准品：敌敌畏（纯度≥99%）、速灭磷（顺式纯度≥60%，反式纯度≥40%）、久效磷（纯度≥99%）、甲拌磷（纯度≥98%）、巴胺磷（纯度≥99%）、二嗪磷（纯度≥98%）、乙嘧硫磷（纯度≥97%）、甲基嘧啶磷（纯度≥99%）、甲基对硫磷（纯度≥99%）、稻瘟净（纯度≥99%）、水胺硫磷（纯度≥99%）、氧化喹硫磷（纯度≥99%）、稻丰散（纯度≥99.6%）、甲喹硫磷（纯度≥99.6%）、克线磷（纯度≥99.9%）、乙硫磷（纯度≥95%）、乐果（纯度≥99.0%）、喹硫磷（纯度≥98.2%）、对硫磷（纯度≥99.0%）、杀螟硫磷（纯度≥98.5%）。

（11）农药标准溶液的配制：分别准确称取（10）中标准品，用二氯甲烷溶解，分别配成 1.0mg/mL 的标准储备液。贮于4℃冰箱中，使用时根据各农药品种在仪器上的响应情况，吸取不同量的标准储备液，用二氯甲烷稀释成混合标准使用液。

**3. 操作步骤**

（1）试样制备

①取样：粮食试样经粉碎机粉碎，过 20 目筛制成粮食试样；水果、蔬菜试样去掉非可食部分制成待分析样。

②提取：称取试样（水果、蔬菜 50.00g；谷物 25.00g），置于 300mL 烧杯中，加入 50mL 水和 100mL 丙酮（提取液总体积为 150mL），用组织捣碎机提取 1~2min。匀浆液经铺有两层滤纸和约 10g 的助滤剂的布氏漏斗减压抽滤。取 100mL 滤液至 500mL 分液漏斗中。

③净化：向滤液中加入 10~15g 氯化钠使溶液饱和。猛烈振荡 2~3min，静置 10min，使丙酮和水相分层，水相用 50mL 二氯甲烷振摇 2min，再静置分层。

④浓缩：将丙酮和二氯甲烷提取液合并经装有 20~30g 无水硫酸钠的玻璃漏斗脱水滤入 250mL 圆底烧瓶中，再以约 40mL 二氯甲烷分数次洗涤容器和无水硫酸钠，洗涤液也并入烧瓶中。用旋转蒸发仪浓缩至约 2mL，浓缩液定量移至 5~25mL 容量瓶中，加二氯甲烷定容至刻度。

（2）气相色谱仪（FPD）测定

①色谱参考条件。

色谱柱：a. 玻璃柱 2.6m×3mm（i.d），填装涂有 4.5% DC-200+2.5%OV-17 的 Chromosorb W AW DMCS（80~100 目）的担体。

b. 玻璃柱 2.6m×3mm（i.d），填装涂有 1.5%（质量分数）QF-1 的 Chromosorb W AW DMCS（60~80 目）。

载气流量：氮气 50mL/min，氢气 100mL/min，空气 50mL/min。

温度：柱温 240℃，汽化室 260℃，检测器 270℃。

②色谱分析：吸收 2~5μL 混合标准使用液及试样净化液注入气相色谱仪，记录色谱峰的保留时间和峰高。以保留时间定性，以试样的峰高或峰面积与标准组分比较定量。

③色谱图：16 种有机磷农药的色谱图，见图 5-4；13 种有机磷农药的色谱图，见图 5-5。

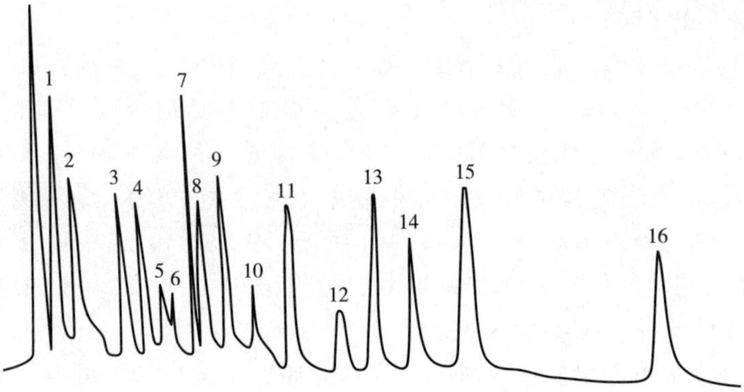


图 5-4 16 种有机磷农药的色谱图

1—敌敌畏最低检测浓度 0.005mg/kg 2—速灭磷最低检测浓度 0.004mg/kg
3—久效磷最低检测浓度 0.014mg/kg 4—甲拌磷最低检测浓度 0.004mg/kg
5—巴胺磷最低检测浓度 0.011mg/kg 6—二嗪磷最低检测浓度 0.003mg/kg
7—乙嘧硫磷最低检测浓度 0.003mg/kg 8—甲基嘧啶磷最低检测浓度 0.004mg/kg
9—甲基对硫磷最低检测浓度 0.004mg/kg 10—稻瘟净最低检测浓度 0.004mg/kg
11—水胺硫磷最低检测浓度 0.005mg/kg 12—氧化喹硫磷最低检测浓度 0.025mg/kg
13—稻丰散最低检测浓度 0.017mg/kg 14—甲喹硫磷最低检测浓度 0.014mg/kg
15—克线磷最低检测浓度 0.009mg/kg 16—乙硫磷最低检测浓度 0.014mg/kg

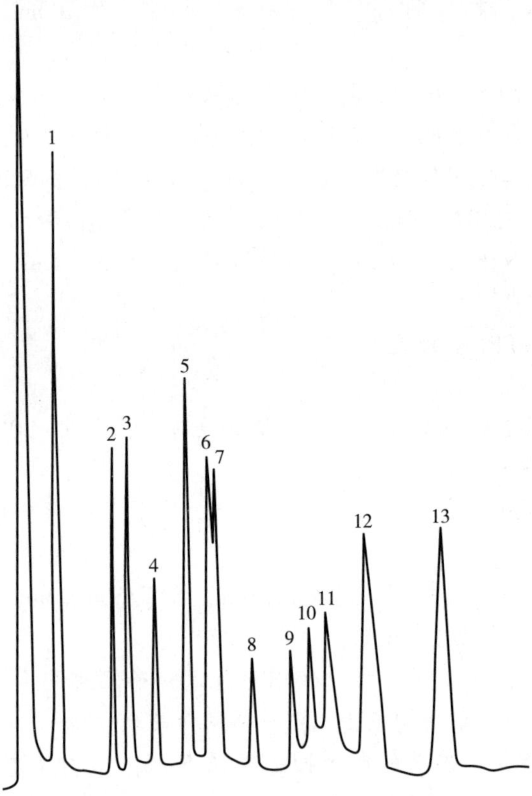


图 5-5 13 种有机磷农药的色谱图

1—敌敌畏 2—甲拌磷 3—二嗪磷 4—乙嘧硫磷 5—巴胺磷 6—甲基嘧啶磷
7—异稻瘟净 8—乐果 9—喹硫磷 10—甲基对硫磷 11—杀螟硫磷 12—对硫磷 13—乙硫磷

**4. 结果计算**

食品中有机磷农药的测定按下式计算：

$$X_i=\frac{A_i \times V_1 \times V_3 \times m_1 \times 1000}{A_{si} \times V_2 \times V_4 \times m_2 \times 1000}$$

式中 $X_i$——试样中 $i$ 组分有机磷农药的含量，mg/kg；

$A_i$——试样中 $i$ 组分的峰面积，积分单位；

$A_{si}$——混合标准液中 $i$ 组分的峰面积，积分单位；

$V_1$——试样提取液的总体积，mL；

$V_2$——净化用提取液的总体积，mL；

$V_3$——浓缩后的定容体积，mL；

$V_4$——进样体积，μL；

$m_1$——注入色谱仪中的 $i$ 标准组分的质量，ng；

$m_2$——试样的质量，g。

计算结果保留2位有效数字。

## 二、水果和蔬菜中多种农药及相关化学品残留量的测定气相色谱-质谱法

**1. 目的要求**

（1）了解气相色谱-质谱仪的工作原理。

（2）掌握气相色谱-质谱法测定水果和蔬菜中多种农药及相关化学品残留量的原理、方法的操作流程和注意要点。

（3）了解气相色谱-质谱仪工作条件的选择方法。

**2. 操作原理**

试样用乙腈匀浆提取，盐析离心后，取上清液，经固相萃取柱净化，用乙腈-甲苯溶液（3+1）洗脱农药及相关化学品，溶剂交换后用气相色谱-质谱仪检测。

**3. 用品准备**

（1）试剂

①乙腈（$CH_3CN$）：色谱纯。

②氯化钠（NaCl）：优级纯。

③无水硫酸钠（$Na_2SO_4$）：分析纯。用前在650℃灼烧4h，贮于干燥器中，冷却后备用。

④甲苯（$C_7H_8$）：优级纯。

⑤丙酮（$CH_3COCH_3$）：分析纯，重蒸馏。

⑥二氯甲烷（$CH_2Cl_2$）：色谱纯。

⑦正己烷（$C_6H_{14}$）：分析纯，重蒸馏。

（2）标准品 农药及相关化学品标准物质：纯度≥95%。

（3）标准溶液配制

水果和蔬菜多种农药残留的测定（实操视频）

①标准储备溶液：分别称取适量（精确至0.1mg）各种农药及相关化学品标准物分别于10mL容量瓶中，根据标准物的溶解性选甲苯、甲苯+丙酮混合液、二氯甲烷等溶剂溶解并定容至刻度，标准溶液避光4℃保

存，保存期为一年。

②混合标准溶液（混合标准溶液A、B、C、D和E）：按照农药及相关化学品的性质和保留时间，将500种农药及相关化学品分成A、B、C、D、E五组，并根据每种农药及相关化学品在仪器上的响应灵敏度，确定其在混合标准溶液中的浓度（参考GB 23200.8—2016《食品安全国家标准　水果和蔬菜中500种农药及相关化学残留量的测定气相色谱-质谱法》附录A）。

依据每种农药及相关化学品的分组号、混合标准溶液浓度及其标准储备液的浓度，移取一定量的单个农药及相关化学品标准储备溶液于100mL容量瓶中，用甲苯定容至刻度。混合标准溶液避光4℃保存，保存期为一个月。

③内标溶液：准确称取3.5mg环氧七氯于100mL容量瓶中，用甲苯定容至刻度。

④基质混合标准工作溶液：A、B、C、D、E组农药及相关化学品基质混合标准工作溶液是将40μL内标溶液和50μL的混合标准溶液分别加到1.0mL的样品空白基质提取液中，混匀，配成基质混合标准工作溶液A、B、C、D和E。基质混合标准工作溶液应现用现配。

（4）材料

①Envi-18柱：12mL，2.0g，或相当者（Envi-18柱是SUPELCO公司产品的商品名称，给出这一信息是为了方便GB 23200.8—2016标准的使用者，并不是表示对该产品的认可。如果其他等效产品具有相同的效果，则可使用这些等效产品）。

②Envi-Carb活性炭柱：6mL，0.5g，或相当者（Envi-Carb柱是SUPELCO公司产品的商品名称，给出这一信息是为了方便GB 23200.8—2016标准的使用者，并不是表示对该产品的认可。如果其他等效产品具有相同的效果，则可使用这些等效产品）。

③Sep-Pak $NH_2$ 固相萃取柱：3mL，0.5g，或相当者（Sep-Pak $NH_2$ 柱是Waters公司产品的商品名称，给出这一信息是为了方便本标准的使用者，并不是表示对该产品的认可。如果其他等效产品具有相同的效果，则可使用这些等效产品）。

（5）仪器和设备

①气相色谱-质谱仪：配有电子轰击源（EI）。

②分析天平：感量0.01g和0.0001g。

③均质器：转速不低于20000r/min。

④鸡心瓶：200mL。

⑤移液器：1mL。

⑥氮气吹干仪。

（6）试样制备

水果、蔬菜样品取样部位按GB 2763—2021《食品安全国家标准　食品中农药最大残留限量》执行，将样品切碎混匀均一化制成匀浆，制备好的试样均分成两份，装入洁净的盛样容器内，密封并标明标记。将试样于-18℃冷冻保存。

**4. 操作步骤**

（1）提取　称取20g试样（精确至0.01g）于80mL离心管中，加入40mL乙腈，用均质器在15000r/min匀浆提取1min，加入5g氯化钠，再匀浆提取1min，将离心管放入离心机，在3000r/min离心5min，取上清液20mL（相当于10g试样量），待净化。

（2）净化

①将 Envi-18 柱放入固定架上，加样前先用 10mL 乙腈预洗柱，下接鸡心瓶，移入上述 20mL 提取液，并用 15mL 乙腈洗涤柱，将收集的提取液和洗涤液在 40℃ 水浴中旋转浓缩至约 1mL，备用。

②在 Envi-Carb 柱中加入约 2cm 高无水硫酸钠，将该柱连接在 Sep-Pak 氨丙基柱顶部，将串联柱下接鸡心瓶放在固定架上。加样前先用 4mL 乙腈-甲苯溶液（3+1）预洗柱，当液面到达硫酸钠的顶部时，迅速将样品浓缩液①转移至净化柱上，再每次用 2mL 乙腈-甲苯溶液（3+1）三次洗涤样液瓶，并将洗涤液移入柱中。在串联柱上加上 50mL 贮液器，用 25mL 乙腈-甲苯溶液（3+1）洗涤串联柱，收集所有流出物于鸡心瓶中，并在 40℃ 水浴中旋转浓缩至约 0.5mL。每次加入 5mL 正己烷在 40℃ 水浴中旋转蒸发，进行溶剂交换两次，最后使样液体积约为 1mL，加入 40μL 内标溶液，混匀，用于气相色谱-质谱测定。

（3）测定

①气相色谱-质谱参考条件。

色谱柱：DB-1701（30m×0.25mm×0.25μm）石英毛细管柱，或相当者。

色谱柱温度程序：40℃ 保持 1min，然后以 30℃/min 程序升温至 130℃，再以 5℃/min 升温至 250℃，再以 10℃/min 升温至 300℃，保持 5min。

载气：氦气，纯度≥99.999%。

流速：1.2mL/min。

进样口温度：290℃。

进样量：1μL。

进样方式：无分流进样，1.5min 后打开分流阀和隔垫吹扫阀。

电子轰击源：70eV。

离子源温度：230℃。

GC-MS 接口温度：280℃。

选择离子监测：每种化合物分别选择一个定量离子，2~3 个定性离子的丰度比值参见 GB 23200.8—2016 附录 B，每组检测离子的开始时间和驻留时间参见 GB 23200.8—2016 附录 C。

②定性测定：进行样品测定时，如果检出的色谱峰的保留时间与标准样品相一致，并且在扣除背景后的样品质谱图中，所选择的离子均出现，而且所选择的离子丰度比与标准样品的离子丰度比相一致（相对丰度>50%，允许±10%偏差；20%<相对丰度≤50%，允许±15%偏差；10%<相对丰度≤20%，允许±20%偏差；相对丰度≤10%，允许±50%偏差），则可判断样品中存在这种农药或相关化学品。如果不能确证，应重新进样，以扫描方式（有足够灵敏度）或采用增加其他确证离子的方式或用其他灵敏度更高的分析仪器来确证。

③定量测定：本方法采用内标法单离子定量测定。内标物为环氧七氯。为减少基质的影响，定量用标准溶液应采用基质混合标准工作溶液。标准溶液的浓度应与待测化合物的浓度相近。本方法的 A、B、C、D、E 五组标准物质在苹果基质中选择离子监测 GC-MS 图参见 GB 23200.8—2016 附录 D。

④平行试验：按以上步骤对同一试样进行平行测定。

⑤空白试验：除不称取试样外，均按上述步骤进行。

**5. 结果计算**

气相色谱-质谱测定结果可由计算机按内标法自动计算，也可按下式计算：

$$X=\rho_s\times\frac{A}{A_s}\times\frac{\rho_i}{\rho_{si}}\times\frac{A_{si}}{A_i}\times\frac{V}{m}\times\frac{1000}{1000}$$

式中　$X$——试样中被测物残留量，mg/kg；

$\rho_s$——基质标准工作溶液中被测物的浓度，μg/mL；

$A$——试样溶液中被测物的色谱峰面积；

$A_s$——基质标准工作溶液中被测物的色谱峰面积；

$\rho_i$——试样溶液中内标物的浓度，μg/mL；

$\rho_{si}$——基质标准工作溶液中内标物的浓度，μg/mL；

$A_{si}$——基质标准工作溶液中内标物的色谱峰面积；

$A_i$——试样溶液中内标物的色谱峰面积；

$V$——样液最终定容体积，mL；

$m$——试样溶液所代表试样的质量，g。

计算结果应扣除空白值，测定结果用平行测定的算术平均值表示，保留 2 位有效数字。

**6. 要点提示**

在重复性条件下获得的两次独立测定结果的绝对差值与其算术平均值的比值（百分率），应符合 GB 23200.8—2016 附录 E 的要求。

**交流讨论**

1. 在进行农药残留测定时，常用的预处理方式有哪些？

2. 通过对 GB 2763—2021《食品安全国家标准　食品中农药最大残留限量》的学习，你有什么感想？

任务十九　达标自测

# 任务二十

## 食品中兽药残留量的测定

**任务目标**

### 知识目标

了解兽药残留量检测的一般流程、高效液相色谱仪的构造及工作原理。

### 技能目标

掌握高效液相色谱仪的操作。

食品中兽药残留量的测定（部分相关标准）

## 素质目标

通过食品中兽药残留量测定的学习，使学生能认真遵守国家法律、法规和企业的各项规章制度；树立正确的职业道德品质，实事求是；掌握专业技能和实验室安全知识；培养良好的团队合作精神。

## 任务导入

2021 年 3 月 15 日，中央广播电视总台“3 · 15”晚会报道，河北沧州青县存在部分经销商贩售“瘦肉精”羊肉问题，且部分羊肉已经流向多地。“瘦肉精”的学名是盐酸克伦特罗，简称克伦特罗，是一类动物用药，能够促进动物瘦肉生长、抑制脂肪生长。食用含有“瘦肉精”的肉会对人体产生危害，常出现恶心、头晕、四肢无力、手颤等中毒症状。若长期食用，有可能导致染色体畸变，诱发恶性肿瘤。国家严禁在食品中使用“瘦肉精”。应当如何有效检测动物源食品中是否含有“瘦肉精”呢？

## 相关知识

### 一、兽药残留及其来源

兽药残留即“兽药在动物源食品中的残留”的简称，是指动物产品的任何可食部分所含兽药的母体化合物及（或）其代谢物，以及与兽药有关的杂质。因此，兽药残留既包括原药，也包括药物在动物体内的代谢产物和兽药生产中所伴生的杂质。

兽药残留的主要来源：一是兽药的不合理使用。有些养殖户由于用药知识的缺乏，而在养殖环节用药不当，如药的剂量、给药途径及动物种类不符合用药要求等。二是不执行休药期规定，滥用兽药。三是非法使用违禁药物。有些饲料生产企业和养殖户，由于科学知识的缺乏和经济利益的驱使，在饲养过程中违规使用激素类、抗生素类、人工合成化学药品等。如为增加瘦肉率而使用兴奋剂盐酸克伦特罗；为减少畜禽的活动、达到增重目的而使用安眠镇静类药物等。

### 二、兽药残留的种类及危害

在动物源食品中较易引起兽药残留量超标的兽药主要有抗生素类、磺胺类、呋喃类、抗寄生虫类和激素类药物。

兽药残留对人类及环境的危害主要是慢性、远期和累积性的。长期食用兽药残留超标的食品后，当体内蓄积的药物浓度达到一定量时会导致人体的过敏反应、急慢性中毒、耐药性细菌的产生、“三致”作用及激素样作用等。如长期摄入抗生素类药物残留超标的食品，可使人体中细菌产生耐药性，扰乱人体微生态而产生各种毒副作用；食用磺胺类药物残留的动物性食品，可诱发过敏反应，造成肾脏系统损伤，破坏造血功能，诱发癌症等不良反应；呋喃类药物残留可导致胃肠反应、超敏反应，长期摄入引起不可逆性末端神经损害，有致癌、致突变作用；抗寄生虫类药物残留，持久残留于肝内，有致畸和致突变作用；激素类药物残留会影响人体正常激素水平和功能，尤其是性激素残留会影响正常生理机能，导致儿童性早熟、发育异常和异性趋势，且有一定的致癌性。

动物源食品中的药物残留问题在我国相对严重，近几年相继发生的“瘦肉精”残留中毒事件、水产品中氯霉素残留事件以及多宝鱼呋喃类药物残留超标事件、乳品中抗生素残留超标事件等，严重打击了消费者对国内食品安全的信心，不仅给经济造成了巨大的损失，也对国民体质健康和我国食品行业国际声誉造成了负面影响。

## 三、兽药残留的测定方法

兽药残留的测定，目前按照检测仪器的不同，可分为酶联免疫法、高效液相色谱法、气相色谱法、气相色谱-质谱法、高效液相色谱-串联质谱法等。

## 任务实施

## 一、动物性食品中克伦特罗（瘦肉精）残留量的测定

克伦特罗为强效选择性$\beta$-受体激动剂，可明显促进动物生长，并增加瘦肉率，因而俗称“瘦肉精”。20 世纪 90 年代，受当时科研水平所限，我国部分地区曾错误地将其作为先进科研成果引入，并作为饲料添加剂进行推广。之后一系列由含克伦特罗引发的食物中毒事件发生后，我国原农业部、原卫生部、国家药品监督管理局在 2002 年 9 月 10 日发布的《禁止在饲料和动物饮用水中使用的药物品种目录》中，将克伦特罗等列为禁用药品。然而仍有极个别养殖户因重视程度不够或受经济利益驱使，在饲料里私自添加“瘦肉精”，使“健美猪”等引发的中毒事件频繁发生。

对动物性食品中克伦特罗残留量的测定，GB/T 5009. 192—2003《动物性食物中克伦特罗残留量的测定》规定了三种方法：气相色谱-质谱法（GC-MS）、高效液相色谱法（HPLC）和酶联免疫法（ELISA 筛选法）。

本实训采用高效液相色谱法（HPLC），依据 GB/T 5009. 192—2003 第二法。

### 1. 目的要求

（1）了解高效液相色谱仪的工作原理及工作条件的选择方法。

（2）掌握高效液相色谱法测定动物性食品中克伦特罗残留量的原理和方法。

（3）学会使用高效液相色谱仪，学会识别色谱图。

### 2. 操作原理

固体试样剪碎，用高氯酸溶液匀浆，液体试样加入高氯酸溶液，进行超声加热提取后，用异丙醇+乙酸乙酯（40+60）溶液萃取，有机相浓缩，经弱阳离子交换柱进行分离，用乙醇+浓氨水（98+2）溶液洗脱，洗脱液浓缩，流动相定容后在高效液相色谱仪上进行测定，外标法定量。

### 3. 用品准备

（1）高效液相色谱仪。

（2）水浴超声清洗器。

（3）磨口玻璃离心管：11. 5cm（长）×3. 5cm（内径），具塞，或相当者。

（4）5mL 玻璃离心管，或相当者。

（5）酸度计。

（6）离心机。

（7）振荡器。

（8）旋转蒸发器。

（9）涡旋振荡器。

（10）微孔滤膜：0.45μm（水相）。

（11）弱阳离子交换柱（LC-WCX）：3mL，或相当者。

（12）$N_2$-蒸发器。

（13）匀浆器。

（14）克伦特罗：纯度≥99.5%。

（15）超纯水。

（16）磷酸二氢钠（$NaH_2PO_4 \cdot 2H_2O$）：分析纯。

（17）氢氧化钠：分析纯。

（18）氯化钠：分析纯。

（19）高氯酸：分析纯，纯度 70%。

（20）浓氨水：分析纯。

（21）异丙醇：HPLC 级。

（22）乙酸乙酯：HPLC 级。

（23）甲醇：HPLC 级。

（24）乙醇：HPLC 级。

（25）高氯酸溶液（0.1mol/L）：准确称取 14.35g 高氯酸（分析纯，70%），用超纯水稀释并定容至 1L，摇匀。

（26）氢氧化钠溶液（1mol/L）：准确称取 40g 氢氧化钠，用超纯水溶解并定容至 1L，摇匀。

（27）磷酸二氢钠缓冲液（0.1mol/L，pH 6.0）：准确称取 15.6g 磷酸二氢钠，用超纯水溶解并定容至 1L，摇匀。

（28）异丙醇+乙酸乙酯（40+60）。

（29）乙醇+浓氨水（98+2）。

（30）甲醇+水（45+55）。

（31）克伦特罗标准溶液：准确称取克伦特罗标准品用甲醇配制成浓度为 250mg/L 的标准储备液，贮存于冰箱内（0~4℃）；使用时用甲醇稀释成 0.5mg/L 的克伦特罗标准使用液，进一步用甲醇+水（45+55）适当稀释。

**4. 安全提醒**

（1）多数化学试剂、药品对人体都具有危害性，在试验操作前，试验者应戴一次性手套，避免用手直接接触。

（2）所有的药品、试剂都应贴有明显的标签，标明药品名称、质量规格及来货日期，必要时用明显标志标明药品、试剂危险性质。

（3）甲醇具有高挥发性，为神经毒物，可经呼吸道、皮肤、消化道进入体内，对视神经及多个脏器造成伤害；异丙醇易燃易爆炸；乙酸乙酯易燃、具刺激性、具致敏性。上述试剂应由专门的实验室保管员来管理，严格记录使用人、用量。操作过程中产生的废液以及上机检测后的样液由实验室回收后交由专门的环保部门处理，严禁倒入下水道。

（4）提前打开通风设施的开关，实验区域通风20min后，人员方可进入。

（5）提取、净化、定容步骤涉及有害或有刺激性气体发生试剂的使用，应在通风柜内进行，不可将头伸入通风橱内。

**5. 操作步骤**

（1）提取　称取肌肉、肝脏或肾脏试样10g（精确到0.01g），用20mL 0.1mol/L高氯酸溶液匀浆，置于磨口玻璃离心管中；然后置于超声波清洗器中超声20min，取出置于80℃水浴中加热30min，取出冷却后4500r/min离心15min。倾出上清液，沉淀用5mL 0.1mol/L高氯酸溶液洗涤，再离心，将两次的上清液合并，用1mol/L氢氧化钠溶液调pH至9.5±0.1，若有沉淀产生，再4500r/min离心10min，将上清液转移至磨口玻璃离心管中，加入8g氯化钠，混匀。加入25mL异丙醇+乙酸乙酯（40+60），置于振荡器上振荡提取20min。提取完毕，放置5min（若有乳化层稍离心一下）。用吸管小心将上层有机相移至旋转蒸发瓶中，用20mL异丙醇+乙酸乙酯（40+60）再重复萃取一次，合并有机相，于60℃在旋转蒸发器上浓缩近干。用1mL 0.1mol/L磷酸二氢钠缓冲液（pH 6.0）充分溶解残留物，经针筒式微孔滤膜过滤，洗涤三次后完全转移至5mL玻璃离心管中，并用0.1mol/L磷酸二氢钠缓冲液（pH 6.0）定容至刻度。

（2）净化　依次用10mL乙醇、3mL水、3mL0.1mol/L磷酸二氢钠缓冲液（pH 6.0）、3mL水冲洗弱阳离子交换柱，取适量的提取液至弱阳离子交换柱上，弃去流出液，分别用4mL水和4mL乙醇冲洗柱子，弃去流出液，用6mL乙醇+浓氨水（98+2）冲洗柱子，收集流出液，将流出液在$N_2$-蒸发器上浓缩至干。

（3）试样测定前的准备　于净化、吹干的试样残渣中加入100~500μL流动相，在涡旋振荡器上充分振摇，使残渣溶解，液体混浊时用0.45μm的针筒式微孔滤膜过滤，上清液待进行液相色谱测定。

（4）测定

①液相色谱测定参考条件。

色谱柱：BDS或ODS柱，250mm×4.6mm，5μm。

流动相：甲醇+水（45+55）。

流速：1mL/min。

进样量：20~50μL。

柱箱温度：25℃。

紫外检测器：244nm。

②进样测定：吸取20~50μL标准校正溶液及试样液注入液相色谱仪，以保留时间定性，用外标法单点或多点校准法定量。

③克伦特罗标准溶液（100μg/L）的高效液相色谱图，见图5-6。

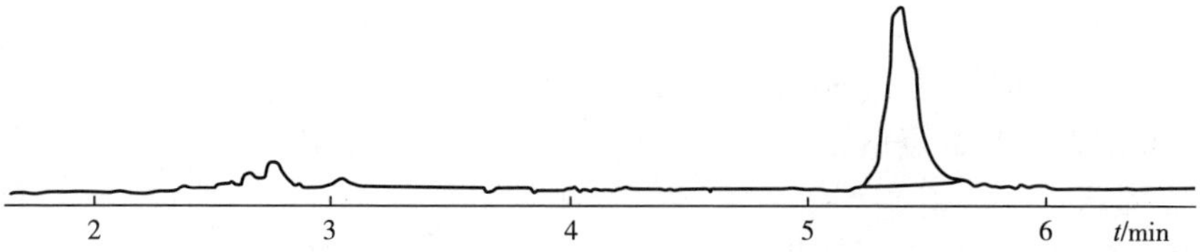


图 5-6　克伦特罗标准溶液（100μg/L）的高效液相色谱图

## 6. 结果计算

（1）数据记录

**液相色谱检验原始记录**

| | | | | |
|---|---|---|---|---|
| 样品名称 | | | 报验编号 | |
| 检测项目 | | | 验讫日期 | |
| | | | 温度 | |
| 检测依据 | | | 相对湿度 | |
| 仪器型号（编号） | | | 天平编号 | |
| 检测条件 | 检测器 | | 色谱柱 | |
| | 波长 | | 进样量 | |
| | 柱温 | | 流速 | |
| | 流动相 | | | |
| 标准物质及编号 | | | | |
| 操作步骤（详见：　　） | | | | |

| | | | | |
|---|---|---|---|---|
| 检测结果信息 | 定量方法 | | 结果计算 | |
| | 检测结果 | | | |
| 精密度： | | | | |
| 标准曲线见： | | | | |

检测：　　　　　　　　　　复核：

（2）计算公式

$$X = \frac{m_1 \times f}{m_2}$$

式中　$X$——试样中克伦特罗的含量，μg/kg 或 μg/L；

$m_1$——试样色谱峰与标准色谱峰的峰面积比值对应的克伦特罗的质量，ng；

$f$——试样稀释倍数；

$m_2$——试样的取样量，g 或 mL。

计算结果保留至小数点后 2 位。

7. 要点提示

（1）理想的高效液相色谱用水应为 18.2Ω 的超纯水，并通过 0.22μm 的滤膜，除去热源、有机物、无机离子及 $CO_2$ 等。可购买合格的纯净水，过超纯水机。

（2）克伦特罗的标准物质以盐酸盐的形式存在，配制克伦特罗标准溶液时，要进行相应的转化，计算出所需称量的标准物质的质量。

（3）BDS 或 ODS 色谱柱属于反相柱，柱管内充满有机溶剂，检测样品前，应用 10 倍柱体积的流动相冲洗色谱柱；检测完毕后，要用甲醇或乙腈将柱管内的流动相置换出来，使其保存在有机相中。

（4）LC-WCX 是一种在硅胶填料上键合上羧酸官能团的弱阳离子交换柱，羧基的 pH 为 4.8，当调节 pH 到 2 个单位时，它保持带负电，能够结合此 pH 下带电荷的阳离子；当硅胶表面的羧基被中和（pH 比 4.8 小 2 个单位），结合的阳离子被洗脱。

## 二、动物性食品中硝基呋喃残留量的测定

兽药残留的测定，目前按照检测仪器的不同，可分为酶联免疫法、高效液相色谱法、气相色谱法、气相色谱-质谱法、高效液相色谱-串联质谱法等。

1. 目的要求

（1）了解液相色谱-串联质谱仪的工作原理及工作条件的选择方法。

（2）掌握液相色谱-串联质谱法测定动物性食品中硝基呋喃代谢物残留量的原理和方法。

（3）学会使用液相色谱-串联质谱仪，学会识别多反应监测色谱图。

2. 操作原理

样品经盐酸水解，邻硝基苯甲醛过夜衍生，调 pH 至 7.4，用邻硝基苯甲醛衍生后，以乙酸乙酯提取，正己烷净化。分析物采用高效液相色谱-串联质谱定性检测，采用稳定同位素内标法进行定量测定。

3. 用品准备

高效液相色谱-串联质谱仪：配备电喷雾离子源（ESI）；组织捣碎机；分析天平（感量 0.0001g，0.01g）；均质器（10000r/min）；振荡器；恒温箱；酸度计；离心机（10000r/min）；氮吹仪；涡旋振荡器；容量瓶（1L，100mL，10mL）；具塞塑料离心管（50mL）；刻度试管（10mL）；移液枪（5mL，1mL，100μL）。

硅藻土 3g；冻兔肉 3g；0.125mol/L 盐酸 20mL 或 25mL；内标；外标；衍生剂（二硝基苯甲醛）0.02g；乙醇乙酯 16mL；0.2%甲酸 1mL；正乙烷 2.5mL。

兔肉中硝基呋喃的测定
（实操视频）

4. 操作步骤

（1）水解和衍生化　称取约 2g 试样（精确至 0.01g）于 50mL 塑料离心管中，加入 10mL 甲醇-水混合溶液（1+1，体积比），振荡 10min 后，以 4000/min 离心 5min，弃去液体。残留物中加入 10mL 0.2mol/L

盐酸，用均质器以 10000r/min 均质 1min 后，再依次加入混合内标标准溶液 100μL，二硝基苯甲醛溶液 100μL，摇匀 30s 后，再振荡 30min，置 37℃恒温箱中过夜（16h）反应。

（2）提取和净化　取出样品，冷却至室温，加入 1~2mL 0.3mol/L 磷酸钾（1mL 盐酸溶液加 0.1mL 磷酸钾溶液），用 2.0mol/L 氢氧化钠调 pH 7.4（±0.2）后，再加入 10~20mL 乙酸乙酯（乙酸乙酯加入体积与盐酸溶液体积一致），振荡提取 10min 后，以 10000r/min 离心 10min，收集乙酸乙酯层。残留物用 10~20mL 乙酸乙酯再提取一次，合并乙酸乙酯层。收集液在 40℃下用 $N_2$ 吹干，残渣用 1mL 0.1%甲酸水溶液溶解，再用 3mL 乙腈饱和的正己烷分两次液-液分配，去除脂肪。下层水相过 0.20μm 微孔滤膜后，取 10μL 供仪器测定。

（3）测定

①液相色谱条件。

色谱柱：XTerra MS $C_{18}$，150mm×2.1mm（内径），3.5μm，或相当者；

柱温：30℃；

流速：0.2mL/min；

进样量：10μL；

流动相：A 为乙腈，B 为 0.1%甲酸水溶液，梯度洗脱程序见表 5-2。

表 5-2　梯度洗脱程序

| 时间/min | A/% | B/% |
|---|---|---|
| 0 | 10 | 90 |
| 10 | 90 | 10 |
| 20 | 10 | 90 |

②质谱条件。

离子源：ESI，正模式。

雾化喷嘴压力：$2.4\times10^5$Pa。

干燥气流量：9.0L/min。

干燥气温度：350℃。

毛细管电压：AMOZ，SEM，AHD，AOZ 分别为 3861V，3713V，4500V，3516V。

撇取器电压：AMOZ，SEM，AHD，AOZ 分别为 15.0V，15.0V，15.0V，19.2V。

碰撞电压：1.0V。

## 5. 结果计算

（1）数据记录

液相色谱串联质谱检验原始记录

<table>
<tr><td>样品名称</td><td></td><td>样品编号</td><td></td></tr>
<tr><td rowspan="2">检测项目</td><td rowspan="2"></td><td>验讫日期</td><td></td></tr>
<tr><td>温度</td><td></td></tr>
<tr><td>检测依据</td><td></td><td>相对湿度</td><td></td></tr>
</table>

续表

<table>
<tr><td colspan="2">仪器型号（编号）</td><td colspan="2"></td><td colspan="2">天平编号</td><td></td></tr>
<tr><td rowspan="10">检测条件</td><td>色谱柱</td><td></td><td>柱温</td><td></td><td>进样量</td><td></td></tr>
<tr><td>流速</td><td></td><td>离子源</td><td></td><td>扫描方式</td><td></td></tr>
<tr><td rowspan="8">流动相</td><td rowspan="8"></td><td colspan="4">梯度洗脱程序</td></tr>
<tr><td colspan="2">时间</td><td>A/%</td><td>B/%</td></tr>
<tr><td colspan="2"></td><td></td><td></td></tr>
<tr><td colspan="2"></td><td></td><td></td></tr>
<tr><td colspan="2"></td><td></td><td></td></tr>
<tr><td colspan="2"></td><td></td><td></td></tr>
<tr><td colspan="2"></td><td></td><td></td></tr>
<tr><td colspan="2"></td><td></td><td></td></tr>
<tr><td colspan="2">标准物质及编号</td><td colspan="5"></td></tr>
<tr><td colspan="7">操作步骤（详见：　　）<br><br><br><br><br></td></tr>
</table>

<table>
<tr><td rowspan="2">检测<br>结果<br>信息</td><td>定量方法</td><td></td><td>结果计算</td><td></td></tr>
<tr><td>检测结果</td><td colspan="3">检测项目：　　　　　检测结果：（μg/kg）　　　回收率：（%）</td></tr>
<tr><td colspan="2">质控情况</td><td colspan="3">□质控样品　□样品加标（回收率：　　%）□空白样品加标（回收率：　　%）</td></tr>
<tr><td colspan="5">标准谱图见：</td></tr>
<tr><td colspan="5">备注：测量精密度小于　　%</td></tr>
</table>

检测：　　　　　　　　　　　　　　　　复核：

（2）计算公式

$$X=\frac{R\times\rho\times V}{R_s\times m}$$

式中　$X$——试样中分析物的含量，μg/kg；

$R$——样液中的分析物与内标物峰面积比值；

$\rho$——混合基质标准溶液中分析物的浓度，ng/mL；

$V$——样液最终定容体积，mL；

$R_s$——混合基质标准溶液中的分析物与内标物峰面积比值；

$m$——试样的质量，g。

### 6. 要点提示

（1）多数化学试剂、药品对人体都具有危害性，在试验操作前，试验者应戴一次性手套，避免用手直接接触。

（2）所有的药品、试剂都应贴有明显的标签，标明药品名称、质量规格及来货日期，必要时用明显标志标明药品、试剂危险性质。

（3）提前打开通风设施的开关，实验区域通风 20min 后，人员方可进入。

（4）提取、净化、定容步骤涉及有害或有刺激性气体发生试剂的使用，应在通风柜内进行，不可将头伸入通风橱内。

## 三、水产品中孔雀石绿和结晶紫及其代谢产物的测定

介绍液相色谱-串联质谱的快速测定方法（依据 GB/T 19857—2005《水产品中孔雀石绿和结晶紫残留量的测定》）。

### 1. 操作原理

试样中的残留物用乙腈-乙酸铵缓冲溶液提取，乙腈再次提取后，液-液分配到二氯甲烷层，经中性氧化铝和阳离子固相柱净化后用液相色谱-串联质谱法测定，内标法定量。样品中孔雀石绿、隐色孔雀石绿、结晶紫和隐色结晶紫残留量按下式计算（计算结果需扣除空白值）：

$$X = \frac{\rho \times \rho_i \times A \times A_{si} \times V}{\rho_{si} \times A_i \times A_s \times m}$$

鱼肉中孔雀石绿的测定（实操视频）

式中 $X$——样品中待测组分残留量，μg/kg；

$\rho$——孔雀石绿、隐色孔雀石绿、结晶紫或隐色结晶紫标准工作溶液的浓度，μg/L；

$\rho_{si}$——标准工作溶液中内标物的浓度，μg/L；

$\rho_i$——样液中内标物的浓度，μg/L；

$A_s$——孔雀石绿、隐色孔雀石绿、结晶紫或隐色结晶紫标准工作溶液的峰面积；

$A$——样液中孔雀石绿、隐色孔雀石绿、结晶紫或隐色结晶紫的峰面积；

$A_{si}$——标准工作溶液中内标物的峰面积；

$A_i$——样液中内标物的峰面积；

$V$——样品定容体积，mL；

$m$——样品称样量，g。

### 2. 液相色谱-串联质谱条件

（1）色谱柱：$C_{18}$ 柱，50mm×2. 1mm（i. d.），3μm。

（2）流动相：乙腈+5mmol/L 乙酸铵＝75+25。

（3）流速：0. 2mL/min。

（4）柱温：35℃。

（5）进样量：10μL。

（6）离子源：电喷雾 ESI，正离子。

（7）扫描方式：多反应监测 MRM。

（8）雾化气、窗帘气、辅助加热气、碰撞气均为高纯氮气，使用前应调节各气体流量

以使质谱灵敏度达到检测要求。

（9）喷雾电压、去集簇电压、碰撞能等电压值应优化至最优灵敏度。

（10）监测离子对：孔雀石绿 *m/z* 329/313（定量离子）、329/208；隐色孔雀石绿 *m/z* 331/316（定量离子）、331/239；结晶紫 *m/z* 372/356（定量离子）、372/251；隐色结晶紫 *m/z* 374/359（定量离子）、374/238；氘代孔雀石绿 *m/z* 334/318（定量离子）；氘代隐色孔雀石绿 *m/z* 337/322（定量离子）。

3. 要点提示

（1）本方法适用于鲜活水产品及其制品中孔雀石绿及其代谢物隐色孔雀石绿、结晶紫及其代谢物隐色结晶紫残留量的检验。

（2）本方法孔雀石绿的残留量测定结果系指孔雀石绿和它的代谢物隐色孔雀石绿残留量的之和，以孔雀石绿表示；结晶紫的残留量测定结果系指结晶紫和它的代谢物隐色结晶紫残留量的之和，以结晶紫表示。

（3）法检测限　孔雀石绿、隐色孔雀石绿、结晶紫、隐色结晶紫的检测限均为 0.5μg/kg。

## 任务拓展

### 一、畜禽肉中己烯雌酚的测定

己烯雌酚（Diethylstilbestrol，简称 DES），是一种人工合成的雌性激素类药物，在医学上主要用于治疗雌激素缺乏症。由于其具有调节动物的生理功能、促进动物生长等作用，从 20 世纪 60 年代开始，DES 曾在猪、鸡、牛、羊的养殖业中作为生长激素被广泛应用。但是己烯雌酚及其代谢产物不能被完全消化吸收，会在动物肝脏、肌肉、蛋、奶中残留，并通过食物链被人体吸收。国内外研究表明，己烯雌酚具有很强的副作用，进入人体会导致体内遗传物质改变，可能引发基因突变及肿瘤。少儿食用残留己烯雌酚的食物，会导致性早熟。男性长期摄入，可产生男性女性化等一系列副作用。

在此介绍用高效液相色谱法测定畜禽肉中己烯雌酚。（依据 GB/T 5009.108—2003《畜禽肉中己烯雌酚的测定》）

**1. 原理**

试样匀浆后，经甲醇提取过滤，注入 HPLC 柱中，经紫外检测器鉴定。于波长 230nm 处测定吸光度，同条件下绘制工作曲线，己烯雌酚含量与吸光度在一定浓度范围内成正比，试样与工作曲线比较定量。

**2. 试剂**

（1）甲醇。

（2）0.043mol/L 磷酸二氢钠（$NaH_2PO_4 \cdot 2H_2O$）：取 1g 磷酸二氢钠溶于 500mL 水中，混匀。

（3）磷酸。

（4）己烯雌酚（DES）储备溶液：精密称取 100mg 己烯雌酚（DES）溶于甲醇，移入 100mL 容量瓶中，加甲醇至刻度，混匀，每毫升含 DES 1.0mg，贮于冰箱中。

（5）己烯雌酚（DES）标准使用液：吸取 10.00mL DES 储备溶液，移入 100mL 容量瓶中，加甲醇至刻度，混匀，每 1mL 含 DES 100μg。

**3. 仪器**

（1）高效液相色谱仪（HPLC）：带紫外检测器。

（2）小型绞肉机。

（3）小型粉碎机。

（4）电动振荡机。

（5）离心机。

**4. 操作步骤**

（1）提取及净化　称取 5g（±0. 1g）绞碎（小于 5mm）肉试样，放入 50mL 具塞心管中，加 10. 00mL 甲醇，充分搅拌，振荡 20min，于 3000r/min 离心 10min，将上清液移出，残渣中再加入 10. 00mL 甲醇，混匀后振荡 20min，于 3000r/min 离心 10min，合并上清液，此时若出现混浊，需再离心 10min，取上清液过 0. 5μm FH 滤膜，备用。

（2）测定

①色谱参考条件。

检测波长：230nm。

灵敏度：0. 04 AUFS。

流动相：甲醇+0. 043mol/L 磷酸二氢钠（70+30），用磷酸调 pH 至 5（其中 $NaH_2PO_4 \cdot 2H_2O$ 水溶液需过 0. 45μm 滤膜）。

流速：1mL/min。

进样量：20μL。

色谱柱：CLC-ODS-$C_{18}$（5μm）6. 2mm×150mm 不锈钢柱。

柱温：室温。

②色谱图：己烯雌酚色谱图见图 5-7。

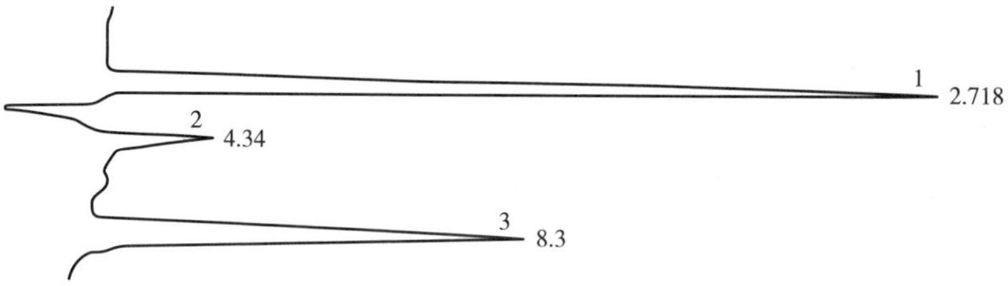


图 5-7　己烯雌酚色谱图

1—溶剂峰　2—杂质峰　3—己烯雌酚标准峰

③标准曲线绘制：称取 5 份（每份 5. 0g）绞碎的肉试样，放入 50mL 具塞离心管中，分别加入不同浓度的标准溶液（6. 0，12. 0，18. 0，24. 0μg/mL）各 1. 0mL，同时做空白。其中甲醇总量为 20. 00mL，使其测定溶液浓度为 0. 00，0. 30，0. 60，0. 90，1. 20μg/mL，按前文提取净化方法处理备用。

④测定：分别取样 20μL，注入 HPLC 柱中，可测得不同浓度 DES 标准溶液峰高，以 DES 浓度对峰高绘制工作曲线，同时取样液 20μL，注入 HPLC 柱中，测得的峰高，从工作曲线图中查相应含量，RT=8. 235。

**5. 结果计算**

$$X = \frac{m_A \times 1000}{m \times \dfrac{V_2}{V_1}} \times \frac{1000}{1000 \times 1000}$$

式中 $X$——试样中己烯雌酚含量，mg/kg；

$m_A$——试样体积中己烯雌酚含量，ng；

$m$——试样的质量，g；

$V_2$——进样体积，μL；

$V_1$——试样甲醇提取液总体积，mL。

## 二、畜禽肉中土霉素、四环素、金霉素残留量的测定

在此介绍高效液相色谱法测定畜禽肉中土霉素、四环素、金霉素残留量。（依据 GB/T 5009.116—2003《畜、禽肉中土霉素、四环素、金霉素残留量的测定（高效液相色谱法）》）

**1. 原理**

试样经提取，微孔滤膜过滤后直接进样，用反相色谱分离，紫外检测器检测，与标准比较定量，出峰顺序为土霉素、四环素、金霉素。标准加法定量。按下式计算：

$$X = \frac{m_A \times 1000}{m \times 1000}$$

式中 $X$——试样中抗生素含量，mg/kg；

$m_A$——试样溶液测得抗生素质量，μg；

$m$——试样质量，g。

**2. 色谱条件**

色谱柱：ODS-$C_{18}$（5μm）6.2mm×15cm。

检测波长：355nm。

灵敏度：0.002 AUFS。

柱温：室温。

流速：1.0mL/min。

进样量：10μL。

流动相：乙腈+0.01mol/L 磷酸二氢钠溶液（用 30%硝酸溶液调节 pH 至 2.5）= 35+65，使用前用超声波脱气 10min。

传承工匠精神
走报国之路
（思政微课）

**3. 要点提示**

本方法适用于各种畜禽肉中土霉素、四环素、金霉素残留量的测定。检出限为土霉素 0.15mg/kg，四环素 0.20mg/kg，金霉素 0.65mg/kg。

**交流讨论**

1. 试述固相萃取柱（SPE）的种类、作用原理。
2. 简述高效液相色谱仪的结构、工作原理。

任务二十 达标自测

# 任务二十一

## 食品中有害元素的测定

### 任务目标

#### 知识目标

了解食品中重金属对人体的作用及测定意义；掌握重金属元素测定时样品的预处理方法；掌握食品中常见重金属元素的测定原理和方法。

食品中有害元素的测定
（部分相关标准）

#### 技能目标

能独立进行样品的预处理；能对食品中的常见重金属元素含量进行检测并规范书写实验报告。

#### 素质目标

通过食品中有害元素测定的学习，使学生能够将标准意识、法治意识根植于心，树立食品安全的责任意识，将食品检测人员的职业认同感和责任感付诸行动，践行精益求精的工匠精神，提升创新意识。

### 任务导入

某饮料厂开发了一款新产品即将上市销售，超市向其索要该饮料重金属安全卫生指标检测报告。该厂委托第三方检测机构 A 检测其中的重金属安全卫生指标。作为检测机构 A 的检验员，要怎样测定该批果汁饮料样品中重金属的含量，判断其含量是否符合国家标准，并出具检测报告？

### 相关知识

#### 一、概述

微量元素虽然在人体中含量很低，但对人体的作用却非常大。根据食品中微量元素对人体的作用将其分为必需元素和有害元素。如锌能参与体内许多重要酶的合成，能影响细胞分裂、生长和再生；碘是甲状腺激素的重要组成成分；铁、锰、钴、镍、钒、硅、氟、氯、硒等元素，都各具一定的特殊生理功能。这些元素被称为必需元素。而像汞、铅、镉、砷等元素，到目前为止，只知其对人体有害，尚不知其对人体有益，未发现其对人体有生理功能，且人体耐受力极小，进入体内量稍大就中毒。这些元素具有积蓄性，半衰期很长，称为有害元素。

粮食和蔬菜是人体中铅的主要来源，食品在加工过程中，也会受到铅污染。松花蛋、爆米花、铅制焊锡制作的食品罐头、陶瓷类制品的原料（陶土）及彩釉中都含有大量的铅。长期食用铅超标的食物，会使铅在人体中累积，引起中毒。铅的化合物进入人体后，经过若干代谢过程，最后以不溶性磷酸盐形式沉积在骨骼中，并缓慢地经尿排出。组织中的铅能抑制细胞内含巯基（—SH）的酶的活性，从而导致人体生理功能出现障碍，尤其以神经系统、血液系统病变显著。镉在工业上的广泛应用及工业“三废”的排放，不可避免地造成镉对食品的污染。镉在一般环境中的含量相当低，但可通过食物链富集后达到相当高的浓度。食物是人体摄入镉的主要来源，镉是蓄积性的毒物，机体甚至摄入很微量的镉，也会对肾脏产生危害，其潜伏期可长达10~30年。汞主要在动物体内蓄积，工厂排放含汞的废水而致水体污染，湖泊、沼泽等的水生植物、水产品易积蓄大量的汞，通过食物链的传递在人体积蓄。汞积蓄于体内最多的部位为骨骼、肾、肝、脑、肺、心脏等。汞化合物与蛋白质形成疏松的蛋白化合物，对组织有腐蚀作用。砷的化合物进入人体被吸收后，排泄缓慢。它对机体的损害途径主要是与酶蛋白的巯基结合而储积于组织中，使酶失活。因此，我国食品安全标准严格限定这些有害元素在食品中的含量，如我国食品重金属残留限量国家标准规定，新鲜蔬菜、生乳中汞的限量为0.01mg/kg，生活饮用水的重金属国家标准限量为0.001mg/L。

## 二、铅的测定

依据GB 5009.12—2023《食品安全国家标准　食品中铅的测定》，测定食品中铅含量的常用方法有石墨炉原子吸收光谱法、电感耦合等离子体质谱法、火焰原子吸收光谱法。

## 三、镉的测定

依据GB 5009.15—2023《食品安全国家标准　食品中镉的测定》，利用石墨炉原子吸收光谱法测定食品中镉的含量。试样经酸消解后，注入一定量样品消化液于原子吸收分光光度计石墨炉中，电热原子化后吸收228.8nm共振线，采用标准曲线法定量。原子吸收光谱法具有选择性好、灵敏度高、简便快速等优点。比色法、原子荧光法不再使用。

## 四、汞的测定

依据GB 5009.17—2021《食品安全国家标准　食品中总汞及有机汞的测定》，测定食品中总汞含量的方法有原子荧光光谱法、直接进样测汞法、电感耦合等离子体质谱法（ICP-MS）、冷原子吸收光谱法。测定食品中甲基汞含量的方法有液相色谱-原子荧光光谱联用法（LC-AFS）、液相色谱-电感耦合等离子体质谱联用法。其中，电感耦合等离子体质谱法可以连续快速进行多元素的测定，具有方便快捷、高效稳定、精确度高等优点，在重金属的检测中应用广泛。

## 任务实施

## 一、大蒜中铅的测定

本实训采用石墨炉原子吸收光谱法测定铅的含量，依据GB 5009.12—2023《食品安全国家标准　食品中铅的测定》中第一法。

1. 目的要求

（1）掌握石墨炉原子吸收光谱法测定铅的原理、方法及操作流程。

（2）掌握样品预处理的方法。

石墨炉原子吸收分光光度计的使用（实操视频）

大蒜中铅的测定（实操视频）

2. 操作原理

试样消解处理后，经石墨炉原子化，在283.3nm处测定吸光度。在一定浓度范围内铅的吸收度与铅含量成正比，与标准系列比较定量。

3. 用品准备

（1）试剂：硝酸、高氯酸、磷酸二氢铵、硝酸钯、硝酸铅（纯度>99.99%）。

（2）仪器：原子吸收光谱仪，配石墨炉原子化器，附铅空心阴极灯；分析天平，感量0.1mg和1mg；可调式电热炉；可调式电热板；微波消解系统，配聚四氟乙烯消解内罐；恒温干燥箱；压力消解罐，配聚四氟乙烯消解内罐。

4. 安全提醒

本实训使用的试剂如硝酸、高氯酸等试剂都是强氧化剂，具有强烈的腐蚀性，要注意避免皮肤接触和吸入蒸气。消解过程中会产生大量酸雾和烟，因此要在通风橱中进行。

5. 操作步骤

（1）称量　称取5g大蒜固体试样，并准备空白样品。

（2）微波消解　用吸量管吸取10mL硝酸，依次放入各样品管中，放液时旋转吸量管淋洗消解罐内壁。放液完毕后盖紧消解罐内塞，旋紧消解盖外盖，并按照消解罐摆放标准正确摆放于消解内罐中，将消解罐放入微波消解仪中，在控制面板上设置温度为180℃，经过三个阶段梯度升温，温度从室温爬升至180℃，微波消解完成后将微波消解取出进行赶酸处理。

（3）赶酸　调节电热板温度为140℃，持续时间40min，慢慢升温至188℃，将准备好的消解罐拧开活塞，排出气体，依次放入电热板中加热。工作完毕后，将温度缓慢降至50℃，关闭电源开关，切断电源。

（4）配制样品溶液　将样品和空白依次转移至25mL容量瓶，用蒸馏水洗涤消解罐2~3次，合并洗涤液于容量瓶中并用水定容至刻度，混匀备用，同时做空白试验。

（5）测定

①石墨炉升温程序：如表5-4所示。

表 5-4　　石墨炉升温程序

| 波长 | 狭缝宽 | 灯电流 | 干燥温度与时间 | 灰化温度与时间 | 原子化温度与时间 |
|---|---|---|---|---|---|
| 283.3nm | 0.2~1.0nm | 5~7mA | 120℃<br>20s | 450℃<br>持续 15~20s | 1700~2300℃，<br>持续 4~5s |

背景校正：氘灯或塞曼效应。

②标准曲线绘制：吸取上面配制的铅标准使用液 10.0，20.0，40.0，60.0，80.0μg/mL（或 ng/L）各 10μL，注入石墨炉，测得其吸光度并求得吸光度与浓度关系的一元线性回归方程。

③试样测定：分别吸取样液和试剂空白液各 10μL，注入石墨炉，测得其吸光度，代入标准系列的一元线性回归方程中求得样液中铅含量。

④基体改进剂的使用：对有干扰的试样，则注入适量的基体改进剂磷酸铵溶液（20g/L，一般为 5μL 或与试样同量）消除干扰。绘制铅标准曲线时也要加入与试样测定时等量的基体改进剂磷酸铵溶液。

### 6. 结果计算

（1）数据记录

重金属原始检验记录

<table>
<tr><td>收样日期</td><td colspan="2"></td><td>检验日期</td><td></td><td>室温</td><td></td><td>湿度</td><td></td></tr>
<tr><td>检测依据</td><td colspan="4"></td><td>检测项目</td><td colspan="3"></td></tr>
<tr><td>样品名称</td><td colspan="4"></td><td>报检流水号</td><td colspan="3"></td></tr>
<tr><td rowspan="3">称样信息</td><td colspan="2">委托编号</td><td>样品称重/g</td><td>委托编号</td><td>样品称重/g</td><td>委托编号</td><td colspan="2">样品称重/g</td></tr>
<tr><td colspan="2"></td><td></td><td></td><td></td><td></td><td colspan="2"></td></tr>
<tr><td colspan="2"></td><td></td><td></td><td></td><td></td><td colspan="2"></td></tr>
<tr><td rowspan="9">检验记录</td><td colspan="2">天平编号</td><td colspan="2"></td><td>计算方法</td><td colspan="3">□外标法　□ 内标法</td></tr>
<tr><td rowspan="4">仪器条件</td><td colspan="2">仪器型号及编号</td><td colspan="5"></td></tr>
<tr><td rowspan="2">波长</td><td rowspan="2"></td><td rowspan="2">灯电流</td><td rowspan="2"></td><td>干燥</td><td>灰化</td><td>原子化</td></tr>
<tr><td></td><td></td><td></td></tr>
<tr><td colspan="2">狭缝</td><td colspan="5">nm</td></tr>
<tr><td colspan="3">标准中间液编号</td><td colspan="2"></td><td>标准中间液浓度</td><td colspan="2">μg/kg</td></tr>
<tr><td colspan="3">标准系列质量浓度/（μg/kg）</td><td colspan="5"></td></tr>
<tr><td colspan="3">检测结果/（mg/kg）</td><td colspan="5"></td></tr>
<tr><td colspan="8">检测标准曲线及谱图见：</td></tr>
</table>

检验：　　　　　　　　　　　　复检：

（2）计算公式

$$X=\frac{(\rho-\rho_0)\times V}{m\times 1000}$$

式中 $X$——试样中铅的含量，mg/kg 或 mg/L；
$\rho$——试样溶液中铅的质量浓度，μg/L；
$\rho_0$——空白溶液中铅的质量浓度，μg/L；
$V$——试样消化液的定容体积，mL；
$m$——试样称样量或移取体积，g 或 mL；
1000——换算系数。

当铅含量≥1.00mg/kg（或 mg/L）时，计算结果保留 3 位有效数字；当铅含量<1.00mg/kg（或 mg/L）时，计算结果保留 2 位有效数字。

7. 要点提示

（1）铅的检测是易污染、限量低的痕量分析，空白样品测定值越低，准确度越高。检测过程中要严格控制污染，所用试剂、水等均应符合要求，使用的器皿要用酸浸泡等。

（2）消解液中酸的浓度不能太高。因为酸度太大对石墨炉法测定元素影响很大特别是对石墨管的损害非常大，因此，在消化液澄清透明后一般需要加水溶解盐类同时赶酸，赶酸时要控制温度，温度过高会导致液体飞溅，造成元素的损失，使检测结果偏低。

（3）用高氯酸消解样品时，应严格遵守操作规程，并且要保证温度达到 200℃时只有少量的有机成分存在。否则，高氯酸的氧化电位在此温度下会迅速升高，并会导致剧烈爆炸。因此，建议消解前加入硝酸与高氯酸的混合液浸泡一夜，使样品中有机成分先部分氧化，或者先加入硝酸，破坏易氧化的物质后再加入硝酸与高氯酸。

（4）用原子吸收分光光度计进行测定时应注意进样的合适深度和左右位置。进样一定要准确并且稳定，这决定着标准曲线的线性和试验的重现性。

## 二、红酒中汞的测定

1. 目的要求

（1）了解食品中总汞的测定方法。

（2）掌握原子荧光光谱法的原理、操作方法。

2. 操作原理

试样经酸加热消解后，在酸性介质中，试样中汞被硼氢化钾或硼氢化钠还原成原子态汞，由载气（氩气）带入原子化器中，在汞空心阴极灯照射下，基态汞原子被激发至高能态，在由高能态回到基态时，发射出特征波长的荧光，其荧光强度与汞含量成正比，与标准系列溶液比较定量。

原子荧光分光光度计（实操视频）

3. 用品准备

（1）试剂：硝酸、过氧化氢、硫酸、氢氧化钾、硼氢化钾（分析纯）。

（2）仪器：原子荧光光谱仪、分析天平、吸量管、容量瓶、微波消解仪、消解罐、恒温干燥箱（50~300℃）、控温电热板（50~300℃）。

红酒中汞的测定（实操视频）

4. 操作步骤

（1）称量 将消解罐放入天平中，去皮。用吸量管吸取 0.2g 样品，记录实际质量，共称量两个平行样。

（2）微波消解　用吸量管吸取 10mL 硝酸依次放入各样品管中。放液完毕后盖紧消解罐内塞，旋紧消解盖外盖，并按照消解罐摆放标准正确摆放于消解内罐中，将消解罐放入微波消解仪中，在控制面板上设置温度为 180℃，经过三个阶段梯度升温，温度从室温升至 180℃，微波消解完成后将微波消解罐取出进行赶酸处理。

（3）标准系列配制　分别吸取 100ng/mL 汞标准使用液 0.25，0.50，1.00，2.00，2.50mL 于 25mL 容量瓶中，用硝酸溶液（1+9）稀释至刻度，混匀。各自相当于汞浓度 1.00，2.00，4.00，8.00，10.00ng/mL。此标准系列适用于一般试样测定。

（4）测定

①仪器参考条件。

光电倍增管负高压：240V；汞空心阴极灯电流：30mA；原子化器温度：200℃；原子化器高度：8.0mm；氩气流速：载气 500mL/min，屏蔽气 1000mL/min；测量方式：标准曲线法；读数方式：峰面积；读数延迟时间：1.0s；读数时间：10.0s；硼氢化钾溶液加液时间：8.0s；标液或样液加液体积：2mL。

AFS 系列原子荧光仪如 230，230a，2202，2202a，2201 等仪器属于全自动或断序流动的仪器，都附有本仪器的操作软件，仪器分析条件应设置本仪器所提示的分析条件，仪器稳定后，测标准系列，至标准曲线的相关系数 $r>0.999$ 后测试样。试样前处理可适用任何型号的原子荧光仪。

②测定方法（根据情况任选以下一种方法）。

a. 浓度测定方式测量：设定好仪器最佳条件，逐步将炉温升至所需温度后，稳定 10~20min 后开始测量。连续用硝酸溶液（1+9）进样，待读数稳定之后，转入标准系列测量，绘制标准曲线。转入试样测量，先用硝酸溶液（1+9）进样，使读数基本回零，再分别测定试样空白和试样消化液，每次测不同的试样前都应清洗进样器。试样测定结果按 5. 结果计算的公式计算。

b. 仪器自动计算结果方式测量：设定好仪器最佳条件，在试样参数画面输入以下参数：试样质量（g 或 mL），稀释体积（mL），并选择结果的浓度单位，逐步将炉温升至所需温度，稳定后测量。连续用硝酸溶液（1+9）进样，待读数稳定之后，转入标准系列测量，绘制标准曲线。在转入试样测定之前，再进入空白值测量状态，用试样空白消化液进样，让仪器取其均值作为扣底的空白值。随后即可依法测定试样。测定完毕后，选择“打印报告”即可将测定结果自动打印。

### 5. 结果计算

$$X=\frac{(\rho-\rho_0)\times V\times 1000}{m\times 1000\times 1000}$$

式中　$X$——试样中汞的含量，mg/kg 或 mg/L；

$\rho$——试样消化液中汞的含量，ng/mL；

$\rho_0$——试剂空白液中汞的含量，ng/mL；

$V$——试样消化液总体积，mL；

$m$——试样质量或体积，g 或 mL。

计算结果保留 3 位有效数字。

在重复性条件下获得的两次独立测定结果的绝对差值不得超过算术平均值的 10%。

备注：①分子 1000：将 ng 转换为 μg；②分母 1000×1000：一个将 g 转换为 kg，另一个将 μg 转换为 mg；③最终单位：通过单位转换，确保结果为 mg/kg 或 mg/L。

电感耦合等离子
体光谱仪-多元素测定
（实操视频）

## 任务拓展

### 一、食品中铅的测定

介绍火焰原子吸收法，依据 GB 5009.12—2023《食品安全国家标准　食品中铅的测定》中第三法。

**1. 原理**

试样经处理后，铅离子在一定 pH 条件下与二乙基二硫代氨基甲酸钠（DDTC）形成络合物，经 4-甲基-2-戊酮（MIBK）萃取分离，导入原子吸收光谱仪中，经火焰原子化，在 283.3nm 处测定吸光度。在一定浓度范围内铅的吸光度与铅含量成正比，与标准系列比较定量。

**2. 试剂**

除非另有说明，本方法所用试剂均为分析纯，水为 GB/T 6682—2008《分析实验室用水规格和试验方法》规定的二级水。

（1）硝酸（$HNO_3$）：优级纯。

（2）高氯酸（$HClO_4$）：优级纯。

（3）硫酸铵［$(NH_4)_2SO_4$］。

（4）柠檬酸铵［$C_6H_5O_7(NH_4)_3$］。

（5）溴百里酚蓝（$Cy_{27}H_{28}O_5SBr_2$）。

（6）二乙基二硫代氨基甲酸钠［DDTC，$(C_2H_5)_2NCSSNa \cdot 3H_2O$］。

（7）氨水（$NH_3 \cdot H_2O$）：优级纯。

（8）4-甲基-2-戊酮（MIBK，$C_6H_{12}O$）。

（9）盐酸（HCl）：优级纯。

（10）硝酸溶液（5+95）：量取 50mL 硝酸，缓慢加入 950mL 水中，混匀。

（11）硝酸溶液（1+9）：量取 50mL 硝酸，缓慢加入 450mL 水中，混匀。

（12）硫酸铵溶液（300g/L）：称取 30g 硫酸铵，用水溶解并稀释至 100mL，混匀。

（13）柠檬酸铵溶液（250g/L）：称取 25g 柠檬酸铵，用水溶解并稀释至 100mL，混匀。

（14）溴百里酚蓝水溶液（1g/L）：称取 0.1g 溴百里酚蓝，用水溶解并稀释至 100mL，混匀。

（15）DDTC 溶液（50g/L）：称取 5g DDTC，用水溶解并稀释至 100mL，混匀。

（16）氨水溶液（1+1）：吸取 100mL 氨水，加入 100mL 水，混匀。

（17）盐酸溶液（1+11）：吸取10mL盐酸，加入110mL水，混匀。

（18）硝酸铅［Pb（$NO_3$）$_2$，CAS号：10099-74-8］：纯度>99.99%，或经国家认证并授予标准物质证书的铅标准溶液。

（19）铅标准储备液（1000mg/L）：准确称取1.5985g（精确至0.0001g）硝酸，用少量硝酸液（1+9）溶解，移入1000mL容量瓶，加水至刻度，混匀。

（20）铅标准使用液（10.0mg/L）：准确吸取铅标准储备液（1000mg/L）1.00mL于100mL容量瓶中，加硝酸溶液（5+95）至刻度，混匀。

**3. 仪器**

（1）原子吸收光谱仪：配火焰原子化器，附铅空心阴极灯。

（2）分析天平：感量分别为0.1mg和1mg。

（3）可调式电热炉。

（4）可调式电热板。

**4. 操作步骤**

（1）试样制备

①固体试样。

干样：豆类、谷物、菌类、茶叶、干制水果、坚果、焙烤食品等低含水量样品，取可食部分，必要时经高速粉碎机粉碎均匀；对于固体乳制品、蛋白粉、面粉等呈均匀状的粉状样品，混匀。

鲜样：蔬菜、水果、水产品等高含水量样品必要时洗净，晾干，取可食部分匀浆均匀；对于肉类、蛋类等样品，取可食用部分匀浆均匀。

②液体样品：软饮料、酒类、调味品等样品摇匀。

③半固体样品：搅拌摇匀。

（2）试样前处理

①湿法消解：称取固体试样0.2~3g（精确至0.001g）或准确移取液体试样0.50~5.00mL于带刻度消化管中，含乙醇或二氧化碳的样品先在可调式电热板上低温加热除去乙醇或二氧化碳，加入10mL硝酸和0.5mL高氯酸，放数粒玻璃珠，在可调式电热炉上消解（参考条件：120℃/0.5~1h；升至180℃/2~4h，升至200~220℃）。若消化液呈棕褐色，再加少量硝酸，消解至冒白烟，消化液呈无色透明或略带黄色，赶酸至近干，停止消解，冷却后用水定容至10mL或25mL，混匀备用。同时做试剂空白试验。亦可采用锥形瓶，于可调式电热板上，按上述操作方法进行湿法消解。

②微波消解：称取固体试样0.2~2g（精确至0.001g）或准确移取液体试样0.50~3.00mL于微波消解罐中，含乙醇或二氧化碳的样品先在电热板上低温加热除去乙醇或二氧化碳，加入5~10mL硝酸（可根据试样的称样量、性质调整硝酸使用量），按照微波消解的操作步骤消解试样，消解条件参考4.（2）①。冷却后取出消解罐，在电热板上于140~160℃赶酸至近干。消解罐放冷后，将消化液转移至10mL或25mL容量瓶中，用少量水洗涤消解罐2~3次，合并洗涤液于容量瓶中并用水定容至刻度，混匀备用。同时做试剂空白试验。

③压力罐消解：称取固体试样0.2~2g（精确至0.001g）或准确移取液体试样0.50~5.00mL于消解内罐中，含乙醇或二氧化碳的样品先在电热板上低温加热除去乙醇或二氧

化碳，加入5~10mL硝酸（可根据试样的称样量、性质调整硝酸使用量）。盖好内盖，旋紧不锈钢外套，放入恒温干燥箱，于140~160℃下保持4~5h。冷却后缓慢旋松外罐，取出消解内罐，放在可调式电热板上于140~160℃赶酸至近干。冷却后将消化液转移至10mL或25mL容量瓶中，用少量水洗涤内罐和内盖2~3次，合并洗涤液于容量瓶中并用水定容至刻度，混匀备用。同时做试剂空白试验。

（3）测定

①标准曲线的制作：分别吸取铅标准使用液0，0.25，0.50，1.00，1.50和2.00mL（相当于0，2.50，5.00，10.0，15.0和20.0μg铅）于125mL分液漏斗中，补加水至60mL。加2mL柠檬酸铵溶液（250g/L），溴百里酚蓝水溶液（1g/L）3~5滴，用氨水溶液（1+1）调pH至溶液由黄变蓝，加硫酸铵溶液（300g/L）10mL，DDTC溶液（50g/L）10mL，摇匀。放置5min左右，加入10mL MIBK，剧烈振摇提取1min，静置分层后，弃去水层，将MIBK层放入10mL带塞刻度管中，得到标准系列溶液。

将标准系列溶液按质量由低到高的顺序分别导入火焰原子化器，原子化后测其吸光度，以铅的质量为横坐标，吸光度为纵坐标，制作标准曲线。

②试样溶液的测定：将试样消化液及试剂空白溶液分别置于125mL分液漏斗中，补加水至60mL。加2mL柠檬酸铵溶液（250g/L），溴百里酚蓝水溶液（1g/L）3~5滴，用氨水溶液（1+1）调pH至溶液由黄变蓝，加硫酸铵溶液（300g/L）10mL，DDTC溶液（50g/L）10mL，摇匀。放置5min左右，加入10mL MIBK，剧烈振摇提取1min，静置分层后，弃去水层，将MIBK层放入10mL带塞刻度管中，得到试样溶液和空白溶液。

将试样溶液和空白溶液分别导入火焰原子化器，原子化后测其吸光度，与标准系列比较定量。

**5. 计算结果**

试样中铅的含量按下式计算：

$$X=\frac{m_1-m_0}{m_2}$$

式中　$X$——试样中铅的含量，mg/kg或mg/L；

$m_1$——试样溶液中铅的质量，μg；

$m_0$——空白溶液中铅的质量，μg；

$m_2$——试样称样量或移取体积，g或mL。

当铅含量≥10.0mg/kg（或mg/L）时，计算结果保留3位有效数字；当铅含量<10.0mg/kg（或mg/L）时，计算结果保留2位有效数字。

**6. 要点提示**

（1）精密度　在重复性条件下获得的两次独立测定结果的绝对差值不得超过算术平均值的10%。

（2）其他　当称样量0.5g（或0.5mL）时，方法的检出限为0.4mg/kg（或0.4mg/L），定量限为1.2mg/kg（或1.2mg/L）。

## 二、食品中镉的测定

介绍石墨炉原子吸收光谱法，依据GB 5009.15—2023《食品安全国家标准　食品中镉的测定》。

**1. 原理**

样品经灰化或酸消解后，样液注入原子吸收分光光度计石墨炉中，电热原子化后，镉原子吸收228.8nm共振线，一定浓度范围内其吸光度与镉含量成正比，与标准系列比较定量。

**2. 试剂**

（1）硝酸。

（2）硫酸。

（3）高氯酸。

（4）过氧化氢（30%）。

（5）混合酸：硝酸4份，高氯酸1份。

（6）硝酸（1+1）：取50mL硝酸加入50mL水中。

（7）盐酸（1+1）：取50mL盐酸慢慢加入50mL水中。

（8）硝酸（0.5mol/L）：取3.2mL硝酸加入50mL水中并用水稀释至100mL。

（9）磷酸铵溶液（20g/L）：称取2.0g磷酸铵以水溶解并稀释至100mL。

（10）镉标准储备液：精密称取1.000g金属镉（99.99%），分次加20mL盐酸（1+1）溶解，加2滴硝酸，移入1000mL容量瓶中，加水至刻度，混匀，贮于聚乙烯瓶中。此溶液每1mL含1.0mg镉。

（11）镉标准使用液：每次吸取10.0mL镉标准储备液于100mL容量瓶中，以0.5mol/L硝酸稀释至刻度，混匀。如此多次稀释成每1mL含100.0ng镉的标准使用液。

**3. 仪器**

所用玻璃仪器均用硝酸（1+5）浸泡过夜，用水反复冲洗，最后用去离子水冲洗干净。

（1）原子吸收分光光度计：附石墨炉及镉空心阴极灯。

（2）马弗炉。

（3）恒温干燥箱。

（4）瓷坩埚。

（5）压力消解器、压力消解罐或压力溶弹。

（6）可调式电炉或微波消解装置。

**4. 操作步骤**

（1）样品预处理　采样和制备过程中，应注意不使样品污染。粮食、豆类去壳去杂物后，磨碎，过20目筛，储于塑料瓶中，保存备用；蔬菜、水果洗净，晾干，取可食部分捣碎备用；鱼、肉等用水洗净，取可食部分捣碎，备用。

（2）样品消解（根据实验室条件任选一方法）

①微波消解法：精密称取样品0.300～0.500g于微波消化罐中，加1.0mol/L硝酸4mL，盖好内盖，旋紧外盖，放入微波消解装置，按照预先设定的程序进行升温消化，待消化完毕后，取出消化罐，将消化液定量移入10.0mL或25.0mL比色管中，用双蒸水少量多次洗罐，稀释至刻度，混匀备用。同时做试剂空白。

②湿法消解：称取样品1.00~5.00g于三角烧瓶中，放数粒玻璃珠，加10mL混合酸，加盖浸泡过夜，加一小漏斗在电炉上消解，若变棕黑色，再加混合酸，直至冒白烟，消化

液呈无色透明或略带黄色，放冷，用滴管将消化液洗入或过滤入（视消化液有无沉淀而定）10~25mL 容量瓶中，用水少量多次洗涤三角烧瓶，洗液合并于容量瓶中并定容至刻度，摇匀备用。同时做试剂空白。

③压力消解罐消解法：称取 0.20~2.00g 样品（粮食、豆类干样不得超过 1g，蔬菜、水果、动物性样品控制在 2g 以内，水分大的样品称样后先蒸水分至近干）于聚四氟乙烯罐内，加硝酸 2~4mL 浸泡过夜。再加过氧化氢（30%）2~3mL（总量不能超过内罐容积的 1/3）。盖好内盖，旋紧不锈钢外套，放入恒温箱，120~140℃保温 3~4h，在箱内自然冷却至室温，用滴管将消化液洗入或过滤入（视消化液有无沉淀而定）10~25mL 容量瓶中，用水少量多次洗涤罐，洗液合并于容量瓶中并定容至刻度，摇匀备用。同时做试剂空白。

（3）测定

①仪器参考条件：波长 228.8nm；狭缝 0.5~1.0nm；灯电流 8~10mA；干燥温度 120℃，20s；灰化温度 350℃，15~20s；原子化温度 1700~2300℃，4~5s。背景校正为氘灯或塞曼效应扣背景。

②标准曲线绘制：分别吸取上面配制的镉标准使用液 0.0，1.0，2.0，3.0，5.0，7.0，10.0mL 于 100mL 容量瓶中稀释至刻度，相当于 0.0，1.0，2.0，3.0，5.0，7.0，10.0ng/mL，各吸入 10μL 注入石墨炉，在调整好的仪器条件下测其吸光度，并求得吸光度与浓度关系的一元线性回归方程，或由仪器自动计算出标准曲线测定结果。

③样品测定：分别吸取试剂空白液和样液 10μL，注入石墨炉，在调整好的仪器条件下测其吸光度，代入标准系列的一元线性回归方程中求得样液中镉含量，或由仪器自动计算出样品含量结果。

**5. 结果计算**

样品中镉含量可按下式计算：

$$X_1 = \frac{(\rho_1 - \rho_2) \times V \times 1000}{m \times 1000}$$

式中 $X_1$——样品中镉含量，μg/kg 或 μg/L；

$\rho_1$——测定试样消化液中镉含量，ng/L；

$\rho_2$——空白液中镉含量，ng/L；

$m$——样品质量或体积，g 或 mL；

$V$——样品定容总体积，mL。

**6. 要点提示**

（1）石墨炉原子吸收分光光度法测定食品中的微量元素具有高灵敏度的特点，但原子吸收光谱的背景干扰是个复杂问题，除使用仪器本身的特殊装置，例如，连续光源背景校正器、氘灯扣背景及塞曼效应背景校正技术外，选用合适的基体改进剂十分重要。方法有干扰试样，以磷酸铵溶液为基体改进剂，绘制镉标准曲线时也要加入与试样测定时等量的基体改进剂。

（2）微波消解或高压消解样品具有简便、快速、用酸量少、防污染及损失的优点。操作时应注意样品取样量不可超过规定，严格控制加热温度。

### 交流讨论

1. 学习电感耦合等离子体质谱法（ICP-MS）的原理、使用方法、注意事项。

2. 比较原子吸收光谱法测定铁、镉、汞的异同。

任务二十一 达标自测

## 任务二十二

# 食品中霉菌毒素的测定

### 任务目标

#### 知识目标

了解各类毒素的危害性和污染途径，并了解其检测方法；掌握高效液相色谱法测定食品中黄曲霉毒素的原理和方法。

食品中霉菌毒素的测定（部分相关标准）

#### 技能目标

独立操作黄曲霉毒素检测流程，掌握多功能净化柱使用方法和技巧，掌握液相色谱仪的使用和维护方法。

#### 素质目标

通过食品中霉菌毒素测定的学习，使学生遵守法律法规标准，精于检验技能，严守职业道德，培养良好的团队合作精神。

### 任务导入

2020 年 10 月，黑龙江鸡东县发生的酸汤子中毒事件，造成 9 人死亡。经医院化验检测，食物中黄曲霉毒素严重超标，初步判定为黄曲霉毒素中毒。后黑龙江省卫健委定性该安全事件是由椰毒假单胞菌污染产生高浓度米酵菌酸引起的食物中毒。黄曲霉毒素超标及食物中毒再次引起了社会高度关注。那么黄曲霉毒素有哪些危害？应如何对其检测呢？

### 相关知识

## 一、食品中常见的霉菌毒素

霉菌毒素是霉菌产生的一种有毒的次生代谢产物。霉菌毒素既可在农作物大田收获时形成，也可在不当贮存条件下形成。食品中常见的霉菌毒素有黄曲霉毒素、赭曲霉毒素、脱氧雪腐镰刀菌烯醇、玉米赤霉烯酮、伏马毒素、T-2 毒素以及蛇形毒素等。

## 二、霉菌毒素的危害

霉菌毒素通常具有耐高温，无抗原性，主要侵害实质器官的特性。研究资料表明，霉菌毒素的作用包括减少细胞分裂，抑制蛋白质合成和 DNA 的复制，抑制 DNA 和组蛋白形成复合物，影响核酸合成，降低免疫应答等。多种霉菌毒素具有致癌作用。人和动物一次性摄入含大量霉菌毒素的食物常会发生急性中毒，而长期摄入含少量霉菌毒素的食物则会导致慢性中毒和癌症。

黄曲霉毒素（Aflatoxin，简称 AFT）是由黄曲霉和寄生曲霉产生的次生代谢产物，是一组化学结构类似的化合物，根据其在 365nm 紫外光下呈现的荧光颜色可分为 B、G 两大类。根据 $R_f$ 值不同，又分为 $B_1$、$B_2$、$G_1$、$G_2$、$M_1$、$M_2$ 等。黄曲霉毒素普遍存在于霉变的花生、谷物、果仁和大米等食物中，在天然污染的食物中以黄曲霉毒素 $B_1$ 最为多见，毒性及致癌性也最强，其毒性比氰化钾毒性高。黄曲霉毒素 $B_1$ 耐热度高，分解温度为 268℃左右，因此一般烹饪加工也不易消除。

玉米赤霉烯酮，又称 F-2 毒素，主要存在于玉米及制品、干果和饲料中，具有较强的生殖毒性和致畸作用，可引起动物发生雌激素亢进症，导致动物不孕或流产，对家禽特别是猪、牛、羊的影响较大，给畜牧业带来一定的经济损失。

赭曲霉毒素与黄曲霉毒素有些相似，主要侵害肝脏和肾脏，可使肠道相关淋巴组织坏死，降低吞噬细胞的吞噬作用，影响细胞免疫和体液免疫。赭曲霉毒素具有致畸致癌作用，并被认为与人类的巴尔干肾病有关。人体内赭曲霉毒素 A 的主要来源是摄入了被赭曲霉毒素 A 污染的谷类，这种情况已经引起广泛关注。

## 三、霉菌毒素的测定方法

污染食品的霉菌种类很多，且不同的霉菌又可产生多种毒素。因此，当前很难做到对各种霉菌毒素都建立检测方法。

目前，测定食品中霉菌毒素的常见方法有薄层层析法、液相色谱法、放射免疫分析法、酶联免疫法、免疫层析法、微柱筛选法、免疫亲和层析净化高效液相色谱法等。

## 任务实施

### 食品中黄曲霉毒素 $B_1$ 的测定

黄曲霉毒素 $B_1$ 是反映企业卫生状况和质量控制水平的重要指标。

食品中黄曲霉毒素 $B_1$ 的测定方法有同位素稀释液相色谱-串联质谱法、高效液相色谱-柱前衍生法、高效液相色谱-柱后衍生法、酶联免疫吸附筛查法、薄层色谱法。本实训采用薄层色谱法，依据 GB 5009.22—2016《食品安全国家标准　食品中黄曲霉毒素 B 族和 G 族的测定》第五法　薄层色谱法。

#### 1. 目的要求

（1）明确黄曲霉毒素对食品质量的影响及对人体的危害。

（2）理解薄层色谱法测定黄曲霉毒素的原理和方法。

（3）掌握薄层板的制备及点样方法。

（4）学会对样品及标准品展开结果的观察及判断。

2. 操作原理

试样经提取、净化、浓缩、薄层层析分离后，在波长 365nm 紫外光照射下，黄曲霉毒素 $B_1$ 产生蓝紫色荧光，根据其在薄层板上显示的荧光的最低检出量来测定其含量。

黄曲霉毒素的测定（实操视频）

3. 用品准备

（1）小型粉碎机。

（2）样筛。

（3）电动振荡器。

（4）全玻璃浓缩器。

（5）玻璃板：5cm×20cm。

（6）薄层板涂布器。

（7）展开槽：内长 25cm、宽 6cm、高 4cm。

（8）紫外光灯：100~125W，带有波长 365nm 滤光片。

（9）微量注射器或血色素吸管。

（10）三氯甲烷。

（11）正己烷或石油醚：沸程 60~90℃ 或 30~60℃。

（12）甲醇。

（13）苯。

（14）乙腈。

（15）无水乙醚或乙醚经无水硫酸钠脱水。

（16）丙酮。

以上试剂在试验时先进行一次空白试验，如不干扰测定即可使用，否则需逐一进行重蒸。

（17）硅胶 G。

（18）三氟乙酸。

（19）无水硫酸钠。

（20）氯化钠。

（21）苯-乙腈混合液（98+2）。

（22）甲醇-水（55+45）。

（23）黄曲霉毒素 $B_1$ 标准溶液。

①仪器校正。测定重铬酸钾溶液的摩尔消光系数，以求出使用仪器的校正因素。准确称取 25mg 经干燥的重铬酸钾（基准级），用硫酸（0.5+1000）溶解后并准确稀释至 200mL，相当于 $c$（$K_2Cr_2O_7$）= 0.0004mol/L。再吸取 25mL 此稀释液于 50mL 容量瓶中，加硫酸（0.5+1000）稀释至刻度，相当于 0.0002mol/L 溶液。再吸取 25mL 此稀释液于 50mL 容量瓶中，加硫酸（0.5+1000）稀释至刻度，相当于 0.0001mol/L 溶液。用 1cm 石英杯，在最大吸收峰的波长（接近 350nm）处用硫酸（0.5+1000）作空白，测得以上三种不同浓度的摩尔溶液的吸光度，并按下式计算出以上三种浓度的摩尔消光系数的平均值。

$$E_1 = \frac{A}{c}$$

式中 $E_1$——重铬酸钾溶液的摩尔消光系数；

$A$——测得重铬酸钾溶液的吸光度；

$c$——重铬酸钾溶液的量浓度。

再以此平均值与重铬酸钾的摩尔消光系数值 3160 比较，即求出使用仪器的校正因素。按下式进行计算：

$$f = \frac{3160}{E}$$

式中 $f$——使用仪器的校正因素；

$E$——测得的重铬酸钾摩尔消光系数平均值。

若 $f$ 大于 0.95 或小于 1.05，则使用仪器的校正因素可略而不计。

②黄曲霉毒素 $B_1$ 标准溶液的制备。准确称取 1～1.2mg 黄曲霉毒素 $B_1$ 标准品，先加入 2mL 乙腈溶解后，再用苯稀释至 100mL，避光，于 4℃ 冰箱保存。该标准溶液约为 10μg/mL。用紫外可见分光光度计测此标准溶液的最大吸收峰的波长及该波长的吸光度。按下式进行结果计算：

$$X = \frac{A \times M_r \times 100 \times f}{E_2}$$

式中 $X$——黄曲霉毒素 $B_1$ 标准溶液的浓度，μg/mL；

$A$——测得的吸光度；

$f$——使用仪器的校正因素；

$M_r$——黄曲霉毒素 $B_1$ 的相对分子质量 312；

$E_2$——黄曲霉毒素 $B_1$ 在苯-乙腈混合液中的摩尔消光系数 19800。

根据计算，用苯-乙腈混合液调到标准溶液浓度恰为 10.0μg/mL，并用分光光度计核对其浓度。

③纯度的测定。取 5μL 10μg/mL 黄曲霉毒素 $B_1$ 标准溶液，滴加于涂层厚度 0.25mm 的硅胶 G 薄层板上，用甲醇-三氯甲烷（4+96）与丙酮-三氯甲烷（8+92）展开剂展开，在紫外光灯下观察荧光的产生，必须符合以下条件：

a. 在展开后，只有单一的荧光点，无其他杂质荧光点。

b. 原点上没有任何残留的荧光物质。

（24）黄曲霉毒素 $B_1$ 标准使用液：准确吸取 1mL 标准溶液（10μg/mL）于 10mL 容量瓶中，加苯-乙腈混合液至刻度，混匀。此溶液每毫升相当于 1.0μg 黄曲霉毒素 $B_1$。吸取 1.0mL 此稀释液，置于 5mL 容量瓶中，加苯-乙腈混合液稀释至刻度，此溶液每毫升相当于 0.2μg 黄曲霉毒素 $B_1$。再吸取黄曲霉毒素 $B_1$ 标准溶液（0.2μg/mL）1.0mL 置于 5mL 容量瓶中，加苯-乙腈混合液稀释至刻度。此溶液每 1mL 相当于 0.04μg 黄曲霉毒素 $B_1$。

（25）次氯酸钠溶液（清毒用）：取 100g 漂白粉，加入 500mL 水，搅拌均匀。另将 80g 工业用碳酸钠（$Na_2CO_3 \cdot 10H_2O$）溶于 500mL 温水中，再将两液混合、搅拌，澄清后过滤。此滤液含次氯酸浓度约为 25g/L。若用漂粉精制备，则碳酸钠的量可以加倍。所得溶液的浓度约为 50g/L。污染的玻璃仪器用 10g/L 次氯酸钠溶液浸泡半天或用 50g/L 次氯酸钠溶液浸泡片刻后，即可达到清毒效果。

**4. 安全提醒**

（1）黄曲霉毒素为高活性致癌毒素，故整个操作要特别谨慎。操作时请佩戴防护口罩、手套、眼镜，穿着隔离服或一次性试验服，并准备一块浸润了5%次氯酸钠溶液的抹布备用。试验中若不慎发生含黄曲霉毒素溶液洒落，立即用该抹布擦拭数次降解毒素。

（2）检测中所使用的器皿需经5%次氯酸钠溶液浸泡过夜，再使用丙酮清洗1~2次，再按照普通器皿清洗。

（3）检测完毕后的废液应先用5%次氯酸钠溶液处理后方可倒到指定的地方。

（4）薄层展开需在通风橱中进行。

（5）黄曲霉毒素标准溶液推荐使用商品化的乙腈配置的标准溶液进行稀释后定量，不推荐购买固体标准品自行配置。

**5. 操作步骤**

（1）提取　称取10.00g酱油试样于小烧杯中，为防止提取时乳化，加入0.4g氯化钠，移入分液漏斗中，用15mL三氯甲烷分次洗涤烧杯，洗液并入分液漏斗中，振摇2min，静置分层（若出现乳化现象，可滴加甲醇促使分层）。放出三氯甲烷层，经盛有约10g预先用三氯甲烷湿润的无水硫酸钠的定量慢速滤纸过滤于50mL蒸发皿中，再加5mL三氯甲烷于分液漏斗中，重复振摇提取，三氯甲烷层一并滤于蒸发皿中，最后用少量三氯甲烷洗过滤器，洗液并于蒸发皿中，将蒸发皿放在通风橱于65℃水浴上通风挥干，在冰盒上冷却2~3min，准确加入1mL苯-乙腈混合液（或将三氯甲烷用浓缩蒸馏器减压吹气蒸干后，准确加入1mL苯-乙腈混合液）。用带橡皮头的滴管的管尖将残渣充分混合，若有苯的结晶析出，将蒸发皿从冰盒上取出，继续溶解、混合，晶体即消失，再用此滴管吸取上清液转移于2mL具塞试管中。最后加入2.5mL苯-乙腈混合液，此溶液每1mL相当于4g样品。

或称取10.00g样品，置于分液漏斗中，再加12mL甲醇（以酱油体积代替水，故甲醇与水的体积比仍约为55+45）。用20mL三氯甲烷提取，以下按上述自“振摇2min静置分层”起，依法操作。最后加入2.5mL苯-乙腈混合液。此溶液每1mL相当于4g样品。

（2）测定（单向展开法）

①薄层板的制备。称取约3g硅胶G，加相当于硅胶量2~3倍的水，用力研磨1~2min至成糊状后立即倒于涂布器内，推成5cm×20cm，厚度约0.25mm的薄层板三块。在空气中干燥约15min后，在100℃活化2h，取出，放干燥器中保存。一般可保存2~3d，若放置时间较长，可再活化后使用。

注：可购买成品硅胶板（5cm×20cm，厚度0.25mm）。

②点样。将薄层板边缘附着的吸附剂刮净，在距薄层板下端3cm的基线上用微量注射器或血色素吸管滴加样液。一块板可滴加4个点，点距边缘和点间距约为1cm，点直径约为3mm，在同一板上滴加点的大小应一致，滴加时可用吹风机用冷风边吹边加。滴加样式如下。

第一点：10μL黄曲霉毒素$B_1$标准使用液（0.04μg/mL）。

第二点：20μL样液。

第三点：20μL样液+10μL 0.04μg/mL黄曲霉毒素$B_1$标准使用液。

第四点：20μL样液+10μL 0.2μg/mL黄曲霉毒素$B_1$标准使用液。

③展开与观察。在展开槽内加10mL无水乙醚，预展12cm，取出挥干。再于另一展开

槽内加 10mL 丙酮-三氯甲烷（8+92），展开 10~12cm，取出。在紫外光下观察结果，方法如下：

a. 由于样液点上加滴黄曲霉毒素 $B_1$ 标准使用液，可使黄曲霉毒素 $B_1$ 标准点与样液中的黄曲霉毒素 $B_1$ 荧光点重叠。如样液为阴性，薄层板上的第三点中黄曲霉毒素 $B_1$ 为 0.0004μg，可用作检查在样液内黄曲霉毒素 $B_1$ 最低检出量是否正常出现；如为阳性，则起定性作用。薄层板上的第四点中黄曲霉毒素 $B_1$ 为 0.002μg，主要起定位作用。

b. 若第二点在与黄曲霉毒素 $B_1$ 标准点的相应位置上无蓝紫色荧光点，表示样品中黄曲霉毒素 $B_1$ 含量在 5μg/kg 以下；如在相应位置上有蓝紫色荧光点，则需进行确证试验。

④确证试验。为了证实薄层板上样液荧光系由黄曲霉毒素 $B_1$ 产生的，加滴三氟乙酸，产生黄曲霉毒素 $B_1$ 的衍生物，展开后此衍生物的比移值约在 0.1 左右。于薄层板左边依次滴加两个点。

第一点：10μL 0.04μg/mL 黄曲霉毒素 $B_1$ 标准使用液。

第二点：20μL 样液。

于以上两点各加一小滴三氟乙酸盖于其上，反应 5min 后，用吹风机吹热风 2min 后，使热风吹到薄层板上的温度不高于 40℃。再于薄层板上滴加以下两个点。

第三点：10μL 0.04μg/mL 黄曲霉毒素 $B_1$ 标准使用液。

第四点：20μL 样液。

再展开同③，在紫外光灯下观察样液是否产生与黄曲霉毒素 $B_1$ 标准点相同的衍生物。未加三氟乙酸的三、四两点，可依次作为样液与标准的衍生物空白对照。

定量：样液中的黄曲霉毒素 $B_1$ 荧光点的荧光强度如与黄曲霉毒素 $B_1$ 标准点的最低检出量（0.0004μg）的荧光强度一致，则样品中黄曲霉毒素 $B_1$ 含量即为 5μg/kg。如样液中荧光强度比最低检出量强，则根据其强度估计减少滴加微升数或将样液稀释后再滴加不同微升数，直至样液点的荧光强度与最低检出量的荧光强度一致为止。滴加式样如下。

第一点：10μL 黄曲霉毒素 $B_1$ 标准使用液（0.04μg/mL）。

第二点：根据情况滴加 10μL 样液。

第三点：根据情况滴加 15μL 样液。

第四点：根据情况滴加 20μL 样液。

### 6. 结果计算

$$X = 0.0004 \times \frac{V_1 \times V}{V_2} \times \frac{1000}{m}$$

式中 $X$——试样中黄曲霉毒素 $B_1$ 的含量，μg/kg；

$V_1$——加入苯-乙腈混合液的体积，mL；

$V_2$——出现最低荧光点时滴加样液的体积，mL；

$V$——样液的总稀释体积；

$m$——加入苯-乙腈混合液溶解时相当试样的质量，g；

0.0004——黄曲霉毒素 $B_1$ 的最低检出量，μg。

结果表示到测定值的整数位。

### 7. 要点提示

（1）样品中黄曲霉毒素的提取及薄层色谱法本身的操作影响方法的准确性。稍有不慎，就会造成结果的不准确甚至整个检验过程的失败。

（2）薄层板的厚薄是否一致将直接影响到测定的准确性。因此，除在制板过程中要加以严格控制外，还要对所制备的薄层板加以挑选。将其放于紫外光灯（254nm）下检视，检查其均匀度，表面应平整、无麻点、无气泡、无破损及无污染，方可备用。

（3）要求点样时必须注意勿损伤薄层表面。

（4）单向展开法适用于杂质干扰较小的提取液。而对于杂质干扰严重的提取液，如油料或油脂样品，单向展开法会产生沿展开方向留下的杂质底色，无法观察结果，因此只能采用双向展开法。

（5）层析后的薄层板在紫外光下照射太久会引起荧光减弱甚至消失，观察时应注意这点。

## 任务拓展

### 一、食品中黄曲霉毒素 $B_1$、$B_2$、$G_1$、$G_2$ 的测定

在此介绍微柱筛选法和高效液相色谱法。

**1. 微柱筛选法测定**

（1）原理　试样提取液通过由氧化铝与硅镁吸附剂组成的微柱层析管，杂质被氧化铝吸附，黄曲霉毒素被硅镁吸附剂吸附，在365nm紫外线下呈蓝紫色荧光，其荧光强度在一定范围内与黄曲霉毒素的含量成正比，由于微柱不能分离 $B_1$、$B_2$、$G_1$、$G_2$，故结果为黄曲霉毒素的总量。

（2）要点提示

①本法适用于各种食品中黄曲霉毒素 $B_1$、$B_2$、$G_1$、$G_2$ 测定。

②最低检出量为黄曲霉毒素 $B_1$、$G_1$ 为 0.004μg，$B_2$、$G_2$ 为 0.002μg/kg；最低检出浓度为黄曲霉毒素 $B_1$、$G_1$ 为 5μg/kg，$B_2$、$G_2$ 为 2.5μg/kg。

**2. 高效液相色谱法测定**

（1）原理　试样经乙腈-水提取，提取液过滤后，经装有反相离子交换吸附剂的多功能净化柱，去除脂肪、蛋白质、色素及碳水化合物等干扰物质，净化液中的黄曲霉毒素经三氟乙酸衍生，用带有荧光检测器的液相色谱系统分析，外标法定量。按下式计算：

$$X = \frac{\rho \times V}{m \times f}$$

式中　$X$——试样中每种黄曲霉毒素的浓度，μg/kg；

$\rho$——试样按照外标法在标准曲线中对应的浓度，μg/L；

$V$——试样提取过程中提取液的体积，mL；

$m$——试样的取样量，g；

$f$——试样溶液衍生后较衍生前的浓缩倍数。

（2）液相色谱条件

色谱柱：12.5cm×2.1mm，5μm，$C_{18}$。

柱温：30℃。

流动相：乙腈（色谱纯），水，梯度洗脱变化参照表5-3。调整洗脱梯度，使4种黄

曲霉毒素的保留时间在4~25min。

流速：0.5mL/min。

进样量：25μL。

荧光检测器：激发波长（$E_x$）360nm；发射波长（$E_m$）440nm。

增益倍数：16。

表5-3 流动相的梯度洗脱变化

| 时间/min | 乙腈/% | 水/% |
|---|---|---|
| 0.00 | 15.0 | 85.0 |
| 6.00 | 17.0 | 83.0 |
| 8.00 | 25.0 | 75.0 |
| 14.00 | 15.0 | 85.0 |

（3）要点提示

①该法适用于大米、玉米、花生、杏仁、核桃、松子等食品中黄曲霉毒素$B_1$、$B_2$、$G_1$、$G_2$的测定。检出限：$B_1$、$G_1$为0.50μg/L，$B_2$、$G_2$为0.125μg/L。

②使用氮气吹干时，注意控制氮气流速，防止液体鼓泡、飞溅，以免造成含毒素液体污染试验环境和导致回收率偏低。

③功能净化柱在使用时尽量以稳定的速度下压，控制在10min左右完成5~7mL样液的收集。

④$C_{18}$色谱柱属于反相柱，柱管内充满有机溶剂，检测样品前，应用10倍柱体积的流动相冲洗色谱柱；检测完毕后，要用甲醇或乙腈将柱管内的流动相置换出来，使其保存在有机相中。

## 二、食品中赭曲霉毒素A的测定

在此介绍免疫亲和层析净化高效液相色谱法。

**1. 原理**

用提取液提取试样中的赭曲霉毒素A，经免疫亲和柱净化后，用HPLC-FLD检测器测定，外标法定量。按下式计算：

$$X = \frac{(\rho_1 - \rho_0) \times V \times 1000}{m \times 1000} \times f$$

式中 $X$——试样中赭曲霉毒素A的含量，μg/kg；

$\rho_1$——试样溶液中赭曲霉毒素A的浓度，ng/mL；

$\rho_0$——空白试样溶液中赭曲霉毒素A的浓度，ng/mL；

$V$——甲醇洗脱液的体积，mL；

$m$——试样的质量，g；

$f$——稀释倍数。

**2. 高效液相色谱条件**

色谱柱：$C_{18}$柱，5μm，150mm×4.6mm，或相当者。

流动相：乙腈+水+冰乙酸（99+99+2）。

流速：0.9mL/min。

柱温：35℃。

进样量：10~100μL。

检测波长：激发波长333nm，发射波长477nm。

在上述色谱条件下，赭曲霉毒素A标准品色谱图见图5-8。

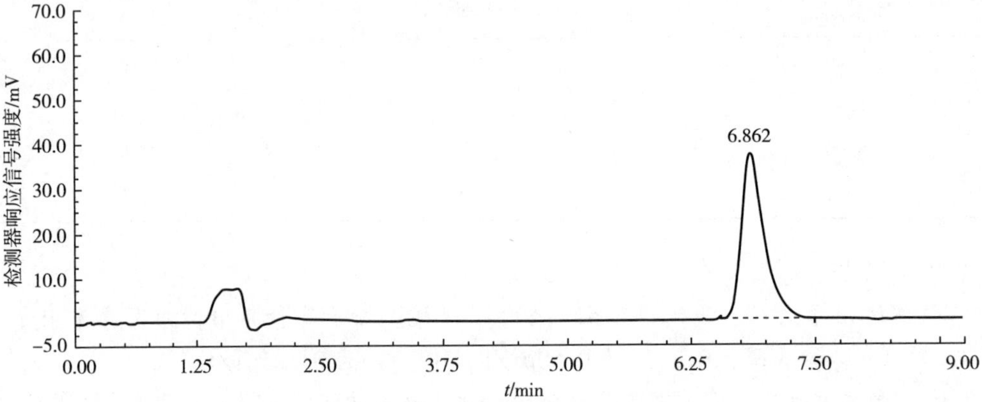


图5-8　赭曲霉毒素A标准品色谱图

**3. 要点提示**

本法适用于粮食及其制品包括酒类、酱油、醋、酱及酱制品中赭曲霉毒素A含量的测定。检出限：粮食和粮食制品为1.0μg/kg，酒类为0.1μg/kg，酱油、醋、酱及酱制品为0.5μg/kg。

## 三、谷物中玉米赤霉烯酮的测定

在此介绍免疫亲和层析净化高效液相色谱法测定谷物中玉米赤霉烯酮的含量。

**1. 原理**

试样中的玉米赤霉烯酮用乙腈-水提取后，提取液经免疫亲和柱净化、浓缩后，用配有荧光检测器的液相色谱仪进行测定，外标法定量。按下式计算：

$$X = \frac{1000 \times (A - A_0) \times \rho \times V}{1000 \times A_s \times m}$$

式中　$X$——试样中玉米赤霉烯酮的含量，μg/kg；

$A$——样液中玉米赤霉烯酮的峰面积；

$A_0$——空白样液中玉米赤霉烯酮的峰面积；

$\rho$——标准工作溶液中玉米赤霉烯酮的浓度，μg/mL；

$V$——样液最终定容体积，mL；

$m$——最终样液所代表的试样量，g；

$A_s$——标准工作溶液中玉米赤霉烯酮的峰面积。

**2. 液相色谱条件**

色谱柱：$C_{18}$柱，4μm，150mm×4.6mm，或相当者；

流动相：乙腈+水+甲醇（46+46+8）；

流速：1.0mL/min；

柱温：室温；

进样量：100μL；

检测波长：激发波长274nm，发射波长440nm。

在上述色谱条件下，玉米赤霉烯酮的保留时间为3.4min。玉米赤霉烯酮标准品色谱图见图5-9。

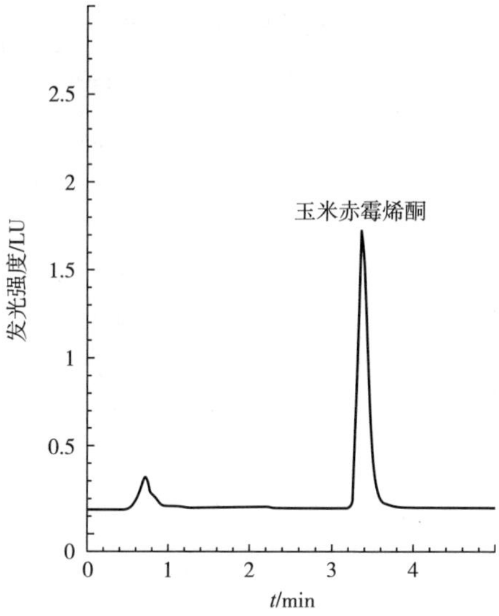


图5-9 玉米赤霉烯酮标准品色谱图

**3. 要点提示**

本法适用于谷物（玉米、小麦等）中玉米赤霉烯酮的测定。方法检出限为5μg/kg。

## 四、乳和乳制品中黄曲霉毒素 $M_1$ 的测定

乳和乳制品中黄曲霉毒素 $M_1$ 的测定有免疫亲和层析净化液相色谱-串联质谱法、免疫亲和层析净化高效液相色谱法、酶联免疫吸附筛查法三种国家标准方法。在此介绍免疫亲和层析净化液相色谱-串联质谱法。

**1. 原理**

试样液体或固体试样提取液经均质、超声提取、离心，取上清液经免疫亲和柱净化，洗脱液经氮气吹干，定容，微孔滤膜过滤，经液相色谱分离，电喷雾离子源离子化，多反应离子监测（MRM）方式检测。基质加标外标法定量。按下式计算：

$$X = \frac{\rho \times V \times f}{m \times 1000}$$

式中 $X$——试样中黄曲霉毒素 $M_1$ 的含量，μg/kg；

$\rho$——试样中黄曲霉毒素 $M_1$ 的浓度，ng/mL；

$V$——样品定容体积，mL；

*f*——样液稀释因子；

*m*——试样的称样量，g；

1000——单位转换系数。

**2. 液相色谱-质谱参考条件**

（1）液相色谱参考条件

流动相：A 液，0.1%甲酸溶液；B 液，乙腈-甲醇溶液（1+1）。

梯度洗脱：液相色谱梯度洗脱条件见表 5-4。

**表 5-4　液相色谱梯度洗脱条件**

| 时间/min | 流动相 A/% | 流动相 B/% | 梯度变化曲线 |
|---|---|---|---|
| 0 | 68.0 | 32.0 | — |
| 4.20 | 55.0 | 45.0 | 6 |
| 5.00 | 0 | 100.0 | 6 |
| 5.70 | 0 | 100.0 | 1 |
| 6.00 | 68.0 | 32.0 | 6 |

注：1 为即时变化，6 为线性变化。

流动相流动速度：0.3mL/min。

柱温：35℃。

试液温度：20℃。

进样量：10μL。

（2）质谱参考条件

检测方式：多离子反应监测（MRM），详见表 5-5 中母离子、子离子和碰撞能量。子离子扫描图见图 5-10。

**表 5-5　离子选择参数表**

| 黄曲霉毒素 | 母离子 | 定量子离子 | 碰撞能量 | 定性子离子 | 碰撞能量 | 离子化方式 |
|---|---|---|---|---|---|---|
| $M_1$ | 329.0 | 273.5 | 22 | 259.5 | 22 | ESI+ |

离子源控制条件：见表 5-6。

**表 5-6　离子源控制条件**

| 电离方式 | 电喷雾电离，负离子 |
|---|---|
| 毛细管电压/KV | 17.5 |
| 锥孔电压/V | 45 |
| 射频透镜 1 电压/V | 12.5 |
| 射频透镜 2 电压/V | 12.5 |

续表

| 电离方式 | 电喷雾电离，负离子 |
| --- | --- |
| 离子源温度/℃ | 120 |
| 锥孔反吹气流量/（L/h） | 50 |
| 脱溶剂气温度/℃ | 350 |
| 脱溶剂气流量/（L/h） | 500 |
| 电子倍增电压/V | 650 |

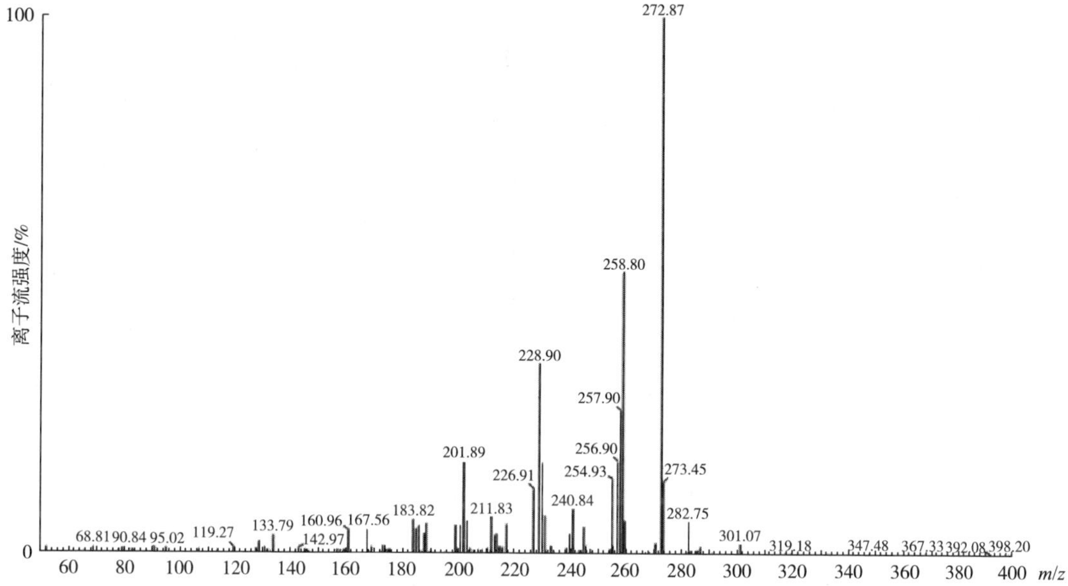


图 5-10 黄曲霉毒素 $M_1$ 的子离子扫描图

黄曲霉毒素 $M_1$ 的色谱质谱图见图 5-11。

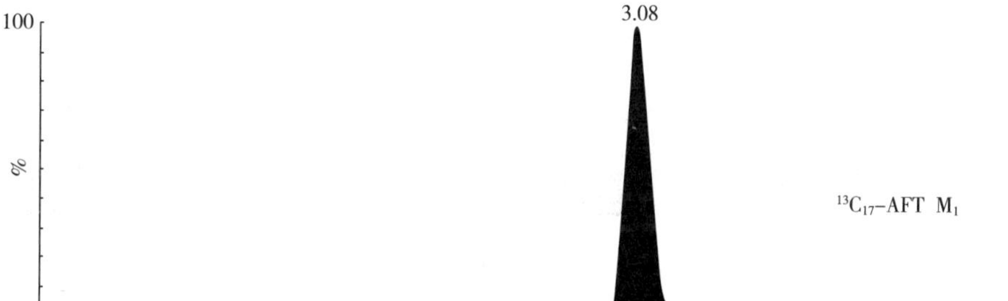


图 5-11

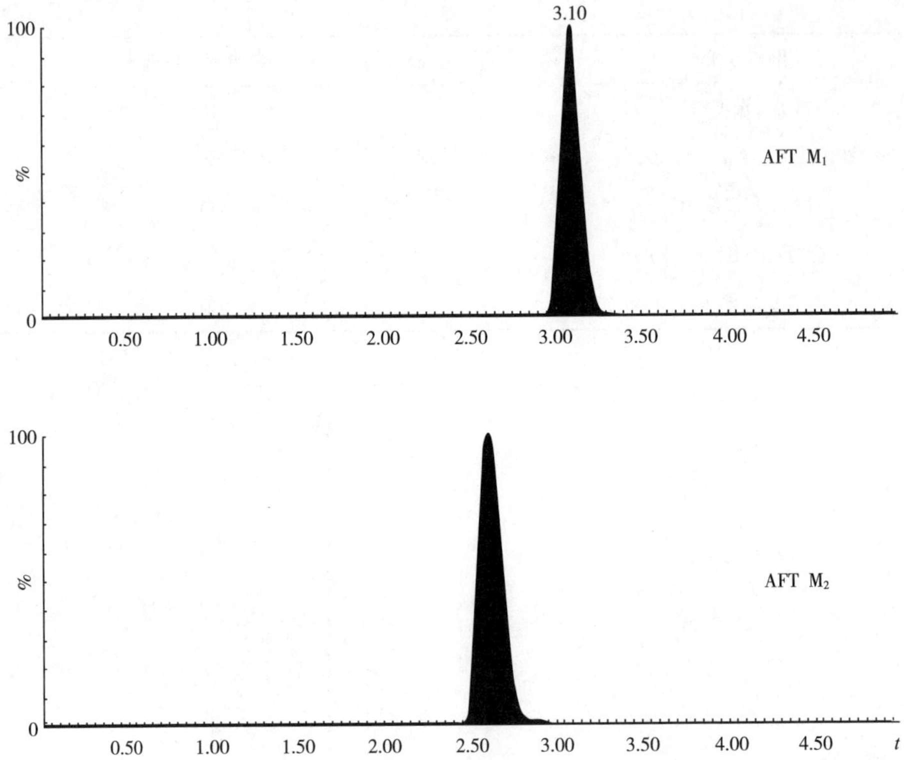


图 5-11　黄曲霉毒素 $M_1$ 的液相色谱质谱图

注：上图选自 GB 5009.24—2016《食品安全国家标准　食品中黄曲霉毒素 M 族的测定》。

**3. 要点提示**

（1）本法对应于 ISO 14501：2007 Milk and milk powder-determination of aflatoxin $M_1$ content-clean-up by immunoaffinity chromatography and determination by high-performance liquid chromatography。

（2）除本法外，GB 5009.24—2016《食品安全国家标准　食品中黄曲霉毒素 M 族的测定》也可用于牛乳及其制品中黄曲霉毒素 $M_1$ 的测定。

免疫亲和柱（实操视频）

## 交流讨论

1. 请收集相关的资料或文献，了解免疫亲和层析净化和多功能净化柱净化原理、净化柱的填料区别。

2. 从农业、畜牧业及食品加工的角度出发，浅谈黄曲霉毒素的危害性及预防治理措施。

任务二十二　达标自测

# 任务二十三

# 食品中非法添加物及其他有害物质的检测

## 任务目标

### 知识目标

明确食品添加剂和非法食品添加物的概念区别，了解非法添加物的毒害作用，掌握三聚氰胺等非法添加物的检测原理。

食品中非法添加物及其他有害物质的检测（部分相关标准）

### 技能目标

学会相关仪器的使用，能独立进行食品中常见非法添加物的检测操作。

### 素质目标

通过食品中非法添加物及其他有害物质检测的学习，培养学生爱岗敬业、精益求精的职业精神，科学严谨、求真务实的工作作风，树立食品安全的责任意识。

## 任务导入

2022 年 3 月 30 日，江苏省市场监管局发布了 2021 年度全省食品安全执法十大典型案例。其中涉及三起在食品中非法添加药品和有毒有害物质案件，分别是食品中非法添加药品案、压片糖果中非法添加药品案、保健酒中非法添加毒有害物质案。应如何区分食品添加剂和非法食品添加物？怎样检验非法添加物及其他有害物质？

## 相关知识

### 一、非法食品添加物不属于食品添加剂

GB 2760—2024《食品安全国家标准　食品添加剂使用标准》中规定，“食品添加剂使用时应符合以下基本要求：不应对人体产生任何健康危害；不应掩盖食品腐败变质；不应掩盖食品本身或加工过程中的质量缺陷或以掺杂、掺假、伪造为目的而使用食品添加剂；不应降低食品本身的营养价值；在达到预期目的前提下尽可能降低在食品中的使用量。在下列情况下可使用食品添加剂：保持或提高食品本身的营养价值；作为某些特殊膳食用食品的必要配料或成分；提高食品的质量和稳定性或改进其感官特性；便于食品的生产、加工、包装、运输或者贮藏”。

由上述可见，三聚氰胺、苏丹红、吊白块等化学物质显然不符合食品添加剂的使用原则。在食品中添加这类物质的主要目的是：掺杂掺假、省时省力、降低成本，掩盖食品本身或加工过程中的质量缺陷，改善食品卖相和提升食品口感等。这类违法添加的非食用物质，简称非法添加物。近年来发生的食品安全事故，很多都是非法添加物造成的。

判定一种物质是否属于非法添加物，可以参考以下原则：不属于传统上认为是食品原料的，不属于批准使用的新资源食品的，不属于国家卫生健康委员会公布的食药两用或作为普通食品管理物质的，未列入中国食品添加剂的和其他中国法律法规允许使用的物质。

为打击在食品生产、流通、餐饮服务中违法添加非食用物质和滥用食品添加剂的行为，保障消费者权益，我国自 2008 年以来陆续发布了 6 批《食品中可能违法添加的非食用物质和易滥用的食品添加剂名单》，位于第一批可能违法添加的非食用物质“黑名单”前列的就是吊白块、苏丹红、王金黄、三聚氰胺等。

## 二、非法添加物及其他有害物质的危害

以三聚氰胺、苏丹红、吊白块、塑化剂（DEHP）、丙烯酰胺和苯并（a）芘为例。

### 1. 以假乱真的蛋白质冒充物——三聚氰胺

三聚氰胺是一种以尿素为原料生产的三嗪类含氮杂环有机化合物，简称“三胺”，俗称蜜胺、蛋白精，主要用来生产三聚氰胺树脂，用于制作装饰板、氨基塑料、黏合剂、涂料，以及应用于造纸、纺织、皮革等行业。长期摄入三聚氰胺会对膀胱、肾部造成损害，导致产生结石并可进一步诱发膀胱癌。

### 2. 漂亮食品中的“红颜祸水”——苏丹红

苏丹红是偶氮系列化工合成染料，被广泛用于溶剂、油、蜡等的增色以及鞋、地板等的增光。苏丹红为亲脂性偶氮化合物，主要包括Ⅰ、Ⅱ、Ⅲ和Ⅳ四种类型。苏丹红具有的偶氮结构决定了其具有致癌性。国际癌症研究机构将苏丹红Ⅳ号列为三类致癌物，其初级代谢产物磷氨基偶氮甲苯、磷甲基苯胺均列为二类致癌物，食用后可能致癌和致突变。

2024 年 2 月，中国台湾多家企业生产的辣椒粉被检出苏丹红，产品做下架处理，相关企业被曝光、整顿。因苏丹红不易褪色，能掩盖食品久置变色的问题，增强食品鲜亮的色泽，因而在一些需要红色的食品中非法添加苏丹红的行为仍没有完全停止，涉红事件屡有发生。

### 3. 制造食品“白色恐怖”的黑手——吊白块

吊白块又称吊白粉或雕白块（粉），化学名为次硫酸氢钠甲醛，在高温下具有极强的还原性和漂白作用。吊白块主要用于橡胶工业丁苯橡胶聚合活化剂，印染印花工艺漂白剂，感光照相材料相助剂，日用工业漂白剂以及医药工业产品等，但不得作食品漂白添加剂使用，严禁入口。食用经吊白块漂白过的白糖、粉丝、米线（粉）、银耳、面粉、腐竹后，会对细胞有原浆毒作用，可能对机体的某些酶系统有损害，从而造成肾脏、肝脏受损。人经口摄入纯吊白块 10g 就会中毒致死，吊白块也是致癌物质之一。

### 4. 作恶多端的环境类激素——塑化剂

塑化剂（DEHP）又称增塑剂，是工业上被广泛使用的高分子材料助剂，能增加延展性、弹性及柔软度，常作为沙发、汽车座椅、橡胶管、化妆品及玩具的原料，属于工业添加剂。

塑化剂的作用类似于人工荷尔蒙。长期食用掺入塑化剂的食品和饮料，可能干扰内分泌，危害男性生殖能力并促使女性性早熟，长期大量摄入会导致肝癌。由于幼儿正处于内分泌系统生殖系统发育期，摄入塑化剂对其具有更大的潜在危害。2011 年 6 月，原卫生部发布公告，将塑化剂等 17 种邻苯二甲酸酯类物质列入第六批“食品中可能违法添加的非食用物质”黑名单。

### 5. 美味诱惑下的隐形杀手——丙烯酰胺和苯并（a）芘

丙烯酰胺（Acrylamide，简称 AA），也称“丙毒”，是一种有机化合物，主要用于塑料制品的生产及涂料、橡胶等工业。食品中的丙烯酰胺不是添加所致，而是富含碳水化合物的食品，经煎炸、烧烤、烘焙等高温烹制过程产生的。富含丙烯酰胺的食品主要有炸薯条、炸薯片、爆玉米花、咖啡、饼干、面包、蛋糕、炸鸡等。由于丙烯酰胺具有潜在的神经毒性、遗传毒性和致癌性，因此食品中丙烯酰胺的污染引起了国际社会和各国政府的高度关注。

苯并（a）芘［Benzo（a）Pyrene，简称 B（a）P］，又称 3,4-苯并芘。它是一类含有多个苯环的有机化合物。食物中的苯并（a）芘主要来源：一是食品的熏烤、烘烤过程。包括烟尘中的苯并（a）芘直接接触食品形成的污染和食品中的脂肪等成分的高温热解和热聚。二是加工环节中有些设备管道和包装材料中含有的苯并（a）芘污染食品。三是工业废水、废气中含有的苯并（a）芘通过食物链积累于食品中。苯并（a）芘与黄曲霉毒素、亚硝胺是国际公认的三大致癌物质。目前，由食品污染所导致疾病已成为全世界最为广泛关注食品安全问题之一，食源性疾病发病率已升至各种疾病总发病率第二位，其中以苯并（a）芘污染最为常见和广泛。

## 三、非法添加物及其他有害物质的检测方法

非法添加物及其他有害物质的检测方法有薄层色谱法、气相色谱法、高效液相色谱法、质谱法、气相色谱-质谱联用法、液相色谱-质谱/质谱法和酶联免疫吸附法。近年来，随着研究深入，出现了一些全新的快速检测方法，如导数恒能量同步荧光法、食品非法添加物快速指纹筛查与同位素检测技术等。但仍有不少“黑名单”中的非法添加物尚无检测方法，有待国家相关检测标准的进一步建立和完善。

## 任务实施

## 一、原料乳及乳制品中三聚氰胺的测定

原国家质检总局在《企业生产婴幼儿配方乳粉许可条件审查细则（2010 年版）》中，首次要求企业对购入的生乳和原料乳粉批批进行三聚氰胺检验，强调三聚氰胺为出厂自行检验项目，并要求相关企业须有两名以上可独立检验三聚氰胺的检验人员。

关于三聚氰胺的测定，我国出台了 GB/T 22388—2008《原料乳与乳制品中三聚氰胺检测方法》和 GB/T 22400—2008《原料乳中三聚氰胺快速检测　液相色谱法》。GB/T 22388—2008 规定了三种测定方法，即高效液相色谱法（HPLC）、液相色谱-质谱/质谱法（LC-MS/MS）和气相色谱-质谱联用法（GC-MS）。

本实训采用高效液相色谱法，定量限为 2mg/kg，依据 GB/T 22388—2008 第一法。

### 1. 目的要求

（1）理解高效液相色谱法测定原料乳及乳制品中三聚氰胺的原理。

（2）掌握高效液相色谱仪仪器条件建立方法和操作。

2. 操作原理

试样中的三聚氰胺用三氯乙酸溶液-乙腈提取，经阳离子交换固相萃取柱净化后，用高效液相色谱测定，外标法定量。

3. 用品准备

（1）高效液相色谱仪：安捷伦 1100 型配置紫外检测器或二极管阵列检测器。

（2）分析天平：感量为 0.0001g 和 0.01g。

（3）离心机：转速不低于 4000r/min。

（4）超声波水浴。

（5）固相萃取装置。

（6）水浴氮气吹干仪：配置氮气钢瓶或其他氮气源。

（7）涡旋振荡器。

（8）具塞塑料离心管：50mL。

（9）研钵。

（10）混合型阳离子交换固相萃取柱：规格 60mg，3mL，推荐使用 WATERS 公司 MCX 或博纳-艾杰尔公司产品 PCX，或相当者。

（11）甲醇：色谱纯。

（12）乙腈：色谱纯。

（13）氨水：含量为 25%~28%。

（14）三氯乙酸。

（15）柠檬酸。

（16）辛烷磺酸钠：色谱纯。

（17）甲醇水溶液：准确量取 50mL 甲醇和 50mL 水，混匀后备用。

（18）三氯乙酸溶液（1%）：准确称取 10g 三氯乙酸于 1L 容量瓶中，用水溶解并定容至刻度，混匀后备用。

（19）离子对试剂缓冲液：准确称取 2.10g 柠檬酸和 2.16g 辛烷磺酸钠，加入约 980mL 水溶解，调节 pH 至 3.0 后，定容至 1L 备用。

（20）氨化甲醇溶液（5%）：准确量取 5mL 氨水和 95mL 甲醇，混匀后备用。

（21）三聚氰胺（CAS：108-78-01）标准品：纯度大于 99.0%。

（22）三聚氰胺标准储备液：准确称取 100mg（精确到 0.1mg）三聚氰胺标准品于 100mL 容量瓶中，用甲醇水溶液溶解并定容至刻度，配制成浓度为 1mg/mL 的标准储备液，于 4℃避光保存。

（23）三氯乙酸溶液饱和的正己烷（可选）：取 200mL 正己烷和 100mL 三氯乙酸溶液一起放入 500mL 分液漏斗中，充分混合振荡，静置分层，取上层正己烷备用。

除非另有规定，所用试剂均为分析纯。水为 GB/T 6682—2008《分析实验室用水规格和试验方法》规定的一级水。

4. 安全提醒

（1）三氯乙酸具有吸入毒害性、腐蚀性，须在通风橱使用和配置操作使用橡胶手套。

（2）甲醇有较强的毒性，经消化道、呼吸道或皮肤摄入都会产生毒性反应，其蒸气能损害人的呼吸黏膜和视力，须在通风橱使用和配置，操作使用橡胶手套。

（3）离心机操作时样品须呈对称放置，放置前应确保对称方向上的样品重量一致，以有效避免离心机转轴发生偏转，造成设备损坏甚至发生危险。

### 5. 操作步骤

（1）样品提取　称取 2g（精确至 0.01g）试样于 50mL 具塞塑料离心管中，加入 15mL 三氯乙酸溶液和 5mL 乙腈，超声提取 10min，再振荡提取 10min 后，以不低于 4000r/min 离心 10min。上清液经三氯乙酸溶液润湿的滤纸过滤后，用三氯乙酸溶液定容至 25mL，移取 5mL 滤液，加入 5mL 水混匀后做待净化液。

注：若样品中脂肪含量较高，可以用三氯乙酸溶液饱和的正己烷液-液分配除脂后再用 SPE 柱净化。

（2）样品净化　固相萃取柱中事先加入 3mL 甲醇和 3mL 水通过小柱调整，流出液弃去，然后加入稀释后的待净化液，待全部样品经过小柱后，再依次用 3mL 水和 3mL 甲醇洗涤固相萃取柱，抽至近干后，向固相萃取柱中加入 6mL 氨化甲醇溶液洗脱，收集洗脱液于 50℃下用氮气吹干，残留物（相当于 0.4g 样品）用 1mL 流动相定容，涡旋 1min，过微孔滤膜后，供测定。

（3）液相色谱仪测定

①仪器条件。

色谱柱：$C_8$ 柱，250mm×4.6mm（i.d.），5μm，或相当者；

$C_{18}$ 柱，250mm×4.6mm（i.d.），5μm，或相当者。

流动相：$C_8$ 柱，离子对试剂缓冲液-乙腈（85+15，体积比），混匀；

$C_{18}$ 柱，离子对试剂缓冲液-乙腈（90+10，体积比），混匀。

流速：1.0mL/min。

柱温：40℃。

测定波长：240nm。

进样量：20μL。

②标准线性。用流动相将三聚氰胺标准储备液逐级稀释得到的浓度为 0.8，2，20，40，80μg/mL 的标准工作液，浓度由低到高进样检测，以峰面积-浓度作图，得到标准曲线回归方程。

③定量测定。待测样液中三聚氰胺的响应值应在标准曲线线性范围内，超过线性范围则应稀释后再进样分析。

### 6. 结果计算

（1）数据记录

**液相色谱检验原始记录**

| 样品名称 | | 报验编号 | |
|---|---|---|---|
| 检测项目 | | 验讫日期 | |
| | | 温度 | |
| 检测依据 | | 相对湿度 | |
| 仪器型号（编号） | | 天平编号 | |

续表

<table>
<tr><td rowspan="4">检测条件</td><td>检测器</td><td></td><td>色谱柱</td><td></td></tr>
<tr><td>波长</td><td></td><td>进样量</td><td></td></tr>
<tr><td>柱温</td><td></td><td>流速</td><td></td></tr>
<tr><td>流动相</td><td colspan="3"></td></tr>
<tr><td colspan="2">标准物质及编号</td><td colspan="3"></td></tr>
<tr><td colspan="5">操作步骤（详见：　　）</td></tr>
<tr><td rowspan="2">检测结果信息</td><td>定量方法</td><td></td><td>结果计算</td><td></td></tr>
<tr><td>检测结果</td><td colspan="3"></td></tr>
<tr><td colspan="5">精密度：</td></tr>
<tr><td colspan="5">标准曲线见：</td></tr>
</table>

检测：　　　　　　　　　　　　复核：

（2）计算公式

$$X = \frac{A \times \rho \times V \times 1000}{A_s \times m \times 1000} \times f$$

式中　$X$——试样中三聚氰胺的含量，mg/kg；

$A$——样液中三聚氰胺的峰面积；

$\rho$——标准溶液中三聚氰胺的浓度，μg/mL；

$V$——样液最终定容体积，mL；

$A_s$——标准溶液中三聚氰胺的峰面积；

$m$——试样的质量，g；

$f$——稀释倍数。

7. 要点提示

（1）固相萃取柱流速不可过快，否则影响净化效果，一般控制在 1~2 滴/s 为宜。

（2）必要时应增加添加回收质控样品以监控检测质量，一般控制回收率在 80%~120%为宜，阳性样品应使用回收率校正后报告结果。

（3）$C_{18}$、$C_8$ 色谱柱属于反相柱，柱管内充满有机溶剂，检测样品前，应用 10 倍柱体积的流动相冲洗色谱柱；检测完毕后，使用乙腈-水（20+80）的流动相以 1mL/min 的流速冲洗色谱柱 20~30min，再用 10~20 倍柱体积的甲醇或乙腈将柱管内的流动相置换出来，使其保存在有机相中以保证其可靠的色谱性能。

## 二、烟熏肉中苯并（a）芘的测定

1. 操作原理

试样经过有机溶剂提取，中性钢化铝或分子印迹小柱净化，浓缩至干，乙腈溶解，反相液相色谱分离，荧光检测器检测，根据色谱峰的保留时间定性，外标法定量。

2. 用品准备

（1）一级水。

（2）乙腈。

（3）正己烷。

（4）二氯甲烷。

（5）有机滤膜。

（6）液相色谱仪：配有荧光检测器。

（7）分析天平：感量为0.01mg和1mg。

（8）离心机：转速≥4000r/min。

（9）涡旋振荡器。

（10）固相苯萃取装置。

烟熏肉中苯并（a）芘的测定（实操视频）

3. 操作步骤

（1）样品制备　肉去骨，把可食部分绞碎均匀，储于洁净的样品瓶中，并标明标记，于-16~-18℃冰箱中保存备用。

（2）提取　准确称取1g试样（精确至0.01）至50mL离心管中，加入正己烷，拧紧瓶盖。将离心管放至垂直振荡器振荡30min，取下。将离心管放入离心机（对称放置），在9000r/min下离心10min，取上清液备用。

固相萃取系统（实操视频）

（3）净化　苯并（a）芘分子印迹柱在固相萃取装置上安装好，依次用二氯甲烷及正己烷活化柱子。将待净化液5mL转移进柱子。待液面降至柱床时，用正己烷淋洗柱子，弃去流出液。用二氯甲烷洗脱并收集净化液到试管中。将净化液在40℃下氮气吹干。准确吸取1mL乙腈涡旋混合，过微孔被膜后供液相色谱测定。

（4）测定　液相色谱仪（配有荧光检测器）测定，仪器参考条件如下。

色谱柱：$C_{18}$，柱长250mm，内径4.6mm，粒径5μm，或性能相当者。

流动相：乙腈+水=88+12。

流速：1.0mL/min。

荧光检测器：激发波长384nm，发射波长406nm。

柱温：35℃。

进样量：20μL。

4. 结果计算

（1）数据记录

**液相色谱检验原始记录**

| | | | |
|---|---|---|---|
| 样品名称 | | 报验编号 | |
| 检测项目 | | 验讫日期 | |
| | | 温度 | |
| 检测依据 | | 相对湿度 | |
| 仪器型号（编号） | | 天平编号 | |

续表

<table>
<tr><td rowspan="4">检测条件</td><td>检测器</td><td></td><td>色谱柱</td><td></td></tr>
<tr><td>波长</td><td></td><td>进样量</td><td></td></tr>
<tr><td>柱温</td><td></td><td>流速</td><td></td></tr>
<tr><td>流动相</td><td colspan="3"></td></tr>
<tr><td>标准物质及编号</td><td colspan="4"></td></tr>
<tr><td colspan="5">操作步骤（详见：　　）</td></tr>
</table>

<table>
<tr><td rowspan="2">检测结果信息</td><td>定量方法</td><td></td><td>结果计算</td><td></td></tr>
<tr><td>检测结果</td><td colspan="3"></td></tr>
<tr><td colspan="5">精密度：</td></tr>
<tr><td colspan="5">标准曲线见：</td></tr>
</table>

检测：　　　　　　　　　　复核：

（2）计算公式

$$X=\frac{\rho\times V}{m}\times\frac{1000}{1000}$$

式中 $X$——试样中苯并（a）芘含量，μg/kg；

$\rho$——由标准曲线得到的样品净化溶液浓度，ng/mL；

$V$——试样最终定容体积，mL；

$m$——试样质量，g；

1000——由 ng/g 换算成 μg/kg 的换算因子。

结果保留至小数点后一位。

**5. 注意事项**

（1）苯并（a）芘是强致癌物质，各项操作需特别小心。称取时，佩戴防化学品手套，必要时穿聚乙烯薄膜防毒服。标准溶液应在有适当设备的实验室配制。

（2）实验所用的乙腈等均为易燃易挥发的有机溶剂，应在通风橱中操作。

（3）样品应放在避光处及暗处，或者用黑纸包好存入冰箱中。

（4）实验废液不能随意丢弃，应集中回收在玻璃容器中，统一处理。

## 任务拓展

### 一、食品中苏丹红的测定

苏丹红的检测方法有高效液相色谱法、液相色谱-质谱法、气相色谱-质谱联用法、薄层层析法等。在此介绍高效液相色谱法，依据 GB/T 19681—2005《食品中苏丹红染料的检测方法　高效液相色谱法》。

**1. 原理**

样品经溶剂提取、固相萃取净化后，用反相高效液相色谱紫外可见光检测器进行色谱分析，采用外标法定量。

**2. 试剂**

（1）乙腈：色谱纯。

（2）丙酮：色谱纯、分析纯。

（3）甲酸：分析纯。

（4）乙醚：分析纯。

（5）正己烷：分析纯。

（6）无水硫酸钠：分析纯。

（7）层析柱管：1cm（内径）×5cm（高）的注射器管。

（8）层析用氧化铝（中性 100~200 目）：105℃干燥 2h，于干燥器中冷却室温，每 100g 中加入 2mL 水降活，混匀后密封，放置 12h 后使用。

（9）氧化铝层析柱：在层析柱底部塞入一薄层脱脂棉，干法装入处理过的氧化铝至 3cm 高，轻轻压实后加一薄层脱脂棉，用 10mL 正己烷预淋洗，洗净柱中杂质后，备用。

（10）5%丙酮的正己烷液：吸取 50mL 丙酮用正己烷定容至 1L。

（11）标准物质：苏丹红Ⅰ、苏丹红Ⅱ、苏丹红Ⅲ、苏丹红Ⅳ，纯度≥95%。

（12）标准储备液：分别称取苏丹红Ⅰ、苏丹红Ⅱ、苏丹红Ⅲ及苏丹红Ⅳ各 10.0mg（按实际含量折算），用乙醚溶解后用正己烷定容至 250mL。

**3. 仪器**

（1）高效液相色谱仪：配有紫外可见光检测器。

（2）分析天平：感量 0.1mg。

（3）旋转蒸发仪。

（4）均质机。

（5）离心机。

（6）0.45μm 有机滤膜。

**4. 操作步骤（以红辣椒粉等粉状样品为例）**

（1）前处理　称取 1~5g（准确至 0.001g）样品于三角瓶中，加入 10~30mL 正己烷，超声 5min，过滤，用 10mL 正己烷洗涤残渣数次，至洗出液无色，合并正己烷液，用旋转蒸发仪浓缩至 5mL 以下，慢慢加入氧化铝层析柱中，为保证层析效果，在柱中保持正己烷液面为 2mm 左右上样，在全程的层析过程中柱不应使柱干涸，用正己烷少量多次淋洗浓缩瓶，一并注入柱中。控制氧化铝表层吸附的色素带宽宜小于 0.5cm，待样液完全流出后，视样品中含油类杂质的多少用10~30mL正己烷洗柱，直至流出液无色，弃去全部正己烷淋洗液，用含5%丙酮的正己烷液60mL洗脱，收集、浓缩后，用丙酮转移并定容至5mL，经0.45μm有机滤膜过滤后待测。

（2）测定

①推荐色谱条件。

色谱柱：Zorbax SB-$C_{18}$，3.5μm，4.6mm×150mm，或相当型号色谱柱。

流动相：溶剂A　0.1%甲酸的水溶液：乙腈=85：15；

溶剂B　0.1%甲酸的乙腈溶液：丙酮=80：20。

梯度洗脱条件，见表5-7。

表5-7　梯度洗脱条件

| 流速/（mL/min） | 时间/min | 流动相 | | 曲线 |
|---|---|---|---|---|
| | | A% | B% | |
| 1.0 | 0 | 25 | 75 | 线性 |
| 1.0 | 10.0 | 25 | 75 | 线性 |
| 1.0 | 25.0 | 0 | 100 | 线性 |
| 1.0 | 32.0 | 0 | 100 | 线性 |
| 1.0 | 35.0 | 25 | 75 | 线性 |
| 1.0 | 40.0 | 25 | 75 | 线性 |

柱温：30℃。

检测波长：苏丹红Ⅰ478nm；苏丹红Ⅱ、苏丹红Ⅲ、苏丹红Ⅳ520nm；于苏丹红Ⅰ出峰后切换。

②标准曲线：吸取标准储备液0，0.1，0.2，0.4，0.8，1.6mL，用正己烷定容至25mL，此标准系列浓度为0，0.16，0.32，0.64，1.28，2.56μg/mL，各进样量10μL，绘制标准曲线。

**5. 结果计算**

$$X = \frac{\rho V}{m}$$

式中　$X$——样品中苏丹红含量，mg/kg；

$\rho$——由标准曲线得出的样液中苏丹红的浓度，μg/mL；

$V$——样液定容体积，mL；

$m$——样品质量，g。

## 二、食品中吊白块的测定

在此介绍高效液相色谱法，依据GB/T 21126—2007《小麦粉与大米粉及其制品中甲醛次硫酸氢钠含量的测定》。

**1. 原理**

在酸性溶液中，样品中残留的甲醛次硫酸氢钠分解释放出的甲醛被水提取，提取后的甲醛与2，4-二硝基苯肼发生加成反应，生成黄色的2，4-二硝基苯腙，用正己烷提取后，经高效液相色谱分离，与标准甲醛衍生物的保留时间对照定性，用标准曲线法定量。按下式计算：

$$X = \frac{m_1 \times 50}{m \times 2}$$

式中 $X$——样品中甲醛次硫酸氢钠含量（以甲醛计），μg/g；

$m_1$——根据甲醛衍生物苯腙峰面积，从标准工作曲线查得甲醛的质量，μg；

50——样品加提取液体积，mL；

2——测定用样品提取液体积，mL；

$m$——样品质量，g。

**2. 色谱分析条件**

色谱柱：化学键合 $C_{18}$ 柱，4.6mm×250mm。

流动相：乙腈+水混合溶液。

流速：0.8mL/min。

紫外检测器波长：355nm。

**3. 要点提示**

本方法适用于小麦粉、大米粉及其制品中残留甲醛及甲醛次硫酸氢钠含量的测定。检出限为0.08μg/g。

## 三、食品中丙烯酰胺的测定

食品中丙烯酰胺的测定用稳定性同位素稀释的气相色谱-质谱法，依据GB 5009.204—2014《食品安全国家标准　食品中丙烯酰胺的测定》。

**1. 原理**

应用稳定性同位素稀释技术，在试样中加入$^{13}C_3$标记的丙烯酰胺内标溶液，以水为提取溶剂，试样提取液采用基质固相分散萃取净化、溴试剂衍生后，采用气相色谱-串联质谱仪的多反应离子监测（MRM）或气相色谱-质谱仪的选择离子监测（SIM）进行检测，内标法定量。

**2. 推荐使用仪器条件**

色谱柱：DB-5 ms柱（30m×0.25mm×0.25μm）或等效柱。

色谱柱温度（程序升温）：65℃保持1min，然后以15℃/min速度升至200℃，以40℃/min升至240℃，保持5min。

进样口温度：120℃保持2min。

离子源温度：200℃。

传输线温度：250℃。

离子源：EI源，70eV。

选择$^{13}C_3$丙烯酰胺内标监测离子（$m/z$）：108、136、153和155。

载气：氦气（99.999%）。

流速：1.0mL/min。

进样方式：恒流，无分流进样。

进样量：1μL。

**3. 要点提示**

方法定量限为10μg/kg。

## 交流讨论

1. 原卫生部等部门公布的乳制品及含乳食品中三聚氰胺临时管理限量值并非为“0”。难道允许在食品中少量添加三聚氰胺吗？

2. 请仔细研究原料乳及乳制品中三聚氰胺的测定中高效液相色谱法和高效液相色谱-质谱/质谱法，并根据自己所掌握的仪器设备知识，对比这两个方法各有什么优劣。

任务二十三 达标自测

3. 整理近几年我国发生的非法添加物滥用事件，分析非法添加物的特点和危害，对此你有什么合理的整治建议？

4. 液相色谱法测定食品中苏丹红的过程中，样品前处理时，使色素提取液过氧化铝层析柱可去除哪些杂质？

# 附录

## 附录一

### 观测锤度温度校正表（标准温度 20℃）

| 温度/℃ | 观测锤度 | | | | | | | | | | | | | | | | | | | | | | | | | |
|---|---|---|---|---|---|---|---|---|---|---|---|---|---|---|---|---|---|---|---|---|---|---|---|---|---|---|
| | 0 | 1 | 2 | 3 | 4 | 5 | 6 | 7 | 8 | 9 | 10 | 11 | 12 | 13 | 14 | 15 | 16 | 17 | 18 | 19 | 20 | 21 | 22 | 23 | 24 | 25 | 30 |
| | ……温度低于 20℃时读数应减之数…… | | | | | | | | | | | | | | | | | | | | | | | | | | |
| 0 | 0. 30 | 0. 34 | 0. 36 | 0. 41 | 0. 45 | 0. 49 | 0. 52 | 0. 55 | 0. 59 | 0. 62 | 0. 65 | 0. 67 | 0. 70 | 0. 72 | 0. 75 | 0. 77 | 0. 79 | 0. 82 | 0. 84 | 0. 87 | 0. 89 | 0. 91 | 0. 93 | 0. 95 | 0. 97 | 0. 99 | 1. 08 |
| 5 | 0. 36 | 0. 38 | 0. 40 | 0. 43 | 0. 45 | 0. 47 | 0. 49 | 0. 51 | 0. 52 | 0. 54 | 0. 56 | 0. 58 | 0. 60 | 0. 61 | 0. 63 | 0. 65 | 0. 67 | 0. 68 | 0. 70 | 0. 71 | 0. 73 | 0. 74 | 0. 75 | 0. 76 | 0. 77 | 0. 80 | 0. 86 |
| 10 | 0. 32 | 0. 33 | 0. 34 | 0. 36 | 0. 37 | 0. 38 | 0. 30 | 0. 40 | 0. 41 | 0. 42 | 0. 43 | 0. 44 | 0. 45 | 0. 46 | 0. 47 | 0. 48 | 0. 49 | 0. 50 | 0. 50 | 0. 51 | 0. 52 | 0. 53 | 0. 54 | 0. 55 | 0. 56 | 0. 57 | 0. 60 |
| 10. 5 | 0. 31 | 0. 32 | 0. 33 | 0. 34 | 0. 35 | 0. 36 | 0. 37 | 0. 38 | 0. 39 | 0. 40 | 0. 41 | 0. 42 | 0. 43 | 0. 44 | 0. 45 | 0. 46 | 0. 47 | 0. 48 | 0. 48 | 0. 49 | 0. 50 | 0. 51 | 0. 52 | 0. 52 | 0. 53 | 0. 54 | 0. 57 |
| 11 | 0. 31 | 0. 32 | 0. 33 | 0. 33 | 0. 34 | 0. 35 | 0. 36 | 0. 37 | 0. 38 | 0. 39 | 0. 40 | 0. 41 | 0. 42 | 0. 42 | 0. 43 | 0. 44 | 0. 45 | 0. 46 | 0. 46 | 0. 47 | 0. 48 | 0. 49 | 0. 49 | 0. 50 | 0. 50 | 0. 51 | 0. 55 |
| 11. 5 | 0. 30 | 0. 31 | 0. 31 | 0. 32 | 0. 32 | 0. 33 | 0. 34 | 0. 35 | 0. 36 | 0. 37 | 0. 38 | 0. 39 | 0. 40 | 0. 40 | 0. 41 | 0. 42 | 0. 43 | 0. 43 | 0. 44 | 0. 44 | 0. 45 | 0. 46 | 0. 46 | 0. 47 | 0. 47 | 0. 48 | 0. 52 |
| 12 | 0. 29 | 0. 30 | 0. 30 | 0. 31 | 0. 31 | 0. 32 | 0. 33 | 0. 34 | 0. 34 | 0. 35 | 0. 36 | 0. 37 | 0. 38 | 0. 38 | 0. 39 | 0. 40 | 0. 41 | 0. 41 | 0. 42 | 0. 42 | 0. 43 | 0. 44 | 0. 44 | 0. 45 | 0. 45 | 0. 46 | 0. 50 |
| 12. 5 | 0. 27 | 0. 28 | 0. 28 | 0. 29 | 0. 29 | 0. 30 | 0. 31 | 0. 32 | 0. 32 | 0. 33 | 0. 34 | 0. 35 | 0. 35 | 0. 36 | 0. 36 | 0. 37 | 0. 38 | 0. 38 | 0. 39 | 0. 39 | 0. 40 | 0. 41 | 0. 41 | 0. 42 | 0. 42 | 0. 43 | 0. 47 |
| 13 | 0. 26 | 0. 27 | 0. 27 | 0. 28 | 0. 28 | 0. 29 | 0. 30 | 0. 30 | 0. 31 | 0. 31 | 0. 32 | 0. 33 | 0. 33 | 0. 34 | 0. 34 | 0. 35 | 0. 36 | 0. 36 | 0. 37 | 0. 37 | 0. 38 | 0. 39 | 0. 39 | 0. 40 | 0. 40 | 0. 41 | 0. 44 |
| 13. 5 | 0. 25 | 0. 25 | 0. 25 | 0. 25 | 0. 26 | 0. 27 | 0. 28 | 0. 28 | 0. 29 | 0. 29 | 0. 30 | 0. 31 | 0. 31 | 0. 32 | 0. 32 | 0. 33 | 0. 34 | 0. 34 | 0. 35 | 0. 35 | 0. 36 | 0. 36 | 0. 37 | 0. 37 | 0. 38 | 0. 38 | 0. 41 |
| 14 | 0. 24 | 0. 24 | 0. 24 | 0. 24 | 0. 25 | 0. 26 | 0. 27 | 0. 27 | 0. 28 | 0. 28 | 0. 29 | 0. 29 | 0. 30 | 0. 30 | 0. 31 | 0. 31 | 0. 32 | 0. 32 | 0. 33 | 0. 33 | 0. 34 | 0. 34 | 0. 35 | 0. 35 | 0. 36 | 0. 36 | 0. 38 |

续表

| 温度/℃ | 观测锤度 | | | | | | | | | | | | | | | | | | | | | | | | | |
|---|---|---|---|---|---|---|---|---|---|---|---|---|---|---|---|---|---|---|---|---|---|---|---|---|---|---|
| | 0 | 1 | 2 | 3 | 4 | 5 | 6 | 7 | 8 | 9 | 10 | 11 | 12 | 13 | 14 | 15 | 16 | 17 | 18 | 19 | 20 | 21 | 22 | 23 | 24 | 25 | 30 |
| | ……温度低于20℃时读数应减之数…… | | | | | | | | | | | | | | | | | | | | | | | | | | |
| 14.5 | 0.22 | 0.22 | 0.22 | 0.22 | 0.23 | 0.24 | 0.24 | 0.25 | 0.25 | 0.26 | 0.26 | 0.26 | 0.27 | 0.27 | 0.28 | 0.28 | 0.29 | 0.29 | 0.30 | 0.30 | 0.31 | 0.31 | 0.32 | 0.32 | 0.33 | 0.33 | 0.35 |
| 15 | 0.20 | 0.20 | 0.20 | 0.20 | 0.21 | 0.22 | 0.22 | 0.23 | 0.23 | 0.24 | 0.24 | 0.24 | 0.25 | 0.25 | 0.26 | 0.26 | 0.26 | 0.27 | 0.27 | 0.28 | 0.28 | 0.28 | 0.29 | 0.29 | 0.30 | 0.30 | 0.32 |
| 15.5 | 0.18 | 0.18 | 0.18 | 0.18 | 0.19 | 0.20 | 0.20 | 0.21 | 0.21 | 0.22 | 0.22 | 0.22 | 0.23 | 0.23 | 0.24 | 0.24 | 0.24 | 0.24 | 0.25 | 0.25 | 0.25 | 0.25 | 0.26 | 0.26 | 0.27 | 0.27 | 0.29 |
| 16 | 0.17 | 0.17 | 0.17 | 0.18 | 0.18 | 0.18 | 0.18 | 0.19 | 0.19 | 0.20 | 0.20 | 0.20 | 0.21 | 0.21 | 0.22 | 0.22 | 0.22 | 0.22 | 0.23 | 0.23 | 0.23 | 0.23 | 0.24 | 0.24 | 0.25 | 0.25 | 0.26 |
| 16.5 | 0.15 | 0.15 | 0.15 | 0.16 | 0.16 | 0.16 | 0.16 | 0.16 | 0.17 | 0.17 | 0.17 | 0.17 | 0.18 | 0.18 | 0.19 | 0.19 | 0.19 | 0.19 | 0.20 | 0.20 | 0.20 | 0.20 | 0.21 | 0.21 | 0.22 | 0.22 | 0.23 |
| 17 | 0.13 | 0.13 | 0.13 | 0.14 | 0.14 | 0.14 | 0.14 | 0.14 | 0.15 | 0.15 | 0.15 | 0.15 | 0.16 | 0.16 | 0.16 | 0.16 | 0.16 | 0.16 | 0.17 | 0.17 | 0.18 | 0.18 | 0.18 | 0.18 | 0.19 | 0.19 | 0.20 |
| 17.5 | 0.11 | 0.11 | 0.11 | 0.12 | 0.12 | 0.12 | 0.12 | 0.12 | 0.12 | 0.12 | 0.12 | 0.12 | 0.12 | 0.13 | 0.13 | 0.13 | 0.13 | 0.13 | 0.14 | 0.14 | 0.15 | 0.15 | 0.15 | 0.16 | 0.16 | 0.16 | 0.16 |
| 18 | 0.09 | 0.09 | 0.09 | 0.10 | 0.10 | 0.10 | 0.10 | 0.10 | 0.10 | 0.10 | 0.10 | 0.10 | 0.10 | 0.11 | 0.11 | 0.11 | 0.11 | 0.11 | 0.12 | 0.12 | 0.12 | 0.12 | 0.12 | 0.13 | 0.13 | 0.13 | 0.13 |
| 18.5 | 0.07 | 0.07 | 0.07 | 0.07 | 0.07 | 0.07 | 0.07 | 0.07 | 0.07 | 0.07 | 0.07 | 0.07 | 0.07 | 0.08 | 0.08 | 0.08 | 0.08 | 0.08 | 0.09 | 0.09 | 0.09 | 0.09 | 0.09 | 0.09 | 0.09 | 0.09 | 0.10 |
| 19 | 0.05 | 0.05 | 0.05 | 0.05 | 0.05 | 0.05 | 0.05 | 0.05 | 0.05 | 0.05 | 0.05 | 0.05 | 0.05 | 0.06 | 0.06 | 0.06 | 0.06 | 0.06 | 0.06 | 0.06 | 0.06 | 0.06 | 0.06 | 0.06 | 0.06 | 0.06 | 0.07 |
| 19.5 | 0.03 | 0.03 | 0.03 | 0.03 | 0.03 | 0.03 | 0.03 | 0.03 | 0.03 | 0.03 | 0.03 | 0.03 | 0.03 | 0.03 | 0.03 | 0.03 | 0.03 | 0.03 | 0.03 | 0.03 | 0.03 | 0.03 | 0.03 | 0.03 | 0.03 | 0.03 | 0.04 |
| 20 | 0 | 0 | 0 | 0 | 0 | 0 | 0 | 0 | 0 | 0 | 0 | 0 | 0 | 0 | 0 | 0 | 0 | 0 | 0 | 0 | 0 | 0 | 0 | 0 | 0 | 0 | 0 |
| | ……温度高于20℃时读数应加之数…… | | | | | | | | | | | | | | | | | | | | | | | | | | |
| 20.5 | 0.02 | 0.02 | 0.02 | 0.03 | 0.03 | 0.03 | 0.03 | 0.03 | 0.03 | 0.03 | 0.03 | 0.03 | 0.03 | 0.03 | 0.03 | 0.03 | 0.03 | 0.03 | 0.03 | 0.03 | 0.03 | 0.03 | 0.03 | 0.03 | 0.04 | 0.04 | 0.04 |
| 21 | 0.04 | 0.04 | 0.04 | 0.05 | 0.05 | 0.05 | 0.05 | 0.05 | 0.06 | 0.06 | 0.06 | 0.06 | 0.06 | 0.06 | 0.06 | 0.06 | 0.06 | 0.06 | 0.06 | 0.06 | 0.06 | 0.06 | 0.06 | 0.07 | 0.07 | 0.07 | 0.07 |
| 21.5 | 0.07 | 0.07 | 0.07 | 0.08 | 0.08 | 0.08 | 0.08 | 0.08 | 0.09 | 0.09 | 0.09 | 0.09 | 0.09 | 0.09 | 0.09 | 0.09 | 0.09 | 0.09 | 0.09 | 0.09 | 0.09 | 0.09 | 0.09 | 0.10 | 0.10 | 0.10 | 0.11 |
| 22 | 0.10 | 0.10 | 0.10 | 0.10 | 0.10 | 0.10 | 0.10 | 0.10 | 0.11 | 0.11 | 0.11 | 0.11 | 0.11 | 0.12 | 0.12 | 0.12 | 0.12 | 0.12 | 0.12 | 0.12 | 0.12 | 0.12 | 0.12 | 0.13 | 0.13 | 0.13 | 0.14 |

续表

| 温度/℃ | 观测锤度 | | | | | | | | | | | | | | | | | | | | | | | | | |
|---|---|---|---|---|---|---|---|---|---|---|---|---|---|---|---|---|---|---|---|---|---|---|---|---|---|---|
| | 0 | 1 | 2 | 3 | 4 | 5 | 6 | 7 | 8 | 9 | 10 | 11 | 12 | 13 | 14 | 15 | 16 | 17 | 18 | 19 | 20 | 21 | 22 | 23 | 24 | 25 | 30 |
| | ……温度高于 20℃时读数应加之数…… | | | | | | | | | | | | | | | | | | | | | | | | | | |
| 22. 5 | 0. 13 | 0. 13 | 0. 13 | 0. 13 | 0. 13 | 0. 13 | 0. 13 | 0. 13 | 0. 14 | 0. 14 | 0. 14 | 0. 14 | 0. 14 | 0. 15 | 0. 15 | 0. 15 | 0. 15 | 0. 15 | 0. 16 | 0. 16 | 0. 16 | 0. 16 | 0. 16 | 0. 17 | 0. 17 | 0. 17 | 0. 18 |
| 23 | 0. 16 | 0. 16 | 0. 16 | 0. 16 | 0. 16 | 0. 16 | 0. 16 | 0. 16 | 0. 17 | 0. 17 | 0. 17 | 0. 17 | 0. 17 | 0. 17 | 0. 17 | 0. 17 | 0. 17 | 0. 18 | 0. 18 | 0. 19 | 0. 19 | 0. 19 | 0. 19 | 0. 20 | 0. 20 | 0. 20 | 0. 21 |
| 23. 5 | 0. 19 | 0. 19 | 0. 19 | 0. 19 | 0. 19 | 0. 19 | 0. 19 | 0. 19 | 0. 20 | 0. 20 | 0. 20 | 0. 20 | 0. 20 | 0. 21 | 0. 21 | 0. 21 | 0. 21 | 0. 22 | 0. 22 | 0. 23 | 0. 23 | 0. 23 | 0. 23 | 0. 24 | 0. 24 | 0. 24 | 0. 25 |
| 24 | 0. 21 | 0. 21 | 0. 21 | 0. 22 | 0. 22 | 0. 22 | 0. 22 | 0. 22 | 0. 23 | 0. 23 | 0. 23 | 0. 23 | 0. 23 | 0. 24 | 0. 24 | 0. 24 | 0. 24 | 0. 25 | 0. 25 | 0. 26 | 0. 26 | 0. 26 | 0. 26 | 0. 27 | 0. 27 | 0. 27 | 0. 28 |
| 24. 5 | 0. 24 | 0. 24 | 0. 24 | 0. 25 | 0. 25 | 0. 25 | 0. 26 | 0. 26 | 0. 26 | 0. 27 | 0. 27 | 0. 27 | 0. 27 | 0. 28 | 0. 28 | 0. 28 | 0. 28 | 0. 28 | 0. 29 | 0. 29 | 0. 29 | 0. 29 | 0. 30 | 0. 30 | 0. 31 | 0. 31 | 0. 32 |
| 25 | 0. 27 | 0. 27 | 0. 27 | 0. 28 | 0. 28 | 0. 28 | 0. 28 | 0. 29 | 0. 29 | 0. 30 | 0. 30 | 0. 30 | 0. 30 | 0. 31 | 0. 31 | 0. 31 | 0. 31 | 0. 31 | 0. 32 | 0. 32 | 0. 32 | 0. 32 | 0. 33 | 0. 33 | 0. 34 | 0. 34 | 0. 35 |
| 25. 5 | 0. 30 | 0. 30 | 0. 30 | 0. 31 | 0. 31 | 0. 31 | 0. 31 | 0. 32 | 0. 32 | 0. 33 | 0. 33 | 0. 33 | 0. 33 | 0. 34 | 0. 34 | 0. 34 | 0. 34 | 0. 35 | 0. 35 | 0. 36 | 0. 36 | 0. 36 | 0. 36 | 0. 37 | 0. 37 | 0. 37 | 039 |
| 26 | 0. 33 | 0. 33 | 033 | 0. 34 | 0. 34 | 0. 34 | 0. 34 | 0. 35 | 0. 35 | 0. 36 | 0. 36 | 0. 36 | 0. 36 | 0. 37 | 0. 37 | 0. 37 | 0. 38 | 0. 38 | 0. 39 | 0. 39 | 0. 40 | 0. 40 | 0. 40 | 0. 40 | 0. 40 | 0. 40 | 0. 42 |
| 26. 5 | 0. 37 | 0. 37 | 0. 37 | 0. 38 | 0. 38 | 0. 38 | 0. 38 | 0. 38 | 0. 39 | 0. 39 | 0. 39 | 0. 39 | 0. 40 | 0. 40 | 0. 41 | 0. 41 | 0. 41 | 0. 42 | 0. 42 | 0. 43 | 0. 43 | 0. 43 | 0. 43 | 0. 44 | 0. 44 | 0. 44 | 0. 46 |
| 27 | 0. 40 | 0. 40 | 0. 40 | 0. 41 | 0. 41 | 0. 41 | 0. 41 | 0. 41 | 0. 42 | 0. 42 | 0. 42 | 0. 42 | 0. 43 | 0. 43 | 0. 44 | 0. 44 | 0. 44 | 0. 45 | 0. 45 | 0. 46 | 0. 46 | 0. 46 | 0. 47 | 0. 47 | 0. 48 | 0. 48 | 0. 50 |
| 27. 5 | 0. 43 | 0. 43 | 0. 43 | 0. 44 | 0. 44 | 0. 44 | 0. 44 | 0. 45 | 0. 45 | 0. 46 | 0. 46 | 0. 46 | 0. 47 | 0. 47 | 0. 48 | 0. 48 | 0. 48 | 0. 49 | 0. 49 | 0. 50 | 0. 50 | 0. 50 | 0. 51 | 0. 51 | 0. 52 | 0. 52 | 0. 54 |
| 28 | 0. 46 | 0. 46 | 0. 46 | 0. 47 | 0. 47 | 0. 47 | 0. 47 | 0. 48 | 0. 48 | 0. 49 | 0. 49 | 0. 49 | 0. 50 | 0. 50 | 0. 51 | 0. 51 | 0. 52 | 0. 52 | 0. 53 | 0. 53 | 0. 54 | 0. 54 | 0. 55 | 0. 55 | 0. 56 | 0. 56 | 0. 58 |
| 28. 5 | 0. 50 | 0. 50 | 0. 50 | 0. 51 | 0. 51 | 0. 51 | 0. 51 | 0. 52 | 0. 52 | 0. 53 | 0. 53 | 0. 53 | 0. 54 | 0. 54 | 0. 55 | 0. 55 | 0. 56 | 0. 56 | 0. 57 | 0. 57 | 0. 58 | 0. 58 | 0. 59 | 0. 59 | 0. 60 | 0. 60 | 0. 62 |
| 29 | 0. 54 | 0. 54 | 0. 54 | 0. 55 | 0. 55 | 0. 55 | 0. 55 | 0. 55 | 0. 56 | 0. 56 | 0. 56 | 0. 57 | 0. 57 | 0. 58 | 0. 58 | 0. 59 | 0. 59 | 0. 60 | 0. 60 | 0. 61 | 0. 61 | 0. 61 | 0. 62 | 0. 62 | 0. 63 | 0. 63 | 0. 66 |
| 29. 5 | 0. 58 | 0. 58 | 0. 58 | 0. 59 | 0. 59 | 0. 59 | 0. 59 | 0. 59 | 0. 60 | 0. 60 | 0. 60 | 0. 61 | 0. 61 | 0. 62 | 0. 62 | 0. 63 | 0. 63 | 0. 64 | 0. 64 | 0. 65 | 0. 65 | 0. 65 | 0. 66 | 0. 66 | 0. 67 | 0. 67 | 0. 70 |
| 30 | 0. 61 | 0. 61 | 0. 61 | 0. 62 | 0. 62 | 0. 62 | 0. 62 | 0. 62 | 0. 63 | 0. 63 | 0. 63 | 0. 64 | 0. 64 | 0. 65 | 0. 65 | 0. 66 | 0. 66 | 0. 67 | 0. 67 | 0. 68 | 0. 68 | 0. 68 | 0. 69 | 0. 69 | 0. 70 | 0. 70 | 0. 73 |
| 30. 5 | 0. 65 | 0. 65 | 0. 65 | 0. 66 | 0. 66 | 0. 66 | 0. 66 | 0. 66 | 0. 67 | 0. 67 | 0. 67 | 0. 68 | 0. 68 | 0. 69 | 0. 69 | 0. 70 | 0. 70 | 0. 71 | 0. 71 | 0. 72 | 0. 72 | 0. 73 | 0. 73 | 0. 74 | 0. 74 | 0. 75 | 0. 78 |

续表

| 温度/℃ | 观测锤度 | | | | | | | | | | | | | | | | | | | | | | | | | |
|---|---|---|---|---|---|---|---|---|---|---|---|---|---|---|---|---|---|---|---|---|---|---|---|---|---|---|
| | 0 | 1 | 2 | 3 | 4 | 5 | 6 | 7 | 8 | 9 | 10 | 11 | 12 | 13 | 14 | 15 | 16 | 17 | 18 | 19 | 20 | 21 | 22 | 23 | 24 | 25 | 30 |
| | ……温度高于20℃时读数应加之数…… | | | | | | | | | | | | | | | | | | | | | | | | | | |
| 31 | 0.69 | 0.69 | 0.69 | 0.70 | 0.70 | 0.70 | 0.70 | 0.70 | 0.71 | 0.71 | 0.71 | 0.72 | 0.72 | 0.73 | 0.73 | 0.74 | 0.74 | 0.75 | 0.75 | 0.76 | 0.76 | 0.77 | 0.77 | 0.78 | 0.78 | 0.79 | 0.82 |
| 31.5 | 0.73 | 0.73 | 0.73 | 0.74 | 0.74 | 0.74 | 0.74 | 0.74 | 0.75 | 0.75 | 0.75 | 0.76 | 0.76 | 0.77 | 0.77 | 0.78 | 0.79 | 0.79 | 0.80 | 0.80 | 0.81 | 0.81 | 0.82 | 0.82 | 0.83 | 0.83 | 0.86 |
| 32 | 0.76 | 0.76 | 0.77 | 0.77 | 0.78 | 0.78 | 0.78 | 0.78 | 0.79 | 0.79 | 0.79 | 0.80 | 0.80 | 0.81 | 0.81 | 0.82 | 0.83 | 0.83 | 0.84 | 0.84 | 0.85 | 0.85 | 0.86 | 0.86 | 0.87 | 0.87 | 0.90 |
| 32.5 | 0.80 | 0.80 | 0.81 | 0.81 | 0.82 | 0.82 | 0.82 | 0.83 | 0.83 | 0.83 | 0.83 | 0.84 | 0.84 | 0.85 | 0.85 | 0.86 | 0.87 | 0.87 | 0.88 | 0.88 | 0.89 | 0.90 | 0.90 | 0.91 | 0.91 | 0.92 | 0.95 |
| 33 | 0.84 | 0.84 | 0.85 | 0.85 | 0.85 | 0.85 | 0.85 | 0.86 | 0.86 | 0.86 | 0.86 | 0.87 | 0.88 | 0.88 | 0.89 | 0.90 | 0.91 | 0.91 | 0.92 | 0.92 | 0.93 | 0.94 | 0.94 | 0.95 | 0.95 | 0.96 | 0.99 |
| 33.5 | 0.88 | 0.88 | 0.88 | 0.89 | 0.89 | 0.89 | 0.89 | 0.89 | 0.90 | 0.90 | 0.90 | 0.91 | 0.92 | 0.92 | 0.93 | 0.94 | 0.95 | 0.95 | 0.96 | 0.97 | 0.98 | 0.98 | 0.99 | 0.99 | 1.00 | 1.00 | 1.03 |
| 34 | 0.91 | 0.91 | 0.92 | 0.92 | 0.93 | 0.93 | 0.93 | 0.93 | 0.94 | 0.94 | 0.94 | 0.95 | 0.96 | 0.96 | 0.97 | 0.98 | 0.99 | 1.00 | 1.00 | 1.01 | 1.02 | 1.02 | 1.03 | 1.03 | 1.04 | 1.04 | 1.07 |
| 34.5 | 0.95 | 0.95 | 0.96 | 0.96 | 0.97 | 0.97 | 0.97 | 0.97 | 0.98 | 0.98 | 0.98 | 0.99 | 0.99 | 1.00 | 1.01 | 1.02 | 1.03 | 1.04 | 1.04 | 1.05 | 1.06 | 1.07 | 1.07 | 1.08 | 1.08 | 1.09 | 1.12 |
| 35 | 0.99 | 0.99 | 1.00 | 1.00 | 1.01 | 1.01 | 1.01 | 1.01 | 1.02 | 1.02 | 1.02 | 1.03 | 1.04 | 1.05 | 1.05 | 1.06 | 1.07 | 1.08 | 1.08 | 1.09 | 1.10 | 1.11 | 1.11 | 1.12 | 1.12 | 1.13 | 1.16 |
| 40 | 1.42 | 1.43 | 1.43 | 1.44 | 1.44 | 1.45 | 1.45 | 1.46 | 1.47 | 1.47 | 1.47 | 1.48 | 1.49 | 1.50 | 1.50 | 1.51 | 1.52 | 1.53 | 1.53 | 1.54 | 1.54 | 1.55 | 1.55 | 1.56 | 1.56 | 1.57 | 1.62 |

# 附录二

## 乳稠计读数变为温度 20℃时的读数换算表

| 乳稠计读数 | 鲜乳温度/℃ | | | | | | | | | | | | | | | |
|---|---|---|---|---|---|---|---|---|---|---|---|---|---|---|---|---|
| | 10 | 11 | 12 | 13 | 14 | 15 | 16 | 17 | 18 | 19 | 20 | 21 | 22 | 23 | 24 | 25 |
| 25 | 23.3 | 23.5 | 23.6 | 23.7 | 23.9 | 24.0 | 24.2 | 24.4 | 24.6 | 24.8 | 25.0 | 25.2 | 25.4 | 25.5 | 25.8 | 26.0 |
| 26 | 24.2 | 24.4 | 24.5 | 24.7 | 24.9 | 25.0 | 25.2 | 25.4 | 25.6 | 25.8 | 26.0 | 26.2 | 26.4 | 26.6 | 26.8 | 27.0 |
| 27 | 25.1 | 25.3 | 25.4 | 25.6 | 25.7 | 25.9 | 26.1 | 26.3 | 26.5 | 26.8 | 27.0 | 27.2 | 27.5 | 27.7 | 27.9 | 28.1 |
| 28 | 26.0 | 26.1 | 26.3 | 26.5 | 26.6 | 26.8 | 27.0 | 27.3 | 27.5 | 27.8 | 28.0 | 28.2 | 28.5 | 28.7 | 29.0 | 29.2 |
| 29 | 26.9 | 27.1 | 27.3 | 27.5 | 27.6 | 28.8 | 28.0 | 28.3 | 29.5 | 28.8 | 29.0 | 29.2 | 29.5 | 29.7 | 30.0 | 30.2 |
| 30 | 27.9 | 28.1 | 28.3 | 28.5 | 28.6 | 28.8 | 29.0 | 29.3 | 29.5 | 29.8 | 30.0 | 30.2 | 30.5 | 30.7 | 31.0 | 31.2 |
| 31 | 28.8 | 29.0 | 29.2 | 29.4 | 29.6 | 29.8 | 30.0 | 30.3 | 30.5 | 30.8 | 31.0 | 31.2 | 31.5 | 31.7 | 32.0 | 32.2 |
| 32 | 29.3 | 30.0 | 30.2 | 30.4 | 30.6 | 30.7 | 31.0 | 31.2 | 32.5 | 31.8 | 32.0 | 32.3 | 32.5 | 32.8 | 33.0 | 33.3 |
| 33 | 30.7 | 30.8 | 31.1 | 31.3 | 31.5 | 31.7 | 32.0 | 33.2 | 32.5 | 32.8 | 33.0 | 33.3 | 33.3 | 33.8 | 34.1 | 34.3 |
| 34 | 31.7 | 31.9 | 32.1 | 32.3 | 32.5 | 32.7 | 33.0 | 33.2 | 33.5 | 33.8 | 34.0 | 34.3 | 34.4 | 34.8 | 35.1 | 35.3 |
| 35 | 32.6 | 32.8 | 33.1 | 33.3 | 33.5 | 33.7 | 34.0 | 34.2 | 34.5 | 34.7 | 35.0 | 35.3 | 35.5 | 35.8 | 36.1 | 36.3 |
| 36 | 33.5 | 33.8 | 34.0 | 34.3 | 34.5 | 34.7 | 34.9 | 35.2 | 35.5 | 36.0 | 36.2 | 36.2 | 36.5 | 36.7 | 37.0 | 37.3 |

# 附录三

## 乳稠计读数变为温度 15℃时的读数换算表

| 乳稠计读数 | 鲜乳温度/℃ | | | | | | | | | | | | | | |
|---|---|---|---|---|---|---|---|---|---|---|---|---|---|---|---|
| | 8 | 9 | 10 | 11 | 12 | 13 | 14 | 15 | 16 | 17 | 18 | 19 | 20 | 21 | 22 |
| 15 | 14.2 | 14.3 | 14.4 | 14.5 | 14.6 | 14.7 | 14.8 | 15.0 | 15.1 | 15.2 | 15.4 | 15.6 | 15.8 | 16.0 | 16.2 |
| 16 | 15.2 | 15.3 | 15.4 | 15.5 | 15.6 | 15.7 | 15.8 | 16.0 | 16.1 | 16.3 | 16.5 | 16.7 | 16.9 | 17.1 | 17.3 |
| 17 | 16.2 | 16.3 | 16.4 | 16.5 | 16.6 | 16.7 | 16.8 | 17.0 | 17.1 | 17.3 | 17.5 | 17.7 | 17.9 | 18.1 | 18.3 |
| 18 | 17.2 | 17.3 | 17.4 | 17.5 | 17.6 | 17.7 | 17.8 | 18.0 | 18.1 | 18.3 | 18.5 | 18.7 | 18.9 | 19.1 | 19.5 |
| 19 | 18.2 | 18.3 | 18.4 | 18.5 | 18.6 | 18.7 | 18.8 | 19.0 | 19.1 | 19.3 | 19.5 | 19.7 | 19.9 | 20.1 | 20.3 |
| 20 | 19.1 | 19.2 | 19.3 | 19.4 | 19.5 | 19.6 | 19.8 | 20.0 | 20.1 | 20.3 | 20.5 | 20.7 | 20.9 | 21.0 | 21.3 |
| 21 | 20.1 | 20.2 | 20.3 | 20.4 | 20.5 | 20.6 | 20.8 | 21.0 | 21.2 | 21.4 | 21.6 | 21.8 | 22.0 | 22.2 | 22.4 |
| 22 | 21.1 | 21.2 | 21.3 | 21.4 | 21.5 | 21.6 | 21.8 | 22.0 | 22.2 | 22.4 | 22.6 | 22.8 | 23.0 | 23.2 | 23.4 |
| 23 | 22.1 | 22.2 | 22.3 | 22.4 | 22.5 | 22.6 | 22.8 | 23.0 | 23.2 | 23.4 | 23.6 | 23.8 | 24.0 | 24.2 | 24.4 |
| 24 | 23.1 | 23.2 | 23.3 | 23.4 | 23.5 | 23.6 | 23.8 | 24.0 | 24.2 | 24.4 | 24.6 | 24.8 | 25.0 | 25.2 | 25.5 |
| 25 | 24.0 | 24.1 | 24.2 | 24.3 | 24.5 | 24.6 | 24.8 | 25.0 | 25.2 | 25.4 | 25.6 | 25.8 | 26.0 | 26.2 | 26.4 |
| 26 | 25.0 | 25.1 | 25.2 | 25.3 | 25.5 | 25.6 | 25.8 | 26.0 | 26.2 | 26.4 | 26.6 | 26.9 | 27.1 | 27.3 | 27.5 |
| 27 | 26.0 | 26.1 | 26.2 | 26.3 | 26.4 | 26.6 | 26.8 | 27.0 | 27.2 | 27.4 | 27.6 | 27.9 | 28.1 | 28.4 | 28.6 |
| 28 | 26.9 | 27.0 | 27.1 | 27.2 | 27.4 | 27.6 | 27.8 | 28.0 | 28.2 | 28.4 | 28.6 | 28.9 | 29.2 | 29.4 | 29.6 |
| 29 | 27.8 | 27.9 | 28.1 | 28.2 | 28.4 | 28.6 | 28.8 | 29.0 | 29.2 | 29.4 | 29.6 | 29.9 | 30.2 | 30.4 | 30.6 |
| 30 | 28.7 | 28.9 | 30.0 | 30.2 | 30.4 | 30.6 | 30.8 | 31.0 | 31.2 | 31.4 | 31.6 | 32.0 | 32.2 | 32.5 | 32.7 |
| 31 | 29.7 | 29.8 | 30.0 | 30.2 | 30.4 | 30.6 | 30.8 | 31.0 | 31.2 | 31.4 | 31.6 | 32.0 | 32.2 | 32.5 | 32.7 |
| 32 | 30.6 | 30.8 | 31.0 | 31.2 | 31.4 | 31.6 | 31.8 | 32.0 | 32.2 | 32.4 | 32.7 | 33.0 | 33.3 | 33.6 | 33.8 |
| 33 | 31.6 | 31.8 | 32.0 | 32.2 | 32.4 | 32.6 | 32.8 | 33.0 | 33.2 | 33.4 | 33.7 | 34.0 | 34.3 | 34.7 | 34.8 |
| 34 | 32.5 | 32.8 | 33.0 | 33.1 | 33.3 | 33.7 | 33.8 | 34.0 | 34.2 | 34.4 | 34.7 | 35.0 | 35.3 | 35.6 | 35.9 |
| 35 | 33.6 | 33.7 | 33.8 | 34.0 | 34.2 | 34.4 | 34.8 | 35.0 | 35.2 | 35.4 | 35.7 | 36.0 | 36.3 | 36.6 | 36.9 |

| 16 | 15 | 14 | 13 | 12 | 11 | 10 | 9 | 8 | 7 | 6 | 5 | 4 | 3 | 2 | 1 |
|---|---|---|---|---|---|---|---|---|---|---|---|---|---|---|---|
| 12.1 | 11.2 | 10.4 | 9.6 | 8.7 | 7.9 | 6.8 | 6.0 | 5.2 | 4.3 | 3.3 | 2.4 | 1.6 | 0.6 | — | — |
| 12.4 | 11.5 | 10.6 | 9.8 | 8.9 | 8.1 | 7.1 | 6.2 | 5.3 | 4.5 | 3.5 | 2.6 | 1.8 | 0.8 | — | — |
| 12.6 | 11.8 | 10.9 | 10.0 | 9.1 | 8.3 | 7.3 | 6.4 | 5.5 | 4.7 | 3.7 | 2.8 | 1.9 | 0.9 | — | — |
| 12.9 | 12.0 | 11.0 | 10.2 | 9.4 | 8.5 | 7.5 | 6.6 | 5.7 | 4.8 | 3.8 | 3.0 | 2.1 | 1.1 | 0.1 | — |
| 13.1 | 12.2 | 11.4 | 10.5 | 9.6 | 8.7 | 7.7 | 6.8 | 5.9 | 5.0 | 4.0 | 3.1 | 2.2 | 1.2 | 0.2 | — |
| 13.4 | 12.5 | 11.6 | 10.7 | 9.8 | 8.9 | 7.9 | 7.0 | 6.1 | 5.2 | 4.2 | 3.3 | 2.4 | 1.4 | 0.4 | — |
| 13.6 | 12.7 | 11.8 | 10.9 | 10.0 | 9.1 | 8.2 | 7.2 | 6.3 | 5.4 | 4.4 | 3.5 | 2.5 | 1.6 | 0.6 | — |
| 13.9 | 13.0 | 12.1 | 11.2 | 10.3 | 9.3 | 8.4 | 7.5 | 6.5 | 5.6 | 4.6 | 3.7 | 2.7 | 1.8 | 0.8 | — |
| 14.2 | 13.2 | 12.3 | 11.4 | 10.5 | 9.5 | 8.6 | 7.7 | 6.7 | 5.8 | 4.8 | 3.9 | 2.9 | 1.9 | 1.0 | — |
| 14.4 | 13.5 | 12.6 | 11.7 | 10.7 | 9.8 | 8.8 | 7.9 | 6.9 | 6.0 | 5.0 | 4.0 | 3.1 | 2.1 | 1.1 | 0.1 |
| 14.7 | 13.8 | 12.8 | 11.9 | 10.9 | 10.0 | 9.0 | 8.1 | 7.1 | 6.2 | 5.2 | 4.2 | 3.2 | 2.3 | 1.3 | 0.3 |
| 15.0 | 14.0 | 13.1 | 12.1 | 11.2 | 10.2 | 9.2 | 8.3 | 7.3 | 6.3 | 5.4 | 4.4 | 3.4 | 2.4 | 1.4 | 0.4 |
| 15.2 | 14.3 | 13.3 | 12.3 | 11.4 | 10.4 | 9.4 | 8.4 | 7.5 | 6.5 | 5.5 | 4.6 | 3.6 | 2.6 | 1.6 | 0.6 |
| 15.5 | 14.5 | 13.6 | 12.6 | 11.6 | 10.6 | 9.6 | 8.6 | 7.7 | 6.7 | 5.7 | 4.7 | 3.7 | 2.7 | 1.7 | 0.7 |
| 15.7 | 14.8 | 13.8 | 12.8 | 11.8 | 10.6 | 9.8 | 8.8 | 7.8 | 6.8 | 5.8 | 4.8 | 3.9 | 2.9 | 1.9 | 0.9 |
| 16.0 | 15.0 | 14.0 | 13.0 | 12.0 | 11.0 | 10.0 | 9.0 | 8.0 | 7.0 | 6.0 | 5.0 | 4.0 | 3.0 | 2.0 | 1.0 |
| 16.3 | 15.2 | 14.2 | 13.2 | 12.2 | 11.2 | 10.2 | 9.2 | 8.2 | 7.2 | 6.1 | 5.1 | 4.1 | 3.1 | 2.1 | 1.1 |
| 16.5 | 15.5 | 14.4 | 13.4 | 12.4 | 11.4 | 10.4 | 9.3 | 8.3 | 7.3 | 6.3 | 5.3 | 4.2 | 3.2 | 2.2 | 1.2 |
| 16.8 | 15.7 | 14.7 | 13.6 | 12.6 | 11.5 | 10.5 | 9.5 | 8.5 | 7.4 | 6.4 | 5.4 | 4.4 | 3.4 | 2.3 | 1.3 |
| 17.0 | 15.9 | 14.9 | 13.8 | 12.8 | 11.7 | 10.7 | 9.6 | 8.6 | 7.6 | 6.5 | 5.5 | 4.5 | 3.4 | 2.4 | 1.4 |
| 17.2 | 16.2 | 15.1 | 14.0 | 12.9 | 11.9 | 10.8 | 9.8 | 8.8 | 7.7 | 6.6 | 5.6 | 4.6 | 3.6 | 2.5 | 1.5 |
| 17.5 | 16.1 | 15.3 | 14.2 | 13.1 | 12.0 | 11.0 | 9.9 | 8.9 | 7.8 | 6.7 | 5.7 | 4.7 | 3.6 | 2.6 | 1.6 |
| 17.7 | 16.6 | 15.5 | 14.4 | 13.2 | 12.2 | 11.1 | 10.0 | 9.0 | 7.9 | 6.8 | 5.8 | 4.8 | 3.7 | 2.7 | 1.7 |
| 18.0 | 16.8 | 15.7 | 14.5 | 13.4 | 12.3 | 11.2 | 10.1 | 9.1 | 8.0 | 6.9 | 5.9 | 4.8 | 3.8 | 2.8 | 1.8 |
| 18.2 | 17.0 | 15.8 | 14.7 | 13.6 | 12.4 | 11.3 | 10.2 | 9.2 | 8.1 | 7.0 | 6.0 | 4.9 | 3.9 | 2.8 | 1.8 |
| 18.4 | 17.2 | 16.0 | 14.9 | 13.7 | 12.6 | 11.4 | 10.3 | 9.3 | 8.2 | 7.1 | 6.0 | 5.0 | 3.9 | 2.9 | 1.8 |

# 附录五

## 氧化亚铜质量相当于葡萄糖、果糖、乳糖、转化糖的质量表

单位：mg

| 氧化亚铜 | 葡萄糖 | 果糖 | 乳糖（含水） | 转化糖 | 氧化亚铜 | 葡萄糖 | 果糖 | 乳糖（含水） | 转化糖 |
|---|---|---|---|---|---|---|---|---|---|
| 11.3 | 4.6 | 5.1 | 7.7 | 5.2 | 42.8 | 18.2 | 20.1 | 29.1 | 19.4 |
| 12.4 | 5.1 | 5.6 | 8.5 | 5.7 | 43.9 | 18.7 | 20.6 | 29.9 | 19.9 |
| 13.5 | 5.6 | 6.1 | 9.3 | 6.2 | 45.0 | 19.2 | 21.1 | 30.6 | 20.4 |
| 14.6 | 6.0 | 6.7 | 10.0 | 6.7 | 46.2 | 19.7 | 21.7 | 31.4 | 20.9 |
| 15.8 | 6.5 | 7.2 | 10.8 | 7.2 | 47.3 | 20.1 | 22.2 | 32.2 | 21.4 |
| 16.9 | 7.0 | 7.7 | 11.5 | 7.7 | 48.4 | 20.6 | 22.8 | 32.9 | 21.9 |
| 18.0 | 7.5 | 8.3 | 12.3 | 8.2 | 49.5 | 21.1 | 23.3 | 33.7 | 22.4 |
| 19.1 | 8.0 | 8.8 | 13.1 | 8.7 | 50.7 | 21.6 | 23.8 | 34.5 | 22.9 |
| 20.3 | 8.5 | 9.3 | 13.8 | 9.2 | 51.8 | 22.1 | 24.4 | 35.2 | 23.5 |
| 21.4 | 8.9 | 9.9 | 14.6 | 9.7 | 52.9 | 22.6 | 24.9 | 36.0 | 24.0 |
| 22.5 | 9.4 | 10.4 | 15.4 | 10.2 | 54.0 | 23.1 | 25.4 | 36.8 | 24.5 |
| 23.6 | 9.9 | 10.9 | 16.1 | 10.7 | 55.2 | 23.6 | 26.0 | 37.5 | 25.0 |
| 24.8 | 10.4 | 11.5 | 16.9 | 11.2 | 56.3 | 24.1 | 26.5 | 38.3 | 25.5 |
| 25.9 | 10.9 | 12.0 | 17.7 | 11.7 | 57.4 | 24.6 | 27.1 | 39.1 | 26.0 |
| 27.0 | 11.4 | 12.5 | 18.4 | 12.3 | 58.5 | 25.1 | 27.6 | 39.8 | 26.5 |
| 28.1 | 11.9 | 13.1 | 19.2 | 12.8 | 59.7 | 25.6 | 28.2 | 40.6 | 27.0 |
| 29.3 | 12.3 | 13.6 | 19.9 | 13.3 | 60.8 | 26.1 | 28.7 | 41.4 | 27.6 |
| 30.4 | 12.8 | 14.2 | 20.7 | 13.8 | 61.9 | 26.5 | 29.2 | 42.1 | 28.1 |
| 31.5 | 13.3 | 14.7 | 21.5 | 14.3 | 63.0 | 27.0 | 29.8 | 42.9 | 28.6 |
| 32.6 | 13.8 | 15.2 | 22.2 | 14.8 | 64.2 | 27.5 | 30.3 | 43.7 | 29.1 |
| 33.8 | 14.3 | 15.8 | 23.0 | 15.3 | 65.3 | 28.0 | 30.9 | 44.4 | 29.6 |
| 34.9 | 14.8 | 16.3 | 23.8 | 15.8 | 66.4 | 28.5 | 31.4 | 45.2 | 30.1 |
| 36.0 | 15.3 | 16.8 | 24.5 | 16.3 | 67.6 | 29.0 | 31.9 | 46.0 | 30.6 |
| 37.2 | 15.7 | 17.4 | 25.3 | 16.6 | 68.7 | 29.5 | 32.5 | 46.7 | 31.2 |
| 38.3 | 16.2 | 17.9 | 26.1 | 17.3 | 69.8 | 30.0 | 33.0 | 47.5 | 31.7 |
| 39.4 | 16.7 | 18.4 | 26.8 | 17.8 | 70.9 | 30.5 | 33.6 | 48.3 | 32.2 |
| 40.5 | 17.2 | 19.0 | 27.6 | 18.3 | 72.1 | 31.0 | 34.1 | 49.0 | 32.7 |
| 41.7 | 17.7 | 19.5 | 28.4 | 18.9 | 73.2 | 31.5 | 34.7 | 49.8 | 33.2 |

续表

| 氧化亚铜 | 葡萄糖 | 果糖 | 乳糖（含水） | 转化糖 | 氧化亚铜 | 葡萄糖 | 果糖 | 乳糖（含水） | 转化糖 |
|---|---|---|---|---|---|---|---|---|---|
| 74.3 | 32.0 | 35.2 | 50.6 | 33.7 | 111.5 | 48.5 | 53.3 | 75.9 | 50.9 |
| 75.4 | 32.5 | 35.8 | 51.3 | 34.3 | 112.6 | 49.0 | 53.8 | 76.7 | 51.5 |
| 76.6 | 33.0 | 36.3 | 52.1 | 34.8 | 113.7 | 49.5 | 54.4 | 77.4 | 52.0 |
| 77.7 | 33.5 | 36.8 | 52.9 | 35.3 | 114.8 | 50.0 | 54.9 | 78.2 | 52.5 |
| 78.8 | 34.0 | 37.4 | 53.6 | 35.8 | 116.0 | 50.6 | 55.5 | 79.0 | 53.0 |
| 79.9 | 34.5 | 37.9 | 54.4 | 36.3 | 117.1 | 51.1 | 56.0 | 79.7 | 53.6 |
| 81.1 | 35.0 | 38.5 | 55.2 | 36.8 | 118.2 | 51.6 | 56.6 | 80.5 | 54.1 |
| 82.2 | 35.5 | 39.0 | 55.9 | 37.4 | 119.3 | 52.1 | 57.1 | 81.3 | 54.6 |
| 83.3 | 36.0 | 39.6 | 56.7 | 37.9 | 120.5 | 52.6 | 57.7 | 82.1 | 55.2 |
| 84.4 | 36.5 | 40.1 | 57.5 | 38.4 | 121.6 | 53.1 | 58.2 | 82.8 | 55.7 |
| 85.6 | 37.0 | 40.7 | 58.2 | 38.9 | 122.7 | 53.6 | 58.8 | 83.6 | 56.2 |
| 86.7 | 37.5 | 41.2 | 59.0 | 39.4 | 123.8 | 54.1 | 59.3 | 84.4 | 56.7 |
| 87.8 | 38.0 | 41.7 | 59.8 | 40.0 | 125.0 | 54.6 | 59.9 | 85.1 | 57.3 |
| 88.9 | 38.5 | 42.3 | 60.5 | 40.5 | 126.1 | 55.1 | 60.4 | 85.9 | 57.8 |
| 90.1 | 39.0 | 42.8 | 61.3 | 41.0 | 127.2 | 55.6 | 61.0 | 86.7 | 58.3 |
| 91.2 | 39.5 | 43.4 | 62.1 | 41.5 | 128.3 | 56.1 | 61.6 | 87.4 | 58.9 |
| 92.3 | 40.0 | 43.9 | 62.8 | 42.0 | 129.5 | 56.7 | 62.1 | 88.2 | 59.4 |
| 93.4 | 40.5 | 44.5 | 63.6 | 42.6 | 130.6 | 57.2 | 62.7 | 89.0 | 59.9 |
| 94.6 | 41.0 | 45.0 | 64.4 | 43.1 | 131.7 | 57.7 | 63.2 | 89.8 | 60.4 |
| 95.7 | 41.5 | 45.6 | 65.1 | 43.6 | 132.8 | 58.2 | 63.8 | 90.5 | 61.0 |
| 96.8 | 42.0 | 46.1 | 65.9 | 44.1 | 134.0 | 58.7 | 64.3 | 91.3 | 61.5 |
| 97.9 | 42.5 | 46.7 | 66.7 | 44.7 | 135.1 | 59.2 | 64.9 | 92.1 | 62.0 |
| 99.1 | 43.0 | 47.2 | 67.4 | 45.2 | 136.2 | 59.7 | 65.4 | 92.8 | 62.6 |
| 100.1 | 43.5 | 47.8 | 68.2 | 45.7 | 137.4 | 60.2 | 66.0 | 93.6 | 63.1 |
| 101.3 | 44.0 | 48.3 | 69.0 | 46.2 | 138.5 | 60.7 | 66.5 | 94.4 | 63.6 |
| 102.5 | 44.5 | 48.9 | 69.7 | 46.7 | 139.6 | 61.3 | 67.1 | 95.2 | 64.2 |
| 103.6 | 45.0 | 49.4 | 70.5 | 47.3 | 140.7 | 61.8 | 67.7 | 95.9 | 64.7 |
| 104.7 | 45.5 | 50.0 | 71.3 | 47.8 | 141.9 | 62.2 | 68.2 | 96.7 | 65.2 |
| 105.8 | 46.0 | 50.5 | 72.1 | 48.3 | 143.0 | 62.8 | 68.8 | 97.5 | 65.8 |
| 107.0 | 46.5 | 51.1 | 72.8 | 48.8 | 144.1 | 63.3 | 69.3 | 98.2 | 66.3 |
| 108.1 | 47.0 | 51.6 | 73.6 | 49.4 | 145.2 | 63.8 | 69.9 | 99.0 | 66.8 |
| 109.2 | 47.5 | 52.2 | 74.4 | 49.9 | 146.4 | 64.3 | 70.4 | 99.8 | 67.4 |
| 110.3 | 48.0 | 52.7 | 75.1 | 5.4 | 147.5 | 64.9 | 71.0 | 100.6 | 67.9 |

续表

| 氧化亚铜 | 葡萄糖 | 果糖 | 乳糖（含水） | 转化糖 | 氧化亚铜 | 葡萄糖 | 果糖 | 乳糖（含水） | 转化糖 |
|---|---|---|---|---|---|---|---|---|---|
| 148.6 | 65.4 | 71.6 | 101.3 | 68.4 | 185.8 | 82.5 | 90.1 | 126.8 | 86.2 |
| 149.7 | 65.9 | 72.1 | 102.1 | 69.0 | 186.9 | 83.1 | 90.6 | 127.6 | 86.8 |
| 150.9 | 66.4 | 72.7 | 102.9 | 69.5 | 188.0 | 83.6 | 91.2 | 128.4 | 87.3 |
| 152.0 | 66.9 | 73.2 | 103.6 | 70.0 | 189.1 | 84.1 | 91.8 | 129.1 | 87.8 |
| 153.1 | 67.4 | 73.8 | 104.4 | 70.6 | 190.3 | 84.6 | 92.3 | 129.9 | 88.4 |
| 154.2 | 68.0 | 74.3 | 105.2 | 71.1 | 191.4 | 85.2 | 92.9 | 130.7 | 88.9 |
| 155.4 | 68.5 | 74.9 | 106.0 | 71.6 | 192.5 | 85.7 | 93.5 | 131.5 | 89.5 |
| 156.5 | 69.0 | 75.5 | 106.7 | 72.2 | 193.6 | 86.2 | 94.0 | 132.2 | 90.0 |
| 157.6 | 69.5 | 76.0 | 107.5 | 72.7 | 194.8 | 86.7 | 94.6 | 133.0 | 90.6 |
| 158.7 | 70.0 | 76.6 | 108.3 | 73.2 | 195.9 | 87.3 | 95.2 | 133.8 | 91.1 |
| 159.9 | 70.5 | 77.1 | 109.0 | 73.8 | 197.0 | 87.8 | 95.7 | 134.6 | 91.7 |
| 161.0 | 71.1 | 77.7 | 109.8 | 74.3 | 198.1 | 8.3 | 96.3 | 135.3 | 92.2 |
| 162.1 | 71.6 | 78.3 | 118.6 | 74.9 | 199.3 | 88.9 | 96.9 | 136.1 | 92.8 |
| 163.2 | 72.1 | 78.8 | 111.4 | 75.4 | 200.4 | 89.4 | 97.4 | 136.9 | 93.3 |
| 164.4 | 72.6 | 79.4 | 112.1 | 75.9 | 201.5 | 89.9 | 98.0 | 137.7 | 93.8 |
| 165.5 | 73.1 | 80.0 | 112.9 | 76.5 | 202.7 | 90.4 | 98.6 | 138.4 | 94.4 |
| 166.6 | 73.7 | 80.5 | 113.7 | 77.0 | 203.8 | 91.0 | 99.2 | 139.2 | 94.9 |
| 167.8 | 74.2 | 81.1 | 114.4 | 77.6 | 204.9 | 91.5 | 99.7 | 140.0 | 95.5 |
| 168.9 | 74.7 | 81.6 | 115.2 | 78.1 | 206.0 | 92.0 | 100.3 | 140.8 | 96.0 |
| 170.0 | 75.2 | 82.2 | 116.0 | 78.6 | 207.2 | 92.6 | 100.9 | 141.5 | 96.6 |
| 171.1 | 75.7 | 82.8 | 116.8 | 79.2 | 208.3 | 93.1 | 101.4 | 142.3 | 97.1 |
| 172.3 | 76.3 | 83.3 | 117.5 | 79.7 | 209.4 | 93.6 | 102.0 | 143.1 | 97.7 |
| 173.4 | 76.8 | 83.9 | 118.3 | 80.3 | 210.5 | 94.2 | 102.6 | 143.9 | 98.2 |
| 174.5 | 77.3 | 84.4 | 119.1 | 80.8 | 211.7 | 94.7 | 103.1 | 144.6 | 98.8 |
| 175.6 | 77.8 | 85.0 | 119.9 | 81.3 | 212.8 | 95.2 | 103.7 | 145.4 | 99.3 |
| 176.8 | 78.3 | 85.6 | 120.6 | 81.9 | 213.9 | 95.7 | 104.3 | 146.2 | 99.9 |
| 177.9 | 78.9 | 86.1 | 121.4 | 82.4 | 215.0 | 96.3 | 104.8 | 147.0 | 100.4 |
| 179.0 | 79.4 | 86.7 | 122.2 | 83.0 | 216.2 | 96.8 | 105.4 | 147.7 | 101.0 |
| 180.1 | 79.9 | 87.3 | 122.9 | 83.5 | 217.3 | 97.3 | 106.0 | 148.5 | 101.5 |
| 181.3 | 80.4 | 87.8 | 123.7 | 84.0 | 218.4 | 97.9 | 106.6 | 149.3 | 102.1 |
| 182.4 | 81.0 | 88.4 | 124.5 | 84.6 | 219.5 | 98.4 | 107.1 | 150.1 | 102.6 |
| 183.5 | 81.5 | 89.0 | 125.3 | 85.1 | 220.7 | 98.9 | 107.7 | 150.8 | 103.2 |
| 184.5 | 82.0 | 89.5 | 126.0 | 85.7 | 221.8 | 99.5 | 108.3 | 151.6 | 103.7 |

续表

| 氧化亚铜 | 葡萄糖 | 果糖 | 乳糖（含水） | 转化糖 | 氧化亚铜 | 葡萄糖 | 果糖 | 乳糖（含水） | 转化糖 |
|---|---|---|---|---|---|---|---|---|---|
| 222.9 | 100.0 | 108.8 | 152.4 | 104.3 | 260.1 | 117.8 | 127.9 | 178.1 | 122.7 |
| 224.0 | 100.5 | 109.4 | 153.2 | 104.8 | 261.2 | 118.4 | 128.4 | 178.8 | 123.3 |
| 225.2 | 101.1 | 110.0 | 153.9 | 105.4 | 262.3 | 118.9 | 129.0 | 179.6 | 123.8 |
| 226.3 | 101.6 | 110.6 | 154.7 | 106.0 | 263.4 | 119.5 | 129.6 | 180.4 | 124.4 |
| 227.4 | 102.2 | 111.1 | 155.5 | 106.5 | 264.6 | 120.0 | 130.2 | 181.2 | 124.9 |
| 228.5 | 102.7 | 111.7 | 156.3 | 107.1 | 265.7 | 120.6 | 130.8 | 181.9 | 125.5 |
| 229.7 | 103.2 | 112.3 | 157.0 | 107.6 | 266.8 | 121.1 | 131.3 | 182.7 | 126.1 |
| 230.8 | 103.8 | 112.9 | 157.8 | 108.2 | 268.0 | 121.7 | 131.9 | 183.5 | 126.6 |
| 231.9 | 104.3 | 113.4 | 158.6 | 108.7 | 269.1 | 122.2 | 132.5 | 184.3 | 127.2 |
| 233.1 | 104.8 | 114.0 | 159.4 | 109.3 | 270.2 | 122.7 | 133.1 | 185.1 | 127.8 |
| 234.2 | 105.4 | 114.6 | 160.2 | 109.8 | 271.3 | 123.3 | 133.7 | 185.8 | 128.3 |
| 235.3 | 105.9 | 115.2 | 160.9 | 110.4 | 272.5 | 123.8 | 134.2 | 186.6 | 128.9 |
| 236.4 | 106.5 | 115.7 | 161.7 | 110.9 | 273.6 | 124.4 | 134.8 | 187.4 | 129.5 |
| 237.6 | 107.0 | 116.3 | 162.5 | 111.5 | 274.7 | 124.9 | 135.4 | 188.2 | 130.0 |
| 238.7 | 107.5 | 116.9 | 163.3 | 112.1 | 275.8 | 125.5 | 136.0 | 189.0 | 130.6 |
| 239.8 | 108.1 | 117.5 | 164.0 | 112.6 | 277.0 | 126.0 | 136.6 | 189.7 | 131.2 |
| 240.9 | 108.6 | 118.0 | 164.8 | 113.2 | 278.1 | 126.6 | 137.2 | 190.5 | 131.7 |
| 242.1 | 109.2 | 118.6 | 165.6 | 113.7 | 279.2 | 127.1 | 137.7 | 191.3 | 132.3 |
| 243.1 | 109.7 | 119.2 | 166.4 | 114.3 | 280.3 | 127.7 | 138.3 | 192.1 | 132.9 |
| 244.3 | 110.2 | 119.8 | 167.1 | 114.9 | 281.5 | 128.2 | 138.9 | 192.9 | 133.4 |
| 245.4 | 110.8 | 120.3 | 167.9 | 115.4 | 282.6 | 128.8 | 139.5 | 193.6 | 134.0 |
| 246.6 | 111.3 | 120.9 | 168.7 | 116.0 | 283.7 | 129.3 | 140.1 | 194.4 | 134.6 |
| 247.7 | 111.9 | 121.5 | 169.5 | 116.5 | 284.8 | 129.9 | 140.7 | 195.2 | 135.1 |
| 248.8 | 112.4 | 122.1 | 170.3 | 117.1 | 286.0 | 130.4 | 141.3 | 196.0 | 135.7 |
| 249.9 | 112.9 | 122.6 | 171.0 | 117.6 | 287.1 | 131.2 | 141.8 | 196.8 | 136.3 |
| 251.1 | 113.5 | 123.2 | 171.8 | 118.2 | 288.2 | 131.6 | 142.4 | 197.5 | 136.8 |
| 252.2 | 114.0 | 123.8 | 172.6 | 118.8 | 289.3 | 132.1 | 143.0 | 198.3 | 137.4 |
| 253.3 | 114.6 | 124.4 | 173.4 | 119.3 | 290.5 | 132.7 | 143.6 | 199.1 | 138.0 |
| 254.4 | 115.1 | 125.0 | 174.2 | 119.9 | 291.6 | 133.2 | 144.2 | 199.9 | 138.6 |
| 255.6 | 115.7 | 125.5 | 174.9 | 120.4 | 292.7 | 133.8 | 144.8 | 200.7 | 139.1 |
| 256.7 | 116.2 | 126.1 | 175.7 | 121.0 | 293.8 | 134.3 | 145.4 | 201.4 | 139.7 |
| 257.8 | 116.7 | 126.7 | 176.5 | 121.6 | 295.0 | 134.9 | 145.9 | 202.2 | 140.3 |
| 258.9 | 117.3 | 127.3 | 177.3 | 122.1 | 296.1 | 135.4 | 146.5 | 203.2 | 140.8 |

续表

| 氧化亚铜 | 葡萄糖 | 果糖 | 乳糖（含水） | 转化糖 | 氧化亚铜 | 葡萄糖 | 果糖 | 乳糖（含水） | 转化糖 |
|---|---|---|---|---|---|---|---|---|---|
| 297.2 | 136.0 | 147.1 | 203.8 | 141.4 | 334.4 | 154.5 | 166.& | 229.6 | 160.5 |
| 298.3 | 136.5 | 147.7 | 204.6 | 142.0 | 335.5 | 155.1 | 167.2 | 230.4 | 161.0 |
| 299.5 | 137.1 | 148.3 | 205.3 | 142.6 | 336.6 | 155.6 | 167.8 | 231.2 | 161.6 |
| 300.6 | 137.7 | 148.9 | 206.1 | 143.1 | 337.8 | 156.2 | 168.4 | 232.0 | 162.2 |
| 301.7 | 138.2 | 149.5 | 206.9 | 143.7 | 338.9 | 156.8 | 169.0 | 232.7 | 162.8 |
| 302.9 | 138.8 | 150.1 | 207.7 | 144.3 | 340.0 | 157.3 | 169.6 | 233.5 | 163.4 |
| 304.0 | 139.3 | 150.6 | 208.5 | 144.8 | 341.1 | 157.9 | 170.2 | 234.3 | 164.0 |
| 305.1 | 139.9 | 151.2 | 209.2 | 145.4 | 342.3 | 158.5 | 170.8 | 235.1 | 164.5 |
| 306.2 | 140.4 | 151.8 | 210.0 | 146.0 | 343.4 | 159.0 | 171.4 | 235.9 | 165.1 |
| 307.4 | 141.0 | 152.4 | 210.8 | 146.6 | 344.5 | 159.6 | 172.0 | 236.7 | 165.7 |
| 308.5 | 141.6 | 153.0 | 211.6 | 147.1 | 345.6 | 160.2 | 172.6 | 237.4 | 166.3 |
| 309.6 | 142.1 | 153.6 | 212.4 | 147.7 | 346.8 | 160.7 | 173.2 | 238.2 | 166.9 |
| 310.7 | 142.7 | 154.2 | 213.2 | 148.3 | 347.9 | 161.3 | 173.8 | 239.0 | 167.5 |
| 311.9 | 143.2 | 154.8 | 214.0 | 148.9 | 349.0 | 161.9 | 174.4 | 239.8 | 168.0 |
| 313.0 | 143.8 | 155.4 | 214.7 | 149.4 | 350.1 | 162.5 | 175.0 | 240.6 | 168.6 |
| 314.1 | 144.4 | 156.0 | 215.5 | 149.0 | 351.3 | 163.0 | 175.6 | 241.4 | 169.2 |
| 315.2 | 144.9 | 156.5 | 216.3 | 150.6 | 352.4 | 163.6 | 176.2 | 242.2 | 169.8 |
| 316.4 | 145.5 | 157.1 | 217.1 | 151.2 | 353.5 | 164.2 | 176.8 | 243.0 | 170.4 |
| 317.5 | 146.0 | 157.7 | 217.9 | 151.8 | 354.6 | 164.7 | 177.4 | 243.7 | 171.0 |
| 318.6 | 146.6 | 158.3 | 218.7 | 152.3 | 355.8 | 165.5 | 178.0 | 244.5 | 171.6 |
| 319.7 | 147.2 | 158.9 | 219.4 | 152.9 | 356.9 | 165.9 | 178.6 | 245.3 | 172.2 |
| 320.9 | 147.7 | 159.5 | 220.2 | 153.5 | 358.0 | 166.5 | 179.2 | 246.1 | 172.8 |
| 322.2 | 148.3 | 160.1 | 221.0 | 154.1 | 359.1 | 167.0 | 179.8 | 246.9 | 173.3 |
| 323.1 | 148.8 | 160.7 | 221.8 | 154.6 | 360.3 | 167.6 | 180.4 | 247.7 | 173.9 |
| 324.2 | 149.4 | 161.3 | 222.6 | 155.2 | 361.4 | 168.2 | 181.0 | 248.5 | 174.8 |
| 325.4 | 150.0 | 161.9 | 223.3 | 155.8 | 362.5 | 168.8 | 181.6 | 249.2 | 175.1 |
| 326.5 | 150.5 | 162.5 | 224.1 | 156.4 | 363.6 | 169.3 | 182.2 | 250.2 | 175.7 |
| 327.6 | 151.1 | 163.1 | 224.9 | 157.0 | 364.8 | 169.9 | 182.8 | 250.8 | 176.3 |
| 328.7 | 151.7 | 163.7 | 225.7 | 157.5 | 365.9 | 170.5 | 183.4 | 251.6 | 176.9 |
| 329.9 | 152.2 | 164.3 | 226.5 | 158.1 | 367.0 | 171.1 | 184.0 | 252.4 | 177.8 |
| 331.0 | 152.8 | 164.9 | 227.3 | 158.7 | 368.2 | 171.6 | 184.6 | 253.2 | 178.1 |
| 332.1 | 153.4 | 165.4 | 228.0 | 159.3 | 369.3 | 172.2 | 185.2 | 253.9 | 178.7 |
| 333.3 | 153.9 | 166.0 | 228.8 | 159.9 | 370.4 | 172.8 | 185.8 | 254.7 | 179.2 |

续表

| 氧化亚铜 | 葡萄糖 | 果糖 | 乳糖（含水） | 转化糖 | 氧化亚铜 | 葡萄糖 | 果糖 | 乳糖（含水） | 转化糖 |
|---|---|---|---|---|---|---|---|---|---|
| 371.5 | 173.4 | 186.4 | 255.5 | 179.8 | 407.6 | 192.0 | 205.9 | 280.8 | 199.0 |
| 372.7 | 173.9 | 187.0 | 256.3 | 180.4 | 408.7 | 192.6 | 206.5 | 281.6 | 199.6 |
| 373.8 | 174.5 | 187.6 | 257.1 | 181.0 | 409.8 | 193.2 | 207.1 | 282.4 | 200.2 |
| 374.9 | 175.1 | 188.2 | 257.9 | 181.6 | 410.9 | 193.8 | 207.7 | 283.2 | 200.8 |
| 376.0 | 175.7 | 188.8 | 258.7 | 182.2 | 412.1 | 194.4 | 208.3 | 284.0 | 201.4 |
| 377.2 | 176.3 | 189.4 | 259.4 | 182.8 | 413.2 | 195.0 | 209.0 | 284.8 | 202.0 |
| 378.3 | 176.8 | 190.1 | 260.2 | 183.4 | 414.3 | 195.6 | 209.6 | 285.6 | 202.6 |
| 379.4 | 177.4 | 190.7 | 261.0 | 184.0 | 415.4 | 196.2 | 210.2 | 286.3 | 203.2 |
| 380.5 | 178.0 | 191.3 | 261.8 | 184.6 | 416.6 | 196.8 | 210.8 | 287.1 | 203.8 |
| 381.7 | 178.6 | 191.9 | 262.6 | 185.2 | 417.7 | 197.4 | 211.4 | 287.9 | 204.4 |
| 382.8 | 179.2 | 192.5 | 263.4 | 185.8 | 418.8 | 198.0 | 212.0 | 288.7 | 205.0 |
| 883.9 | 179.7 | 193.1 | 264.2 | 186.4 | 419.9 | 198.5 | 212.6 | 289.5 | 205.7 |
| 385.0 | 180.3 | 193.7 | 265.0 | 187.0 | 421.1 | 199.1 | 213.3 | 290.3 | 206.3 |
| 386.2 | 180.9 | 194.3 | 265.8 | 187.6 | 422.2 | 199.7 | 213.9 | 291.1 | 206.9 |
| 387.3 | 181.5 | 194.9 | 266.6 | 188.2 | 423.3 | 200.3 | 214.5 | 291.9 | 207.5 |
| 388.4 | 182.1 | 195.5 | 267.4 | 188.8 | 424.4 | 200.9 | 215.1 | 292.7 | 208.1 |
| 389.5 | 182.7 | 196.1 | 268.1 | 189.4 | 425.6 | 201.5 | 215.7 | 293.5 | 208.7 |
| 390.7 | 183.2 | 196.7 | 268.9 | 190.0 | 426.7 | 202.1 | 216.3 | 294.3 | 209.3 |
| 391.8 | 183.8 | 197.3 | 269.7 | 190.6 | 427.8 | 202.7 | 217.0 | 295.0 | 209.9 |
| 392.9 | 184.4 | 197.9 | 270.5 | 191.2 | 428.9 | 203.3 | 217.6 | 295.8 | 210.5 |
| 394.0 | 185.0 | 198.5 | 271.3 | 191.8 | 430.1 | 203.9 | 218.2 | 296.6 | 211.1 |
| 395.2 | 185.6 | 199.2 | 272.1 | 192.4 | 431.2 | 204.5 | 218.8 | 297.4 | 211.8 |
| 396.3 | 186.2 | 199.8 | 272.9 | 193.0 | 432.3 | 205.1 | 219.5 | 298.2 | 212.4 |
| 397.4 | 186.8 | 200.4 | 273.7 | 193.0 | 433.5 | 205.7 | 220.1 | 299.0 | 213.0 |
| 398.5 | 187.3 | 201.0 | 274.4 | 194.2 | 434.6 | 206.3 | 220.7 | 299.8 | 213.6 |
| 399.7 | 187.9 | 201.6 | 275.2 | 194.8 | 435.7 | 206.9 | 221.3 | 300.6 | 214.2 |
| 400.8 | 188.5 | 202.2 | 276.0 | 195.4 | 436.8 | 207.5 | 221.9 | 301.4 | 214.8 |
| 401.9 | 189.1 | 202.8 | 276.8 | 196.0 | 438.0 | 208.1 | 222.6 | 302.2 | 215.4 |
| 403.1 | 189.7 | 203.4 | 277.6 | 196.6 | 439.1 | 208.7 | 223.2 | 303.0 | 216.0 |
| 404.2 | 190.3 | 204.0 | 278.4 | 197.2 | 440.2 | 209.3 | 223.8 | 303.8 | 216.7 |
| 405.3 | 190.9 | 204.7 | 279.2 | 197.8 | 441.3 | 209.9 | 224.4 | 304.6 | 217.3 |
| 406.4 | 191.5 | 205.3 | 280.0 | 198.4 | 442.5 | 210.5 | 225.1 | 305.4 | 217.9 |

# 参考文献


[1] 中华人民共和国国家标准. 食品卫生检验方法理化部分 [M]. 北京：中国标准出版社，2012.

[2] 周光理. 食品分析与检验技术 [M]. 4版. 北京：化学工业出版社，2020.

[3] 尹凯丹. 食品理化分析技术 [M]. 北京：化学工业出版社，2021.

[4] 胡雪芹. 食品理化分析技术 [M]. 北京：中国医药科技出版社，2021.

[5] 张根岭. 食品理化检测 [M]. 北京：中国轻工业出版社，2021.

[6] 路勇. 食品检验操作技术规范（理化检验）[M]. 北京：中国医药科技出版社，2019.

[7] 王永华. 食品分析 [M]. 北京：中国轻工业出版社，2017.

[8] 张金彩. 食品分析与检测技术 [M]. 北京：中国轻工业出版社，2017.

[9] 贾春晓. 现代仪器分析技术及其在食品中的应用 [M]. 北京：中国轻工业出版社，2021.

[10] 人力资源和社会保障部教材办公室. 食品检验工（基础知识）[M]. 北京：中国劳动社会保障出版社，2015.

[11] 人力资源和社会保障部教材办公室. 食品检验工（中级）[M]. 北京：中国劳动社会保障出版社，2015.

[12] 人力资源和社会保障部教材办公室. 食品检验工（高级）[M]. 北京：中国劳动社会保障出版社，2016.